国家精品在线开放课程
浙江省"十一五"重点教材建设项目
高等职业教育机电类专业新形态教材

机械基础综合实训

第 2 版

主　编　陈长生
副主编　叶红朝
参　编　孙　毅　薛玮珠
主　审　应富强

机械工业出版社

本书是在第 1 版的基础上，结合多年的使用心得和国家精品在线开放课程建设的经验修订的。

本书以机械传动装置设计的工作过程为主线组织章节内容，每个环节包含方法、范例、拓展三个方面，着重在于帮助教师和学生有效地开展实训教学。本书主要内容包括机械传动装置的总体设计、传动零件的综合设计、装配底图的设计和绘制、减速器的结构设计和建模、装配图的设计和绘制、零件图的设计和绘制、设计计算说明书的编写、机械设计常用标准和规范。贯穿全书的设计教学范例，过程完整且内容详细。与教材配套的教学课件和二维码链接动画，提供了全面的方法指导和软件操作演示。国家精品在线开放课程网站资源丰富，层次清晰，浏览方便，给实训的指导和学习带来极大的启发和便利。

本书可作为高等职业院校本科和高职层次的机械类专业、机电一体化专业或其他近机类专业机械设计基础课程的实训教材，也可供从事机械设计的工程技术人员参考。

图书在版编目（CIP）数据

机械基础综合实训/陈长生主编. —2 版. —北京：机械工业出版社，2023.4

高等职业教育机电类专业新形态教材

ISBN 978-7-111-72270-0

Ⅰ.①机… Ⅱ.①陈… Ⅲ.①机械学-高等职业教育-教材 Ⅳ.①TH11

中国国家版本馆 CIP 数据核字（2023）第 021584 号

机械工业出版社（北京市百万庄大街 22 号　邮政编码 100037）
策划编辑：王英杰　　　　　责任编辑：王英杰
责任校对：薄萌钰　张　薇　　封面设计：陈　沛
责任印制：李　昂
北京捷迅佳彩印刷有限公司印刷
2023 年 6 月第 2 版第 1 次印刷
184mm×260mm·14.25 印张·346 千字
标准书号：ISBN 978-7-111-72270-0
定价：46.00 元

电话服务　　　　　　　　　　网络服务
客服电话：010-88361066　　　机　工　官　网：www.cmpbook.com
　　　　　010-88379833　　　机　工　官　博：weibo.com/cmp1952
　　　　　010-68326294　　　金　书　网：www.golden-book.com
封底无防伪标均为盗版　　　机工教育服务网：www.cmpedu.com

前　言

本书作为国家示范性高职院校精品课程建设项目的成果，自出版以来，能陆续被多所高职院校选为教学用书，源于其以下特点：

1. 符合高职教学的特点需要。融入了"工作任务、行动导向"的教学理念，把真实的工程项目分解成符合教学需要的工作任务。通过完成具体的工作任务，培养学生的机械基础能力。较好地落实了"做中学、学中做，能力递进"的职业教学基本要求。

2. 特别注重机械基础综合能力的培养。区别于机械设计课程设计指导书，本书内容除了机械设计计算、结构分析与运用以外，还包括工程材料的选用、公差配合的确定、建模与工程图的生成等软件操作；对多门机械基础课程相关内容进行整合，使学生获得较为完整的机械基础基本能力训练，以更好地适应机械领域基本岗位的工作需要。

3. 具有完整而全过程的教学范例参照。顺利地完成工作任务除了需要正确的方法与步骤外，还会受到具体细节的影响。为了能顺利而有效地开展实训，本书针对整个实训项目中的每个工作任务的完成过程都配有教学范例（包括具体的分析说明、数据计算、作图步骤、软件操作细节等，并提供有实训教学课件、二维码链接动画、课程网站等资源，给课程的实施带来极大的方便）。

在多年使用本书的积累过程中，作者团队也完成了国家精品在线开放课程"机械基础综合实训"的建设。本次修订是为全面落实国家《关于推动现代职业教育高质量发展的意见》，加快建设制造强国和数字中国的需要，进一步梳理与提升课程内容，更正了前版发现的疏漏和错误，尤其是加强了三维数字化建模技术在结构设计中的应用、国家精品课程网络平台教学资源的开发，教学范例中链接的二维码分析说明与软件操作演示，现行国家标准的贯彻应用等。

为了加强教材建设的力量，增加叶红朝为副主编。本书具体编写分工如下：浙江机电职业技术学院陈长生编写第一、四、五、六、七、八、九章，叶红朝编写第二、三章，孙毅参与了第四、五、六章的编写，薛玮珠参与了第六、七章的编写。

本书由陈长生任主编并统稿。浙江工业大学应富强教授任主审。

杭州汽车发动机有限公司高级工程师倪根林，杭州前进齿轮箱集团有限公司高级工程师潘晓东等企业专家对本书的编写予以热情支持并提出宝贵建议，编者在此致以衷心的感谢。

限于编者水平，本书虽经修订，仍不免存在误漏和不妥之处，殷切期望使用的教师和读者指正。

"机械基础综合实训"国家精品在线开放课程共享平台网址：https://www.zjooc.cn/ucenter/teacher/course/build/mooc。

编　者

二维码索引

页码	资源名称	二维码	页码	资源名称	二维码
21	01. 传动比分配分析		98	10. 低速轴建模	
26	02. 带轮直径的确定		98	11. 键和挡油环建模	
40	03. 齿轮齿数与模数的选择分析		98	12. 轴承端盖和毡圈建模	
46	04. 齿轮建模、装配		99	13. 调用标准件轴承	
74	05. 减速器装配底图的设计与绘制		100	14. 减速器箱体主体建模01	
95	06. 减速器装配底图的完善		100	15. 减速器箱体主体建模02	
97	07. 小齿轮轴结构建模		101	16. 减速器箱体与附件联接的结构建模01	
97	08. 齿轮摆正方法		101	17. 减速器箱体与附件联接的结构建模02	
97	09. 大齿轮结构建模		101	18. 拆分主体成箱盖和箱座	

（续）

页码	资源名称	二维码	页码	资源名称	二维码
102	19. 减速器附件的建模与装配		119	21. 生成并处理减速器装配视图	
102	20. 调用标准件完成总装配		128	22. 减速器装配图后期标注与注释	

目 录

前言
二维码索引

第一章 概论 ………………………………… 1
第一节 机械传动装置设计训练简介 ……… 1
第二节 机械传动装置设计训练选题 ……… 4
第三节 机械产品设计过程简介 …………… 6

第二章 机械传动装置的总体设计 ………… 10
第一节 分析和拟定传动方案 ……………… 10
第二节 电动机的选择 ……………………… 12
第三节 传动装置传动比的计算与分配 …… 18
第四节 各级传动的运动和动力参数计算 … 18
第五节 传动装置总体设计教学范例 ……… 20
第六节 机械传动装置总体设计拓展 ……… 22

第三章 传动零件的综合设计 ……………… 24
第一节 V带传动设计计算教学范例 ……… 24
第二节 齿轮传动设计计算教学范例 ……… 35
第三节 传动零件设计拓展 ………………… 47

第四章 装配底图的设计和绘制 …………… 51
第一节 装配底图设计概述 ………………… 51
第二节 减速器装配底图设计绘制教学
范例 …………………………………… 69
第三节 装配底图设计拓展 ………………… 78

第五章 减速器的结构设计和数字化
建模 ………………………………… 84
第一节 减速器的结构设计和数字化建模
概述 …………………………………… 84
第二节 减速器的结构设计和数字化建模
教学范例 …………………………… 95
第三节 减速器的结构设计拓展 …………… 103

第六章 装配图的设计和绘制 ……………… 107
第一节 装配图设计概述 …………………… 107
第二节 装配图设计绘制教学范例 ………… 112
第三节 装配图设计拓展 …………………… 122

第七章 零件图的设计和绘制 ……………… 129
第一节 零件图设计概述 …………………… 129
第二节 轴类零件图设计教学范例 ………… 136
第三节 传动件零件图设计教学范例 ……… 142
第四节 箱体零件图设计教学范例 ………… 146
第五节 零件图设计拓展 …………………… 152

第八章 设计计算说明书的编写 …………… 164
第一节 设计计算说明书编写概述 ………… 164
第二节 大学生机械设计竞赛理论方案
说明书格式 ………………………… 168

第九章 机械设计常用标准和规范 ………… 171
第一节 一般标准 …………………………… 171
第二节 极限配合、几何公差和表面
粗糙度 ……………………………… 176
第三节 常用材料 …………………………… 184
第四节 联接 ………………………………… 190
第五节 轴承 ………………………………… 208
第六节 渐开线圆柱齿轮精度 ……………… 215

参考文献 ……………………………………… 217

第一章 概 论

> **能力要求**
> 1. 能理解设计任务书。
> 2. 会分析设计题目,明确设计内容和要求。
> 3. 能拟订详细工作步骤,分配设计时间。
> 4. 会收集、准备和落实设计资料与用具。

第一节 机械传动装置设计训练简介

一、设计训练的目的

机器通常由原动机、传动装置和工作机三部分组成。传动装置是将原动机的运动和动力传递给工作机的中间装置,它包含了机械设计中有关传动、轴系、联接等基本问题。另外,整个机器的工作性能和成本费用与传动装置的性能及布局有很大关系。因此,学习和训练机械传动装置的设计可以提高学习者的机械设计水平。

机械传动装置设计训练是机械基础综合实训课程的一个十分重要的环节,是学生在校期间第一次较全面的机械设计能力训练,在实现机械类专业学生总体培养目标中占有重要地位。其基本目的是:

1) 综合运用机械基础课程的知识进行实践训练,使理论知识与实际紧密地结合起来,进一步巩固、加深所学知识。

2) 通过对通用机械零件和机械传动装置的设计训练,学习并掌握机械设计的一般方法与步骤,为以后从事实际技术设计奠定必要的基础。

3) 通过工程材料选用、设计分析计算、工程图样绘制、公差精度确定、资料收集运用、熟悉标准规范等实践,培养机械设计的基本技能。

二、设计训练的内容和任务

机械传动装置设计实训的性质、内容以及培养学生设计能力的过程,均不能与专业课程设计或工厂的产品设计相等同。设计训练一般选择由通用零部件所组成的机械传动装置或结构较简单的机械作为设计题目。现以减速器为主体的机械传动装置为例,来说明设计训练的内容。如图1-1所示,带式运输机的传动装置通常包括以下主要设计内容:

1) 机械传动装置的总体设计。
2) 传动件(如齿轮传动、带传动)的设计。
3) 装配底图的设计和绘制。
4) 传动装置的结构设计与建模。
5) 装配图的设计和绘制。
6) 零件图的设计和绘制。

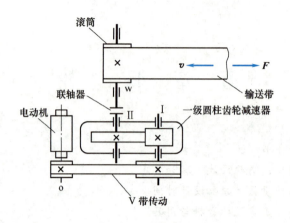

图 1-1 带式运输机的组成

7）设计计算说明书的编写。

设计训练一般要求每一个学生完成以下工作内容：

1）传动装置的装配建模与三维数字化造型。

2）传动装置部件装配图1~2张；零件图若干张（传动件、轴和箱体、机架等）。

3）设计计算说明书一份。

设计训练完成后应进行总结和答辩。

三、设计训练的一般步骤

以上述常规设计题目为例，机械传动装置设计大体可按以下几个阶段进行：

1. 设计准备（约占总学时的5%）

1）阅读和研究设计任务书，明确设计内容和要求；分析设计题目，了解原始数据和工作条件。

2）通过参观（模型、实物、生产现场）、看视频、参阅设计资料以及必要的调研等途径了解设计对象。

3）阅读本书有关内容，明确并拟订设计过程和进度计划。

2. 传动装置的总体设计（约占总学时的5%）

1）分析和拟定传动装置的运动简图。

2）选择电动机。

3）计算传动装置的总传动比和分配各级传动比。

4）计算各轴的转速、功率和转矩。

3. 各级传动件的设计计算（约占总学时的10%）

1）设计计算齿轮传动的主要参数和尺寸。

2）设计计算带传动和链传动等的主要参数和尺寸。

4. 装配底图的设计和绘制（约占总学时的20%）

1）装配底图设计准备工作：主要分析和选择传动装置的结构方案。

2）初绘装配底图及轴和轴承的计算：进行轴、轴上零件和轴承部件的结构设计；校核轴的强度、滚动轴承的寿命和键联结、联轴器的强度。

3）完成装配底图，并进行检查和修正。

5. 传动部件的结构设计与数字化装配建模（约占总学时的 25%）
1) 传动齿轮的结构设计与建模。
2) 完成轴上装配件的设计与建模。
3) 减速器箱体及附件的设计与建模。
4) 标准件调用与部件的装配。
6. 装配图的绘制和总成（约占总学时的 15%）
1) 绘制装配视图。
2) 装配精度设计。
3) 标注尺寸、公差配合及零件序号。
4) 编写零件明细栏、标题栏、技术特性及技术要求等。
7. 零件图的设计和绘制（约占总学时的 10%）
1) 设计和绘制零件视图。
2) 完成零件几何精度设计。
3) 编写零件技术要求。
8. 设计计算说明书的编写（约占总学时的 8%）
1) 明确设计计算说明书的内容和结构要求。
2) 完成设计计算说明书正文文稿的编写。
3) 对设计作业作出评价，并完成设计计算说明书文稿目录、参考资料整理等。
9. 设计总结和答辩（约占总学时的 2%）
1) 完成答辩前的准备工作。
2) 参加答辩。

必须指出，上述设计步骤并不是一成不变的。机械传动装置设计与其他机械设计一样，在从分析总体方案开始到完成技术设计的整个过程中，由于在拟定传动方案时，甚至在完成各种计算设计时有一些矛盾尚未暴露，而待结构形状和具体尺寸表达在模型或图样上时，这些矛盾才会充分暴露出来，故设计时必须做必要修改，才能逐步完善，亦即需要"由主到次、由粗到细""边计算，边绘图，边修改"及设计计算与结构绘图交替进行。这种反复修正的工作在设计中是经常发生的。

四、设计训练应注意的问题

设计训练是在教师的指导下由学生独立完成的。训练中学生必须发挥设计的主动性，明确自己的任务与责任，正确对待各种意见和帮助，积极发挥个人的聪明才智，要自强自立；提倡独立思考、深入钻研的学习精神；提倡勇于开拓、不断进取的创新精神；争取以自己最好的成绩完成训练任务，从而在设计思想、方法和技能及行为习惯等方面获得较好的锻炼与提高。

1) 综合运用课程知识，促进知识向能力的转化。自觉开展分析计算、工程制图、选材及热处理、结构设计、强度校核、公差选择和检测设计等综合技能训练，努力提高分析和解决工程问题的能力；积极运用各种手册、资料和计算机软件，培养自觉吸收和运用新知识、新技术的良好习惯。

2) 养成良好的工作习惯。在设计的全过程中必须严肃认真、刻苦钻研、精益求精。设计中主动思考问题，认真分析问题并积极解决问题。注意对设计资料及计算数据进行保存和积累，保持记录的完整性，使设计训练的各个环节信息畅通。这对设计正常进行、阶段自我检查和编写计算说明书都是必要的。设计中还应严格遵守和执行国家标准和技术规范，所选标准件的尺寸参数必须符合标准规定；对于非标准件的尺寸参数，也应尽量圆整成标准尺寸或优先数列。

3) 设计中要正确处理参考已有资料和创新的关系。熟悉和利用已有的资料，既可避免许多重复的工作，加快设计进程，同时也是提高设计质量的重要保证。善于掌握和使用各种资料，如参考和分析已有的结构方案，合理选用已有的经验设计数据，也是提高设计工作能力的重要途径。但任何设计任务都是根据特定的设计要求和具体条件提出的，因此，设计时不能盲目地、机械地抄袭资料，而必须具体分析，吸收新的技术成果，创造性地进行设计，才能使设计质量和设计能力都获得提高。

4) 学生应在教师的指导下制订好设计进程计划，注意掌握进度，在预定时间内保质保量完成设计任务。边计算，边绘图，边修改的设计训练过程与按计划完成设计任务并不矛盾，学生应从第一次参加设计训练开始，就注意逐步掌握这种正确的设计方法。

第二节　机械传动装置设计训练选题

对于不同专业，由于培养要求和学时数不同，选题、设计内容及分量应有所不同。本节列选了若干个机械传动装置的设计题目，可供训练选题时参考。

一、带式运输机传动装置的设计

设计一种用于带式运输机的传动装置。

带式运输机组成示意图如图 1-2 所示。

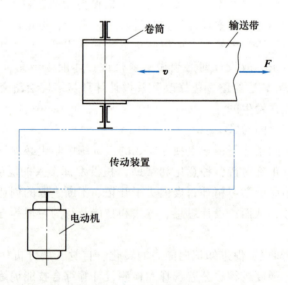

图 1-2　带式运输机组成示意图

原始条件和数据：

带式运输机两班制连续单向运转，载荷平稳，空载起动，室内工作（环境温度 30℃），

第二节　机械传动装置设计训练选题

有粉尘；使用期限 8 年，大修期 4 年，动力来源为三相交流电动机，在中等规模机械厂小批生产。

带式运输机工作效率 $\eta = 0.96$，输送带速度允许误差为 ±5%，设计选题数据见表 1-1。

表 1-1　带式运输机设计选题数据

选题编号	1	2	3	4	5	6	7	8	9	10
工作拉力 F/kN	7.5	7	6.5	6	5.5	5	4.5	4	3.5	3
带速 $v/(m/s)$	1.0	1.0	1.1	1.2	1.3	1.4	1.6	1.8	2.0	2.0
卷筒直径 D/mm	400	400	400	400	450	450	450	450	400	400

训练工作量：

（1）减速器的结构设计与装配建模。

（2）减速器装配图、零件图（包含齿轮、轴等）3 张。

（3）计算、分析说明书　装订成册（包括材料选择与热处理确定、数值计算与结构设计、精度分析与公差选择等内容，不少于 20 页）。

二、卷扬机传动装置的设计

设计一种卷扬机的传动装置。卷扬机组成示意图，如图 1-3 所示，设计选题数据，见表 1-2。

图 1-3　卷扬机组成示意图

原始条件和数据：

（1）卷扬机数据　卷扬机绳牵引速度 v（m/s）、绳牵引力 F（kN）及卷筒直径 D（mm）见表 1-2。

（2）工作条件　用于建筑工地提升物料，空载起动，连续运转，三班制工作，工作平稳。

（3）使用期限　工作期限为 10 年，每年工作 300 天，三班制工作，每班工作 4 小时，检修期间隔为 3 年。

（4）生产批量及加工条件　在专门工厂小批量生产。

训练工作量：

（1）减速器的结构设计与装配建模　完成减速器的结构设计与装配建模。

（2）减速器装配图、零件图（包含齿轮、轴等）3 张。

（3）计算、分析说明书　装订成册（包括材料选择与热处理确定、数值计算与结构设计、精度分析与公差选择等内容，不少于 20 页）。

表 1-2 卷扬机设计选题数据

选题编号	1	2	3	4	5	6	7	8	9	10
绳牵引速度 v/(m/s)	1	1	1	0.8	0.8	0.8	0.6	0.6	0.6	0.4
绳牵引力 F/kN	8	4	6	10	8	6	10	8	6	12
卷筒直径 D/mm	250	300	300	200	200	200	200	200	200	150

三、螺旋输送机传动装置的设计

设计螺旋输送机的传动装置。螺旋输送机组成示意图如图 1-4 所示，设计选题数据见表 1-3。

原始条件和数据：

螺旋输送机工作效率 $\eta=0.92$，螺旋轴转速允许误差为 $\pm 7\%$。

（1）工作条件　散状物料的输送。电动机空载起动，连续单向运转，有中等冲击，单班制工作。工作环境灰尘较大，温度不超过 40℃。

（2）使用期限　工作期限为 12 年。小修间隔为 1 年，大修间隔为 3 年。

（3）生产批量及加工条件　中小型机械厂，中等批量生产。

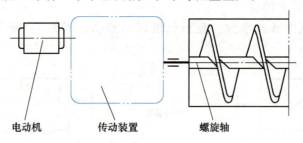

图 1-4　螺旋输送机组成示意图

表 1-3　螺旋输送机设计选题数据

选题编号	1	2	3	4	5	6	7	8	9	10
螺旋轴功率 P/kW	4.0	4.5	5.0	5.0	5.5	5.5	6.0	6.5	7.0	8.0
螺旋轴转速 n/(r/min)	100	100	100	110	90	100	90	100	100	90

训练工作量：

（1）减速器的结构设计与装配建模。

（2）减速器装配图、零件图（包含齿轮、轴等）　3 张。

（3）计算、分析说明书　装订成册（包括材料选择与热处理确定、数值计算与结构设计、精度分析与公差选择等内容，不少于 20 页）。

第三节　机械产品设计过程简介

典型机械传动装置设计是机械设计基础教学中最基本的实践活动。在长期的工程实践中，人们积累了科学、成熟的设计方法和丰富的实用资料，通过设计训练可以使学习者快速地掌握相关的基础知识和基本方法，并及时地应用到解决相关专业性工程问题的实践活动中去。需要指出，一般意义上的机械产品设计所涉及的内容比本书介绍的还要多。

一、机械设计的类型

机械设计是一项创造性劳动，同时也是对已有成功经验的继承过程，根据实际情况的不同可以分成三种类型：

（1）开发性设计　在机械产品的工作原理和具体功能结构等完全未知的情况下，应用成熟的科学技术或经过实验证明可行的新技术，设计出过去没有的新产品，这是一种完全创新的设计。

（2）适应性设计　在对现有机械产品的工作原理、功能结构基本保持不变的前提下，仅做局部变更或增加附加功能，新设计少数零件、部件，以改变产品的某些性能或克服原来的某些缺陷。这种设计具有部分的创新设计。

（3）变型设计　在机械产品的工作原理和功能结构不变的前提下，变更现有产品的配置和尺寸，甚至增加一些型号，使之扩大工作范围，满足更多领域的工作要求。

二、机械设计的一般过程

机械设计是一个复杂的过程，不同类型的产品、不同类型的设计，其设计过程不尽相同。产品的开发性设计过程大致包括产品规划、方案设计、详细设计及改进设计四个阶段。

1. 产品规划

首先应根据用户的需要与要求，确定所要设计产品的功能和有关指标，研究分析其实现的可能性，然后确定设计课题，制订产品设计任务书。

（1）收集信息　主要内容包括用户对产品的用途、功能、技术性能、工作条件、生产批量、预期的总成本范围及外观等具体要求；国内外同类产品的技术经济情报和专利；现有同类产品的销售情况；原材料及配件供应情况；产品可持续发展的有关政策、法规等。

（2）可行性分析　针对上述技术、经济、社会等各方面的情报进行详细分析，并对开发的可能性进行综合研究，提出产品开发的可行性报告，包括以下内容：

1）产品开发的必要性，市场需求预测。
2）有关产品的国内外水平和发展趋势。
3）预期达到的目标，包括设计技术水平、社会经济效益等。
4）在现有条件下开发的可能性论述及准备采取的措施。
5）提出设计、工艺等方面需要解决的关键问题。
6）投资费用预算及项目的进度、期限等。

（3）制订设计任务书　设计任务书规定了开发产品的具体要求，它是产品设计、试制、制造等评价决策的依据，也是用户评价产品优劣的尺度之一。

任务书的内容包括：产品的功能和用途、主要技术指标（技术要求、技术性能参数）、主要经济指标（生产率、能耗、目标成本等）和使用条件等，设计任务与预定进度、参与单位和设计分工等。

2. 方案设计

在产品功能分析的基础上，通过创新构思、优化筛选，拟订出最佳的产品功能原理方案。

明确了设计需要解决的问题后，研究实现产品功能的可能性，提出可能实现产品功能的多种方案。每个方案应该包括原动机、传动机构和工作机构。然后，在考虑产品的使用要求、现有的技术水平和经济性的基础上，综合运用各方面的知识与经验对各个方案进行分析比较。确定原动机、传动机构、工作机构及应满足的工作参数，绘制机构原理简图，完成机器的方案设计。

在方案设计过程中，要注意借鉴与采用同类产品成功的先例。同时，注意相关学科与技术新成果的应用，如材料科学、制造技术和控制技术的发展使得原来不能实现的方案变为可能，这些都为方案的设计与创新奠定了基础。

3. 详细设计

详细设计的任务是将功能原理方案加以具体化，成为产品及其零部件的合理结构。在此阶段要完成产品的参数设计（初定参数、尺寸、材料、精度等）、布局设计（包括总体布置图、传动系统图、液压系统图、电气系统图等）、结构设计、人机工程设计及造型设计等。大致包括以下工作：

（1）运动学设计　根据设计方案和工作机构的工作参数，确定原动机的动力参数，如功率和转速，进行机构设计，确定各构件的尺寸与运动参数。

（2）动力学计算　根据运动学设计的结果，计算出作用于零件上的载荷。

（3）零件设计　根据零件的载荷与设计准则，通过计算、类比或模型试验的方法，确定零部件的基本尺寸。

（4）装配草图设计　根据零部件的基本尺寸和机构的结构关系，设计总装配草图。在综合考虑零件的装配、调整、润滑、加工工艺等的基础上，完成所有零件的结构与尺寸设计。确定零件间的位置关系后，可以比较精确地计算出作用在零件上的载荷，在此基础上应对主要零件进行校核计算，如对轴进行精确的强度计算，对轴承进行寿命计算。根据计算结果反复地修改零件的结构及尺寸，直至满足设计要求。

（5）装配建模与工作图设计　根据装配草图确定的零件结构及尺寸，完成建模造型、装配图与零件图设计。

（6）编制技术文件　如设计说明书、标准件及外购件明细表、备件和专用工具明细表等。

4. 改进设计

改进设计包括样机试制、测试评价、改进定型等环节。根据设计任务书的各项要求，对样机进行测试，发现产品在设计、制造、装配及运行中的问题，对方案、整机、零部件做出综合评价，对存在的问题和不足加以改进，进而修订完成全套设计图样（总装图、部件装配图、零件图、备件图、电气原理图、液压系统图、安装地基图等）和全套技术文件（设计任务书、设计计算说明书、试验鉴定报告、零件明细表、产品质量标准、产品检验规范、包装运输技术条件等）。

必须强调，机械设计的过程是复杂的，需要反复进行的。在某一阶段发现问题，必须回到前面的有关阶段进行并行设计。因此，整个设计的过程是一个不断反复、不断修改、不断完善的过程，以期逐渐接近最佳结果。开发性设计的过程最为复杂，适应性设计和变型设计的过程则视具体情况而调整。

机械设计的一般程序框图，如图 1-5 所示。

第三节 机械产品设计过程简介

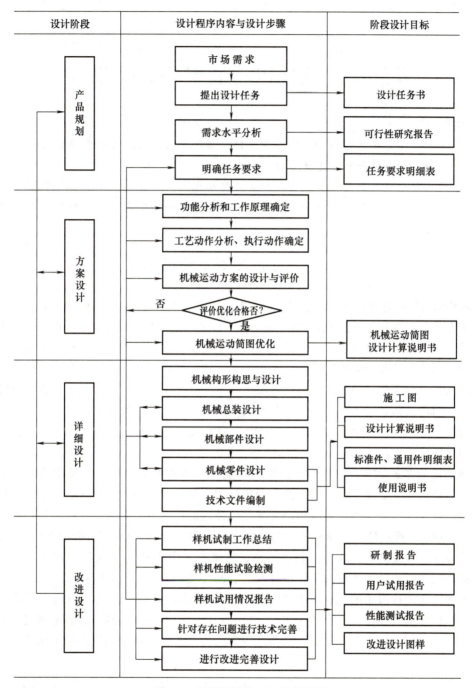

图 1-5 机械设计的一般程序框图

第二章　机械传动装置的总体设计

能力要求

1. 能分析、拟订由齿轮传动、带传动或链传动组成的传动方案和方案简图。
2. 会根据原始条件和传动方案选择电动机。
3. 会计算传动装置的总传动比并分配各级传动比。
4. 会使用经验数据进行估算和处理数据，能完成各轴的转速、功率和转矩的计算。

第一节　分析和拟定传动方案

机械传动装置的总体设计主要包括分析和拟订传动方案、选择电动机型号、合理分配传动比及计算传动装置的运动和动力参数等。它为下一步各级传动零件设计和装配设计提供依据。

传动方案常由运动简图表示。运动简图明确地表示了组成机器的原动机、传动装置和工作机三者之间的运动和动力传递关系。一组带式运输机的传动方案如图2-1所示。

实现工作机预定的运动是拟订传动方案最基本的要求，但满足这个要求可以有不同的传动方式、不同的机构类型、不同的顺序和布局，以及在保证总传动比相同的前提下分配各级传动机构以不同的分传动比来实现的许多方案，这就需要将各种传动方案加以分析比较，针对具体情况择优选定。

合理的传动方案除应满足工作机预定的功能外，还要求结构简单、尺寸紧凑、工作可靠、制造方便、成本低廉、传动效率高和使用维护方便。若要同时满足这些要求往往是比较困难的，因此，要分析、比较多种传动方案，选择既能保证重点要求，又能兼顾其他要求的传动方案。图2-1所示带式运输机各传动方案中，方案一（图2-1a）结构尺寸较小，传动效率高，适合于在较差的工作环境下长期工作；方案二（图2-1b）外廓尺寸较大，有减振和过载保护作用，但不适于繁重的工作条件和恶劣的环境；方案三（图2-1c）宽度尺寸较小，但锥齿轮加工比圆柱齿轮困难；方案四（图2-1d）结构最紧凑，但在长期连续运转的条件下，由于蜗杆传动的效率较低，其功率损失较大。以上四种方案虽然都能满足带式运输机的功能要求，但结构尺寸、性能指标、经济性等方面均有差异，要根据具体的工作要求进行合理选择。

分析和选择传动机构的类型及组合，合理布置传动顺序，是拟订传动方案的重要一环，通常应考虑以下几点。

1. 带传动

带传动承载能力较低，在传递相同转矩时，结构尺寸较啮合传动大，但传动平稳，能缓冲吸振，因此，被广泛用于传动系统的高速级。

2. 链传动

一般滚子链传动运转不平稳，有冲击，宜布置在传动系统的低速级。

第一节 分析和拟订传动方案

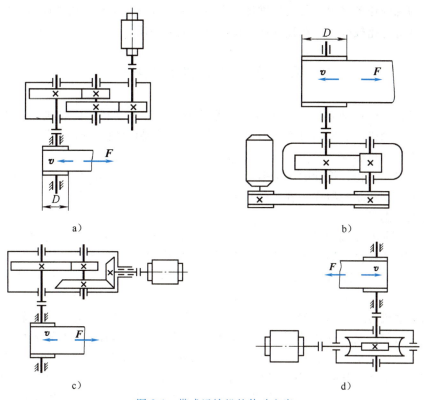

图 2-1 带式运输机的传动方案
a) 方案一 b) 方案二 c) 方案三 d) 方案四

3. 斜齿圆柱齿轮传动

斜齿圆柱齿轮传动平稳性较直齿圆柱齿轮传动好，常用于高速级。

4. 锥齿轮传动

锥齿轮（特别是大模数锥齿轮）加工较困难，故锥齿轮传动一般放在高速级，并限制其传动比。

5. 蜗杆传动

蜗杆传动的传动比大，承载能力较齿轮传动低，故常布置在传动装置的高速级，获得较小的结构尺寸和较高的齿面相对滑动速度，以便于形成液体动压润滑油膜，提高承载能力和传动效率。

6. 开式齿轮传动

开式齿轮传动的工作环境一般较差，润滑条件不好，故寿命较短，宜布置在传动装置的低速级。

7. 改变运动形式的机构

为简化传动装置，一般总是将改变运动形式的机构（如连杆机构、凸轮机构等）布置在传动装置末端或低速级。对于许多控制机构一般也尽量放在传动系统的末端或低速处，以免造成大的累积误差，降低传动精度。

8. 传动装置的布局

要求尽可能做到结构紧凑、匀称，强度和刚度好，便于操作和维修。

在综合训练的任务书中，若已提供传动方案，为提高学生综合分析的能力，要求学生对方案的合理性进行比较分析，在设计计算说明书中简要说明。

第二节　电动机的选择

原动机是机器中运动和动力的来源，其种类很多，有电动机、内燃机、蒸汽机、水轮机、汽轮机、液动机等。电动机构造简单、工作可靠、控制简便、维护容易，一般生产机械上大多数采用电动机驱动。

电动机已经系列化，设计中应根据工作载荷、工作要求、工作环境和安装要求等条件，选择电动机的类型和结构型式、容量（功率）和转速并确定具体型号。

一、类型的选择

电动机类型根据电源种类（直流、交流）、工作要求（转速高低、起动特性和过载情况）、工作环境（灰尘、油、水、爆炸气体等）、载荷大小和性质及安装要求等条件来选择。工业上广泛应用我国新设计的、国际市场上通用的统一系列——Y系列三相异步电动机。

Y系列电动机为一般用途笼型三相异步电动机，具有高效、节能、起动转矩大、噪声低、振动小、可靠性高、使用维护方便等特点，适用于电源电压为380V无特殊要求的机械，如机床、泵、风机、运输机、搅拌机、农业机械等。Y系列电动机有两个基本系列，分别为Y（IP23）和Y（IP44）。IP44型外壳防护结构为封闭式，能防止灰尘、水滴大量地进入电动机内部，适用于灰尘多、水土飞溅的场所，综合训练中一般选用IP44机。Y系列（IP44）三相异步电动机技术参数见表2-1。

表 2-1　Y 系列（IP44）三相异步电动机技术参数

型号	额定功率 P_m/kW	满载时				堵转转矩/额定转矩	堵转电流/额定电流	最大转矩/额定转矩	噪声/dB（A声级）	净重/kg
		电流/A	转速/(r/min)	效率（%）	功率因数 $\cos\varphi$					
同步转速　$n=3000$r/min										
Y801-2	0.75	1.81	2830	75.0	0.84	2.2	6.5	2.3	71	16
Y802-2	1.1	2.52	2830	77.0	0.86	2.2			71	17
Y90S-2	1.5	3.44	2840	78.0	0.85	2.2			75	22
Y90L-2	2.2	4.74	2840	80.5	0.86	2.2			75	25
Y100L-2	3.0	6.39	2870	82.0	0.87	2.2			79	33
Y112M-2	4.0	8.17	2890	85.5	0.87	2.2			79	45
Y132S1-2	5.5	11.1	2900	85.5	0.88	2.0	7.0		83	64
Y132S2-2	7.5	15.0	2900	86.2	0.88	2.0			83	70
Y160M1-2	11.0	21.8	2930	87.2	0.88	2.0			87	117
Y160M2-2	15.0	29.4	2930	88.2	0.88	2.0			87	125
Y160L-2	18.5	35.5	2930	89.0	0.89	2.0		2.2	87	147
Y180M-2	22.0	42.2	2940	89.0	0.89	2.0			92	180
Y200L1-2	30.0	56.9	2950	90.0	0.89	2.0			95	240

第二节 电动机的选择

(续)

型号	额定功率 P_m/kW	满载时				堵转转矩/额定转矩	堵转电流/额定电流	最大转矩/额定转矩	噪声/dB (A声级)	净重/kg
		电流/A	转速/(r/min)	效率(%)	功率因数 $\cos\varphi$					
同步转速 $n = 3000$ r/min										
Y200L2-2	37.0	69.8	2950	90.5	0.89	2.0	7.0	2.2	95	255
Y225M-2	45.0	83.9	2970	91.5	0.89	2.0			97	309
Y250M-2	55.0	103	2970	91.5	0.89	2.0			97	403
Y280S-2	75.0	140	2970	92.0	0.89	2.0			99	544
Y280M-2	90.0	167	2970	92.5	0.89	2.0			99	620
Y315S-2	110	203	2980	92.5	0.89	1.8	6.8		104	980
Y315M-2	132	242	2980	93.0	0.89	1.8			104	1080
Y315L1-2	160	292	2980	93.5	0.89	1.8			104	1160
同步转速 $n = 1500$ r/min										
Y801-4	0.55	1.51	1390	73.0	0.76	2.4	6.0	2.3	67	17
Y802-4	0.75	2.01	1390	74.5	0.76	2.3			67	18
Y90S-4	1.1	2.75	1400	78.0	0.78	2.3	6.5		67	22
Y90L-4	1.5	3.65	1400	79.0	0.79	2.3			67	27
Y100L1-4	2.2	5.03	1430	81.0	0.82	2.2			70	34
Y100L2-4	3.0	6.82	1430	82.5	0.81	2.2			70	38
Y112M-4	4.0	8.77	1440	84.5	0.82	2.2			74	43
Y132S-4	5.5	11.6	1440	85.5	0.84	2.2			78	68
Y132M-4	7.5	15.4	1440	87.0	0.85	2.2			78	81
Y160M-4	11.0	22.6	1460	88.0	0.84	2.2			82	123
Y160L-4	15.0	30.3	1460	88.5	0.85	2.2			82	144
Y180M-4	18.5	35.9	1470	91.0	0.86	2.0	7.0		82	182
Y180L-4	22.0	42.5	1470	91.5	0.86	2.0			82	190
Y200L-4	30.0	56.8	1470	92.5	0.87	2.0			84	270
Y225S-4	37.0	69.8	1480	91.8	0.87	1.9			84	284
Y225M-4	45.0	84.2	1480	92.3	0.88	1.9			84	320
Y250M-4	55.0	103	1480	92.6	0.88	2.0		2.2	86	427
Y280S-4	75.0	140	1480	92.7	0.88	1.9			90	562
Y280M-4	90.0	164	1480	93.5	0.89	1.9			90	667
Y315S-4	110	201	1490	93.5	0.89	1.8	6.8		96	1000
Y315M-4	132	240	1490	94.0	0.89	1.8			96	1100
Y315L1-4	160	289	1490	94.5	0.89	1.8			96	1160
同步转速 $n = 1000$ r/min										
Y90S-6	0.75	2.30	910	72.5	0.70	2.0	6.0	2.0	65	23
Y90L-6	1.1	3.20	910	73.5	0.72	2.0			65	25

(续)

型号	额定功率 P_m/kW	满载时				堵转转矩/额定转矩	堵转电流/额定电流	最大转矩/额定转矩	噪声/dB (A声级)	净重/kg
		电流/A	转速/(r/min)	效率(%)	功率因数 $\cos\varphi$					
同步转速 $n=1000\text{r/min}$										
Y100L-6	1.5	4.00	940	77.5	0.74	2.0	6.0	2.0	67	33
Y112M-6	2.2	5.60	940	80.5	0.74	2.0			67	45
Y132S-6	3	7.20	960	83.0	0.76	2.0			71	63
Y132M1-6	4	9.40	960	84.0	0.77	2.0			71	73
Y132M2-6	5.5	12.6	960	85.3	0.78	2.0			71	84
Y160M-6	7.5	17.0	970	86.0	0.78	2.0			75	119
Y160L-6	11	24.6	970	87.0	0.78	2.0			75	147
Y180L-6	15	31.6	970	89.5	0.81	2.0			78	195
Y200L1-6	18.5	37.7	970	89.8	0.83	1.8			78	220
Y200L2-6	22	44.6	970	90.2	0.83	1.8	6.5		78	250
Y225M-6	30	59.5	980	90.2	0.85	1.8			81	292
Y250M-6	37	72	980	90.8	0.86	1.8			81	408
Y280S-6	45	85.4	980	92.0	0.87	1.8			84	536
Y280M-6	55	104.9	980	91.6	0.87	1.8			84	595
Y315S-6	75	141	990	92.8	0.87	1.6			87	990
Y315M-6	90	169	990	93.2	0.87	1.6			87	1080
Y315L1-6	110	206	990	93.5	0.87	1.6			87	1150
Y315L2-6	132	246	990	93.8	0.87	1.6			87	1210
同步转速 $n=750\text{r/min}$										
Y132S-8	2.2	5.8	710	81.0	0.71	2.0	5.5	2.0	66	63
Y132M-8	3	7.7	710	82.0	0.72	2.0			66	79
Y160M1-8	4	9.9	720	84.0	0.73	2.0	6		69	118
Y160M2-8	5.5	13.3	720	85.0	0.74	2.0			69	119
Y160L-8	7.5	17.7	720	86.0	0.75	2.0	5.5		72	145
Y180L-8	11	25.1	730	86.5	0.77	1.7			72	184
Y200L-8	15	34.1	730	88.0	0.76	1.8			75	250
Y225S-8	18.5	41.3	730	89.5	0.76	1.7			75	266
Y225M-8	22	47.6	730	90.0	0.78	1.8	6.0		75	292
Y250M-8	30	63.0	730	90.5	0.80	1.8			78	405
Y280S-8	37	78.2	740	91.0	0.79	1.8			78	520
Y280M-8	45	93.2	740	91.7	0.80	1.8			78	592
Y315S-8	55	114	740	92.0	0.80	1.6			87	1000
Y315M-8	75	152	740	92.5	0.81	1.6	6.5		87	1100
Y315L1-8	90	179	740	93.0	0.82	1.6			87	1160

第二节 电动机的选择

(续)

型号	额定功率 P_m/kW	满载时				堵转转矩/额定转矩	堵转电流/额定电流	最大转矩/额定转矩	噪声/dB (A声级)	净重/kg
		电流/A	转速/(r/min)	效率(%)	功率因数 $\cos\varphi$					
同步转速 $n=750\text{r/min}$										
Y315L2-8	110	218	740	93.3	0.82	1.6	6.3	2.0	87	1230
同步转速 $n=600\text{r/min}$										
Y315S-10	45	101	590	91.5	0.74	1.4	6	2.0	87	990
Y315M-10	55	123	590	92.0	0.74	1.4			87	1150
Y315L-10	75	164	590	92.5	0.75	1.4			87	1220

注：电动机型号意义，以 Y132S2-2-B3 为例，Y 表示系列代号，132 表示机座中心高，S2 表示短机座和第二种铁心长度（M 表示中机座，L 表示长机座），2 表示电动机的极数，B3 表示安装形式。

二、电动机功率的确定

电动机的容量（功率）选得合适与否，对电动机的工作性能和经济性都有影响。当容量小于工作要求时，电动机不能保证工作装置的正常工作，或使电动机因长期过载而损坏；容量过大则电动机的价格高，且因经常不在满载下运行，其效率和功率因数都较低，造成浪费。

电动机容量主要由电动机运行时的发热情况决定，而发热又与其工作情况有关。对于长期连续运转、载荷不变或很少变化的、常温下工作的电动机，选择电动机的容量时，只需使电动机的负荷不超过其额定值，电动机便不会过热。这样，可按电动机的额定功率 P_m 等于或略大于电动机所需的输出功率 P_o，即 $P_m \geq P_o$，从手册中选择相应的电动机型号，而不必再作发热计算。

1. 计算工作机所需功率 P_w

工作机所需功率 P_w（kW）应由机器的工作阻力和运动参数确定。通常可由设计任务书给定参数按下式计算求得

$$P_w = \frac{F_w v_w}{1000 \eta_w}$$

式中，F_w 为工作机的阻力（N）；v_w 为工作机的线速度（m/s）；η_w 为工作机的效率，对于带式运输机，一般 $\eta_w = 0.94 \sim 0.96$。

2. 计算电动机所需的输出功率 P_o

由工作机所需功率和传动装置的总效率可求得电动机所需的输出功率 P_o。

$$P_o = \frac{P_w}{\eta}$$

式中，η 为由电动机至工作机的传动装置总效率，计算式为

$$\eta = \eta_1 \eta_2 \eta_3 \cdots \eta_n$$

其中，$\eta_1, \eta_2, \eta_3, \cdots, \eta_n$ 分别为传动装置中每一级传动副（齿轮、蜗杆、带或链传动等），每对轴承或每个联轴器的效率，其值可查阅机械工业出版社出版的《机械设计手册》。表2-2列出了部分机械传动和摩擦副的效率值。

在计算传动装置总效率时应注意以下几点：

表 2-2 部分机械传动和摩擦副的效率值

种类		效率 η	种类		效率 η
圆柱齿轮传动	磨合很好的6级和7级精度的齿轮传动(油润滑)	0.98~0.99	摩擦传动	平摩擦传动	0.85~0.92
	8级精度的齿轮传动(油润滑)	0.97		槽摩擦传动	0.88~0.90
	9级精度的齿轮传动(油润滑)	0.96		卷绳轮传动	0.95
	加工齿的开式齿轮传动(脂润滑)	0.94~0.96	联轴器	浮动联轴器(十字联轴器等)	0.97~0.99
	铸造齿的开式齿轮传动	0.90~0.93		齿式联轴器	0.99
锥齿轮传动	磨合很好的6级和7级精度的齿轮传动(油润滑)	0.97~0.98		弹性联轴器	0.99~0.995
	8级精度的齿轮传动(油润滑)	0.94~0.97		万向联轴器(α≤3°)	0.97~0.98
	加工齿的开式齿轮传动(脂润滑)	0.92~0.95		万向联轴器(α>3°)	0.95~0.97
	铸造齿的开式齿轮传动	0.88~0.92	滑动轴承	润滑不良	0.94(一对)
蜗杆传动	自锁蜗杆传动	0.40~0.45		润滑正常	0.97(一对)
	单头蜗杆传动	0.70~0.75		润滑特好(压力润滑)	0.98(一对)
	双头蜗杆传动	0.75~0.82		液体摩擦	0.99(一对)
	三头和四头蜗杆传动	0.80~0.92	滚动轴承	球轴承(稀油润滑)	0.99(一对)
	圆弧面蜗杆传动	0.85~0.95		滚子轴承(稀油润滑)	0.98(一对)
带传动	平带无压紧轮的开式传动	0.98		滑池内油的飞溅和密封摩擦	0.95~0.99
	平带有压紧轮的开式传动	0.97	减(变)速器	单级圆柱齿轮减速器	0.97~0.98
	平带交叉传动	0.90		双级圆柱齿轮减速器	0.95~0.96
	V带传动	0.96		行星圆柱齿轮减速器	0.95~0.98
链传动	焊接链	0.93		单级锥齿轮减速器	0.95~0.96
	片式关节链	0.95		圆锥-圆柱齿轮减速器	0.94~0.95
	滚子链	0.96		无级变速器	0.92~0.95
	齿形链	0.97		摆线针轮减速器	0.90~0.97
复合滑轮组	滑动轴承(i=2~6)	0.92~0.98	丝杠传动	滑动丝杠	0.30~0.60
	滚动轴承(i=2~6)	0.95~0.99		滚动丝杠	0.85~0.95

1) 所取传动副的效率是否已包括其轴承效率,如已包括则不再计入轴承效率。
2) 轴承效率通常指一对轴承而言。
3) 同类型的几对传动副、轴承或联轴器,要分别计入各自的效率。
4) 蜗杆传动效率与蜗杆头数及材料有关,设计时应初选头数,估计效率,待设计出蜗杆传动后再确定效率,并修正前面的设计计算数据。
5) 在资料中查出的效率值为某一范围数值时,一般可取中间值。如工作条件差、加工精度低、维护不良时,则应取低值,反之则取高值。

3. 确定电动机的额定功率 P_m

对于长期连续运转,载荷不变或很少变化,且在常温下工作的电动机,按下式确定电动机的额定功率

$$P_m \geq P_o$$

功率裕度大小可视过载情况来决定。

三、电动机转速的确定

容量相同的同类型电动机，其同步转速有 3000r/min，1500r/min，1000r/min 和 750r/min 四种。电动机转速越高，则磁极越少，尺寸及重量越小，价格也越低；但传动系统的总传动比增大，传动级数要增多，尺寸及重量增大，从而使传动装置的成本增加。因此，在选择电动机转速时，必须进行全面分析和比较，通常多选用同步转速为 1000r/min 或 1500r/min 的电动机。

根据选定的电动机类型、结构、容量和转速，从标准中查出电动机型号后，应将其型号、额定功率、满载转速、外形尺寸、电动机中心高、轴伸尺寸、键联结尺寸等记下备用。

对于专用传动装置，其设计功率按实际需要的电动机输出功率 P_o 来计算；对于通用传动装置，其设计功率按电动机的额定功率 P_m 来计算。传动装置的输入转速可按电动机的满载转速 n_m 来计算。机座带底脚、端盖无凸缘 Y 系列电动机的安装尺寸及外形尺寸见表 2-3。

表 2-3 机座带底脚、端盖无凸缘 Y 系列电动机的安装尺寸及外形尺寸

（单位：mm）

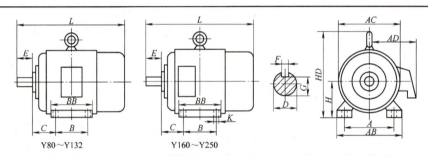

Y80～Y132　　　　Y160～Y250

机座号	极数	A	B	C	D	E	F	G	H	K	AB	AC	AD	HD	BB	L
80	2,4	125	100	50	19	40	6	15.5	80	10	165	175	150	175	130	290
90S	2,4,6,8	140	100	56	24	+0.009 -0.004 (j6)	50	8	20	90	10	180	195	160	195	130	315
90L		140	125	56	24		50	8	20	90	10	180	195	160	195	155	340
100L		160	140	63	28		60	8	24	100	12	205	215	180	245	170	380
112M		190	140	70	28		60	8	24	112	12	245	240	190	265	180	400
132S		216	178	89	38		80	10	33	132	12	280	275	210	315	200	475
132M		216	178	89	38		80	10	33	132	12	280	275	210	315	238	515
160M	2,4,6,8	254	210	108	42	+0.018 +0.002 (k6)	110	12	37	160	14.5	330	335	265	385	270	605
160L		254	254	108	42		110	12	37	160	14.5	330	335	265	385	314	650
180M		279	241	121	48		110	14	42.5	180	14.5	355	380	285	430	311	670
180L		279	279	121	48		110	14	42.5	180	14.5	355	380	285	430	349	710
200L		318	305	133	55		110	16	49	200	18.5	395	420	315	475	379	775
225S	4,8	356	286	149	60	+0.030 +0.011 (m6)	140	18	53	225	18.5	435	475	345	530	368	820
225M	2	356	311	149	55		110	16	49	225	18.5	435	475	345	530	393	815
225M	4,6,8	356	311	149	60		140	18	53	225	18.5	435	475	345	530	393	845
250M	2	406	349	168	60		140	18	53	250	24	490	515	385	575	455	930
250M	4,6,8	406	349	168	65				58	250	24	490	515	385	575	455	930

第三节 传动装置传动比的计算与分配

一、传动装置的总传动比计算

电动机选定以后，根据电动机的满载转速 n_m 及工作轴的转速 n_w，就可确定传动装置的总传动比 i，即

$$i = \frac{n_m}{n_w}$$

当传动装置由多级传动串联而成时，则总传动比为

$$i = i_1 i_2 i_3 \cdots i_n$$

式中，i_1，i_2，i_3，$\cdots$，i_n 为各级串联传动机构的传动比。

二、各级传动比的分配

合理分配传动比是传动装置设计中的一个重要问题，它将直接影响传动装置的外廓尺寸、重量及润滑等很多方面。如果传动比分配合理，可使传动装置得到较小的外廓尺寸和较轻的重量，以实现降低成本和结构紧凑的目的，也可以使传动零件获得较低的圆周速度，以减少运动载荷或降低传动精度等级，还可以得到较好的润滑条件等。因此，设计时应根据具体条件按设计要求考虑传动分配方案。

对于一级圆柱齿轮减速器，在具体分配传动比时，应考虑以下几点：

1) 各级传动的传动比最好在推荐范围内选取，尽可能不超过其允许的最大值。各类机械传动的传动比推荐范围（参考值），见表2-4。

2) 应使各级传动的结构尺寸协调、匀称和利于安装。例如，在V带齿轮减速器中，要避免大带轮半径大于减速器输入轴的中心高而造成安装不便，且应避免图2-2所示的大带轮与底架相碰。因此，分配传动比时，应使带传动的传动比小于齿轮传动的传动比。

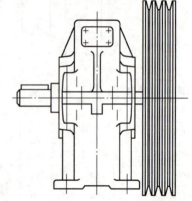

图 2-2 大带轮与底架相碰

表 2-4 各类机械传动的传动比推荐范围（参考值）

荐用值	平带传动	V带传动	链传动	圆柱齿轮传动	锥齿轮传动	蜗杆传动
单级荐用值 i	2~4	2~4	2~5	3~5	2~3	10~40
单级最大值 i_{max}	5	7	6	8	5	80

第四节 各级传动的运动和动力参数计算

传动装置的运动和动力参数是指各轴的转速、功率和转矩。若将传动装置的各轴按转速由高到低依次定为 I 轴、II 轴……（电动机轴为 o 轴），并设：

n_I、n_{II}、n_{III}…——各轴的转速（r/min）；

P_I、P_{II}、P_{III}…——各轴的输入功率（kW）；

第四节 各级传动的运动和动力参数计算

T_{I}、T_{II}、$T_{\mathrm{III}}\cdots$——各轴的转矩（N·m）；
$\eta_{o\mathrm{I}}$、$\eta_{\mathrm{I}\mathrm{II}}$、$\eta_{\mathrm{II}\mathrm{III}}\cdots$——相邻两轴间的传动效率；
$i_{o\mathrm{I}}$、$i_{\mathrm{I}\mathrm{II}}$、$i_{\mathrm{II}\mathrm{III}}\cdots$——相邻两轴间的传动比；
P_{m}——电动机额定功率（kW）；
n_{m}——电动机满载转速（r/min）；
P_{o}——电动机实际所需的输出功率（kW）；
P_{w}——工作机所需功率（kW）；
n_{w}——工作机转速（r/min）；
T_{w}——工作机上的转矩（N·m）

则可按电动机轴至工作机轴的运动传递路线，按如下方法计算出各轴的运动和动力参数。

一、各轴的转速

$$n_{\mathrm{I}} = \frac{n_{\mathrm{m}}}{i_{o\mathrm{I}}}$$

$$n_{\mathrm{II}} = \frac{n_{\mathrm{I}}}{i_{\mathrm{I}\mathrm{II}}}$$

$$n_{\mathrm{III}} = \frac{n_{\mathrm{II}}}{i_{\mathrm{II}\mathrm{III}}}$$

其余类推。

二、各轴的功率

$$P_{\mathrm{I}} = P_{\mathrm{m}} \eta_{o\mathrm{I}}$$
$$P_{\mathrm{II}} = P_{\mathrm{I}} \eta_{\mathrm{I}\mathrm{II}}$$
$$P_{\mathrm{III}} = P_{\mathrm{II}} \eta_{\mathrm{II}\mathrm{III}}$$

其余类推。

三、各轴的转矩

$$T_{\mathrm{I}} = 9550 \frac{P_{\mathrm{I}}}{n_{\mathrm{I}}}$$

$$T_{\mathrm{II}} = 9550 \frac{P_{\mathrm{II}}}{n_{\mathrm{II}}}$$

$$T_{\mathrm{III}} = 9550 \frac{P_{\mathrm{III}}}{n_{\mathrm{III}}}$$

其余类推。

将以上运动和动力参数计算结果列入表2-5，供以后设计计算时使用。

表 2-5 运动和动力参数计算结果

参数	电动机轴(o轴)	Ⅰ轴	Ⅱ轴	Ⅲ轴	工作机轴(w轴)
功率 P/kW					
转速 n/(r/min)					
转矩 T/(N·m)					
传动比 i					
效率 η					

第五节　传动装置总体设计教学范例

下面以带式运输机传动装置的总体设计为例，说明机械传动装置总体设计的主要内容、步骤及基本过程。

运输机组成示意图见第一章相关内容（图 1-2），设计数据如下：

工作拉力 $F_w = 3\text{kN}$，输送带速度 $v_w = 1.5\text{m/s}$，滚筒直径 $D = 400\text{mm}$。

运输机效率 $\eta = 0.96$，输送带速度容许误差 $\pm 5\%$。

运输机为两班制连续单向运转，空载起动，载荷变化不大；室内工作，有粉尘，环境温度 30℃ 左右；使用期限 8 年，4 年一次大修；动力来源为三相交流电；传动装置由中等规模机械厂小批量生产。

一、分析和拟订传动方案

本例传动装置可以有多种传动方案。由于工作载荷不大，室内环境、布局尺寸没有严格限制，所以采用图 2-3 所示的 V 带传动与一级减速器的组合传动方案。将带传动放在高速级，既可缓冲吸振又能减小传动的尺寸。

二、电动机的选择

1. 选择电动机的类型

按工作要求和工作条件，选用 Y 系列一般用途的全封闭自扇冷笼型三相异步电动机（IP44 系列）。

2. 确定电动机功率

（1）计算工作机所需的功率 P_w（kW）

$$P_w = \frac{F_w v_w}{1000 \eta_f}$$

式中，$F_w = 3\text{kN}$，$v_w = 1.5\text{m/s}$，滚筒效率 $\eta_f = 0.96$，代入上式得

$$P_w = \frac{3000 \times 1.5}{1000 \times 0.96}\text{kW} = 4.69\text{kW}$$

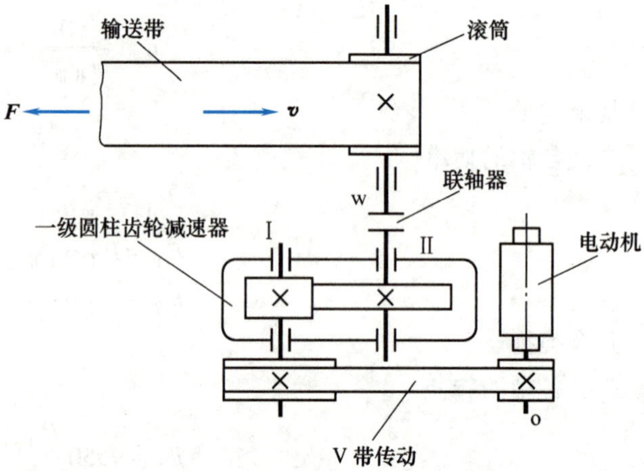

图 2-3　带式运输机的 V 带传动与一级减速器组合传动方案

（2）计算电动机的输出功率 P_o（kW）

$$P_o = \frac{P_w}{\eta}$$

电动机至滚筒的传动装置总效率 η，其值按下式计算（包括 V 带传动、一对齿轮传动、两对滚动球轴承及联轴器等的效率）

$$\eta = \eta_{带} \eta_{齿} \eta_{轴承}^2 \eta_{联轴器}$$

查表 2-2 可得　$\eta_{带} = 0.96$

$\eta_{齿轮} = 0.97$（8 级精度、油润滑）

$\eta_{轴承} = 0.99$（一对）

$\eta_{联轴器} = 0.97 \sim 0.99$（十字滑块联轴器），取 0.98

因此 $\eta = 0.96 \times 0.97 \times 0.99^2 \times 0.98 = 0.89$

则电动机的输出功率 P_o 为

$$P_o = \frac{P_w}{\eta} = \frac{4.69}{0.89} \text{kW} = 5.27 \text{kW}$$

（3）确定电动机的额定功率 P_m

$$P_m \geq P_o = 5.27 \text{kW}$$

查表 2-1，选取符合这一功率范围的电动机，确定电动机额定功率为 $P_m = 5.5 \text{kW}$

3. 确定电动机转速

由设计数据已知，输送带速度 $v_w = 1.5 \text{m/s}$，滚筒直径 $D = 400 \text{mm}$，故滚筒工作转速为

$$n_w = \frac{60 v_w}{\pi D} = \frac{60 \times 1.5}{3.14 \times 400 \times 10^{-3}} \text{r/min} = 71.66 \text{r/min}$$

在传动装置中，总传动比为电动机转速 n_m 与工作机转速 n_w 之比，即 $i = \frac{n_m}{n_w}$，由图 2-3 所示的传动方案可知，该传动装置的总传动比等于带传动比和齿轮传动比的乘积，即

$$i = i_{带} i_{齿}$$

按推荐的各种传动机构传动比的范围，V 带传动比 $i_{带} = 2 \sim 4$，单级圆柱齿轮传动比 $i_{齿} = 3 \sim 5$，则总传动比范围为

$$i = (2 \times 3) \sim (4 \times 5) = 6 \sim 20$$

所以，电动机可选择的转速 n_m 范围应为

$$n_m = i n_w = (6 \sim 20) \times 71.66 \text{r/min} = 429.96 \sim 1433.20 \text{r/min}$$

符合这一转速范围的同步转速有 750r/min，1000r/min 两种。为降低电动机的质量和价格，查表 2-1，选取同步转速为 1000r/min 的 Y 系列电动机 Y132M2-6，其满载转速为 $n_m = 960 \text{r/min}$，其安装尺寸查表 2-3，主要性能见表 2-6。

表 2-6 Y132M2-6 主要性能和连接尺寸

电动机型号	额定功率/kW	满载转速/(r/min)	中心高 H/mm	轴伸尺寸 $D \times E$/mm	平键尺寸 F/mm
Y132M2-6	5.5	960	132	38k6×80	10

三、确定传动装置的各级传动比

1. 传动装置的总传动比

$$i = \frac{n_m}{n_w} = \frac{960}{71.66} = 13.40$$

2. 传动比分配

由于总传动比 $i = i_{带} i_{齿}$，$i_{带} = 2 \sim 4$，$i_{齿} = 3 \sim 5$，为使 V 带传动的外廓尺寸不至于过大，初取 $i_{带} = 3.1$，则齿轮传动的传动比为

$$i_{齿} = \frac{i}{i_{带}} = \frac{13.40}{3.1} = 4.32$$

$i_{带}$ 和 $i_{齿}$ 的结果均在各级传动比的合适范围内。

提示：1) 传动比可以是带小数点的数，一般要符合推荐的范围。

01. 传动比分配分析

2）为避免大带轮与底面相碰，要求 $i_{带} \leqslant i_{齿}$。

四、传动装置的运动和动力参数

1. 各轴的转速

Ⅰ 轴

$$n_Ⅰ = \frac{n_m}{i_{oⅠ}} = \frac{n_m}{i_{带}} = \frac{960}{3.1} = 309.68 \text{r/min}$$

Ⅱ 轴

$$n_Ⅱ = \frac{n_Ⅰ}{i_{ⅠⅡ}} = \frac{n_Ⅰ}{i_{齿}} = \frac{309.68}{4.32} = 71.69 \text{r/min}$$

滚筒轴

$$n_w = n_Ⅱ = 71.69 \text{r/min}$$

2. 各轴的功率

Ⅰ 轴

$$P_Ⅰ = P_o \eta_{oⅠ} = P_o \eta_{带} = 5.27 \text{kW} \times 0.96 = 5.06 \text{kW}$$

Ⅱ 轴

$$P_Ⅱ = P_Ⅰ \eta_{ⅠⅡ} = P_Ⅰ \eta_{齿} \eta_{轴承} = 5.06 \text{kW} \times 0.97 \times 0.99 = 4.86 \text{kW}$$

滚筒轴

$$P_w = P_Ⅱ \eta_{ⅡⅢ} = P_Ⅱ \eta_{轴承} \eta_{联轴器} = 4.86 \text{kW} \times 0.99 \times 0.98 = 4.72 \text{kW}$$

3. 各轴的转矩

电动机轴

$$T_o = 9550 \frac{P_o}{n_m} = 9550 \times \frac{5.27}{960} \text{N} \cdot \text{m} = 52.43 \text{N} \cdot \text{m}$$

Ⅰ 轴

$$T_Ⅰ = 9550 \frac{P_Ⅰ}{n_Ⅰ} = 9550 \times \frac{5.06}{309.68} \text{N} \cdot \text{m} = 156.04 \text{N} \cdot \text{m}$$

Ⅱ 轴

$$T_Ⅱ = 9550 \frac{P_Ⅱ}{n_Ⅱ} = 9550 \times \frac{4.86}{71.69} \text{N} \cdot \text{m} = 647.41 \text{N} \cdot \text{m}$$

滚筒轴

$$T_w = 9550 \frac{P_w}{n_w} = 9550 \times \frac{4.72}{71.69} \text{N} \cdot \text{m} = 628.76 \text{N} \cdot \text{m}$$

将以上运动和动力参数设计计算结果列入表 2-7，供后续设计计算使用。

表 2-7 运动和动力参数设计计算结果

	电动机轴（o 轴）	Ⅰ 轴	Ⅱ 轴	滚筒轴（w 轴）
功率 P/kW	5.27	5.06	4.86	4.72
转速 n/(r/min)	960	309.68	71.69	71.69
转矩 T/(N·m)	52.43	156.04	647.41	628.76
传动比 i	3.1		4.32	1
效率 η	0.96		0.96(0.97×0.99)	0.97(0.99×0.98)

第六节 机械传动装置总体设计拓展

一、多级减速器传动比分配的一般原则

对于多级减速器，在分配传动比时应考虑以下几条原则：

1. 尽量使传动装置外廓尺寸紧凑或重量较小

图 2-4 所示为二级圆柱齿轮减速器，在中心距和总传动比相同的情况下，由于传动比的分配不同，使其外廓尺寸也不同。在图 2-4a 所示的方案一中，两级大齿轮的浸油深度相差

不大，外廓尺寸也较为紧凑；而在图 2-4b 所示的方案二中，若要保证高速级大齿轮浸到油，则低速级大齿轮的浸油深度将过大，而且外廓尺寸也较大。

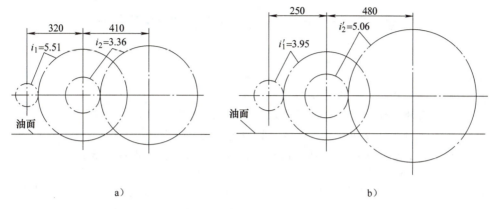

图 2-4 两种传动比分配方案的比较

a）方案一 b）方案二

2. 传动零件之间不应造成互相干涉

如图 2-5 所示，由于高速级轴的传动比过大，造成高速级大齿轮与低速轴相碰。

二、多级减速器传动比分配的参考数据

1. 二级圆柱齿轮减速器

为使两个大齿轮具有相近的浸油深度，应使两级大齿轮具有相近的直径（低速级大齿轮的直径应略大一些，使高速级大齿轮的齿顶圆与低速轴之间有适量的间隙）。设高速级的传动比为 i_1，低速级的传动比为 i_2，减速器的传动比为 i，则对于二级展开式圆柱齿轮减速器，传动比可按下式分配

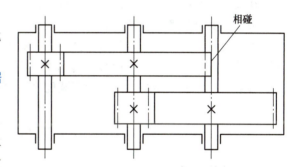

图 2-5 高速级大齿轮与低速轴相碰

$$i_1 = (1.3 \sim 1.4) i_2$$

对于同轴式圆柱齿轮减速器，传动比可按下式分配

$$i_1 = i_2 \approx \sqrt{i}$$

2. 锥齿轮—圆柱齿轮减速器

减速器的传动比为 i，高速级锥齿轮的传动比为 i_1，传动比可按下式分配

$$i_1 \approx 0.25 i$$

为使大锥齿轮的尺寸不致过大，应使高速级锥齿轮的传动比 $i_1 \leqslant 3$。

3. 蜗杆—齿轮减速器

可取低速级齿轮传动比 $i_2 \approx (0.03 \sim 0.06) i$。

传动装置的实际传动比与传动件最终确定的参数（如齿轮齿数、带轮直径等）有关，故传动件的参数确定以后，应验算工作轴的实际转速是否在允许误差范围以内。如不能满足要求，则应重新调整传动比。若设计的传动装置未规定允许转速范围，则通常可取传动比误差范围不超过 $\pm(3 \sim 5)\%$。

第三章　传动零件的综合设计

> **能力要求**
> 1. 会进行齿轮传动、带传动等的力学计算。
> 2. 能根据设计条件的变化，选择合适的传动设计参数。
> 3. 能熟练运用各种设计资料，完成机械传动的设计计算。
> 4. 能确定传动齿轮使用的材料、热处理方法、结构，并画出轮缘截面图。

传动零件是传动装置中最主要的组成部分，它决定了传动装置的工作性能、结构布置和尺寸大小。支承零件和联接零件通常也是根据传动零件来设计和选取。因此，当传动装置的总体设计完成后，应当先设计各级传动零件，然后再设计相应的支承零件和箱体等。

在设计绘制装配底图前，传动零件的设计计算着重确定主要尺寸和参数，传动零件详细结构和技术要求的确定应结合装配底图设计或零件图设计进行。

由传动装置运动及动力参数计算得出的数据及设计任务书给定的工作条件，即为传动零件设计计算的原始数据。一般传动零件的设计计算内容包括确定传动零件材料、热处理方法、参数、尺寸和主要结构，为绘制装配底图做好准备。

第一节　V带传动设计计算教学范例

带传动是利用带与带轮之间的摩擦或啮合，实现两轴间运动和动力的传递。带传动的主要失效形式是带在带轮上打滑和带的疲劳破坏。因此，V带传动设计的准则是保证带传动在工作中不打滑的前提下，使带具有一定的疲劳强度和使用寿命。

V带传动设计计算的内容有：确定带的型号、长度和根数；确定中心距；选择大、小带轮的基准直径和结构尺寸；初拉力和作用在轴上的压力等。

下面是图 2-3 所示带式运输机传动装置中普通 V 带传动的设计范例。设计数据见表 2-7，其中，电动机的输出功率 $P_o = 5.27 \text{kW}$，转速 $n_o = 960 \text{r/min}$，从动轮转速 $n_I = 309.68 \text{r/min}$，传动比 $i_{带} = 3.1$。工作时冲击不大，每天两班制工作。

1. 确定设计功率 P_d

根据工作情况，查表 3-1，得工况系数 $K_A = 1.2$

$$P_d = K_A P_o = 1.2 \times 5.27 \text{kW} = 6.32 \text{kW}$$

2. 选择 V 带的型号

根据设计功率 $P_d = 6.32 \text{kW}$ 和小带轮的转速 $n_o = 960 \text{r/min}$，查图 3-1，选 A 型 V 带。

3. 确定带轮的基准直径 d_{d1} 和 d_{d2}

带轮直径较小时，结构紧凑，但带上弯曲应力较大；且直径较小时，圆周速度较小，单根 V 带所能传递的基本额定功率也较小，从而使带的根数增多。因此，一般 $d_{d1} \geq d_{dmin}$，并取标准值。表 3-2 规定了带轮的最小基准直径 d_{dmin} 和基准直径系列。

表 3-1　工况系数 K_A（GB/T 13575.1—2008）

载荷性质	工作机	K_A					
		空、轻载起动			重载起动		
		每天工作时间/h					
		<10	10~16	>16	<10	10~16	>16
载荷变动微小	液体搅拌机、通风机和鼓风机（$P\leq 7.5$kW）、离心机水泵和压缩机、轻型输送机	1.0	1.1	1.2	1.1	1.2	1.3
载荷变动小	带式输送机（不均匀载荷）、通风机（$P>7.5$kW）、发电机、金属切削机床、印刷机、旋转筛、木工机械	1.1	1.2	1.3	1.2	1.3	1.4
载荷变动较大	制砖机、斗式提升机、往复式水泵和压缩机、起重机、磨粉机、冲剪机床、橡胶机械、振动筛、纺织机械、重载输送机	1.2	1.3	1.4	1.4	1.5	1.6
载荷变动很大	破碎机（旋转式、颚式等）、摩碎机（球磨、棒磨、管磨）	1.3	1.4	1.5	1.5	1.6	1.8

注：1. 空、轻载起动——电动机（交流起动、三角起动、直流并励），四缸以上的内燃机，装有离心式离合器、液力联轴器的动力机；重载起动—— 电动机（联机交流起动、直流复励或串励），四缸以下的内燃机。
2. 在反复起动、正反转频繁、工作条件恶劣等场合，K_A 应取为表值的 1.2 倍。

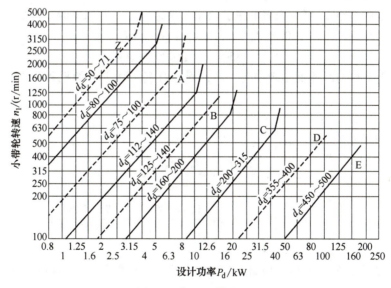

图 3-1　普通 V 带选型图

表 3-2　V 带轮的最小基准直径和基准直径系列（GB/T 13575.1—2008）（单位：mm）

V 带轮型号	Y	Z	A	B	C	D	E
d_{dmin}	20	50	75	125	200	355	500
基准直径系列	28,31.5,40,50,56,63,71,75,80,90,100,106,112,118,125,132,140,150,160,180,200,212,224,250,280,315,355,375,400,450,500,560,630…						

(1) 小带轮的基准直径 d_{d1}　由带的选型图可知,小带轮基准直径的取值范围 $d_{d1}=112\sim140\text{mm}$,由表 3-2 可知,可选择的基准直径有 112mm、118mm、125mm、132mm 和 140mm,考虑到减少带的根数,确定选取 $d_{d1}=125\text{mm}$,符合 $d_{d1}\geqslant d_{d\min}$ 的要求。

(2) 大带轮的基准直径 d_{d2}　大带轮的基准直径 d_{d2} 由下式算出 $d_{d2}=id_{d1}(1-\varepsilon)$

02. 带轮直径的确定

ε 为弹性滑动率,通常 $\varepsilon=0.01\sim0.02$,选取弹性滑动率 $\varepsilon=0.02$,则
$$d_{d2}=id_{d1}(1-\varepsilon)=3.1\times125\times(1-0.02)\text{mm}=379.75\text{mm}$$
查表 3-2,取基准直径　$d_{d2}=375\text{mm}$

实际传动比　　　　　$i=\dfrac{d_{d2}}{d_{d1}(1-\varepsilon)}=\dfrac{375}{125\times(1-0.02)}=3.06$

传动比误差　　　　　$\Delta i=\dfrac{i_{理}-i_{实}}{i_{理}}=\dfrac{3.1-3.06}{3.1}=1.29\%$

传动比误差在 $\pm(3\sim5)\%$ 范围内。

4. 验算带速
$$v=\frac{\pi d_{d1}n_1}{60\times1000}=\frac{3.14\times125\times960}{60\times1000}\text{m/s}=6.28\text{m/s}$$
验算值在规定的 $5\sim25\text{m/s}$ 范围内,设计合理。

5. 初定中心距 a_0

带传动初定中心距 a_0 可按布置要求的给出值确定。无布置要求时,可按下式初选
$$0.7(d_{d1}+d_{d2})\leqslant a_0\leqslant 2(d_{d1}+d_{d2})$$
即　　　　　　　　　$350\leqslant a_0\leqslant1000$

为了防止电动机与减速器出现安装干涉,同时有利于减少带的根数,中心距宜取大些,取 $a_0=950\text{mm}$。

6. 确定带的基准长度 L_d

(1) 初定带的基准长度 L_{d0}
$$L_{d0}=2a_0+\pi\frac{d_{d1}+d_{d2}}{2}+\frac{(d_{d2}-d_{d1})^2}{4a_0}$$
$$=2\times950\text{mm}+3.14\times\frac{125+375}{2}\text{mm}+\frac{(375-125)^2}{4\times950}\text{mm}$$
$$=2701.45\text{mm}$$

(2) 选取带的基准长度 L_d　根据 L_{d0} 和 V 带型号,查表 3-3,选取相应的普通 V 带基准长度 L_d。

查表 3-3,找到与 $L_{d0}=2701.45\text{mm}$ 相接近的数值,取 $L_d=2700\text{mm}$。

7. 确定实际中心距 a
$$a\approx a_0+\frac{(L_d-L_{d0})}{2}$$
$$=950\text{mm}+\frac{(2700-2701.45)}{2}\text{mm}=949.28\text{mm}\approx950\text{mm}$$

表 3-3 普通 V 带 L_d 与带长修正因数 K_L（摘自 GB/T 13575.1—2008）

Y L_d/mm	K_L	Z L_d/mm	K_L	A L_d/mm	K_L	B L_d/mm	K_L	C L_d/mm	K_L	D L_d/mm	K_L	E L_d/mm	K_L
200	0.81	405	0.87	630	0.81	930	0.83	1565	0.82	2740	0.82	4660	0.91
224	0.82	475	0.90	700	0.83	1000	0.84	1760	0.85	3100	0.86	5040	0.92
250	0.84	530	0.93	790	0.85	1100	0.86	1950	0.87	3330	0.87	5420	0.94
280	0.87	625	0.96	890	0.87	1210	0.87	2195	0.90	3730	0.90	6100	0.96
315	0.89	700	0.99	990	0.89	1370	0.90	2420	0.92	4080	0.91	6850	0.99
355	0.92	780	1.00	1100	0.91	1560	0.92	2715	0.94	4620	0.94	7650	1.01
400	0.96	920	1.04	1250	0.93	1760	0.94	2880	0.95	5400	0.97	9150	1.05
450	1.00	1080	1.07	1430	0.96	1950	0.97	3080	0.97	6100	0.99	12230	1.11
500	1.02	1330	1.13	1550	0.98	2180	0.99	3520	0.99	6840	1.02	13750	1.15
		1420	1.14	1640	0.99	2300	1.01	4060	1.02	7620	1.05	15280	1.17
		1540	1.54	1750	1.00	2500	1.03	4600	1.05	9140	1.08	16800	1.19
				1940	1.02	2700	1.04	5380	1.08	10700	1.13		
				2050	1.04	2870	1.05	6100	1.11	12200	1.16		
				2200	1.06	3200	1.07	6815	1.14	13700	1.19		
				2300	1.07	3600	1.09	7600	1.17	15200	1.21		
				2480	1.09	4060	1.13	9100	1.21				
				2700	1.10	4430	1.15	10700	1.24				
						4820	1.17						
						5370	1.20						
						6070	1.24						

考虑安装、调整或补偿等因素，中心距 a 要有一定的调整范围，一般为

$$a_{max} \approx a + 0.03L_d = 950\text{mm} + 0.03 \times 2700\text{mm} = 1031\text{mm}$$

$$a_{min} \approx a - 0.015L_d = 950\text{mm} - 0.015 \times 2700\text{mm} = 910\text{mm}$$

8. 验算小带轮包角 α_1

$$\alpha_1 = 180° - \frac{(d_{d2} - d_{d1})}{a} \times 57.3°$$

$$= 180° - \frac{(375 - 125)}{950} \times 57.3° = 164.92° > 120°$$

要求 $\alpha_1 \geq 120°$，故设计合理。若 α_1 过小，可增大中心距或设置张紧轮。

9. 确定带的根数 Z

$$Z \geq \frac{P_d}{[P_1]} = \frac{P_d}{(P_1 + \Delta P_1)K_\alpha K_L}$$

式中，Z 为带的根数；P_d 为设计功率（kW）；$[P_1]$ 为单根 V 带在实际工作条件下可传递的额定功率（kW）。P_1 为单根 V 带所能传递的基准额定功率（kW），查表 3-4；ΔP_1 为 $i \neq 1$ 时，单根 V 带的额定功率增量（kW），查表 3-5；K_α 为带传动包角修正系数，查表 3-6；K_L 为带长修正系数，查表 3-3。

1）根据 $d_{d1} = 125\text{mm}$ 和小带轮转速 $n_0 = 960\text{r/min}$，查表 3-4，用插值法，得 $P_1 = 1.38\text{kW}$

2）根据 $i = 3.06$ 和小带轮转速 $n_0 = 960\text{r/min}$，查表 3-5，用插值法，得 $\Delta P_1 = 0.11\text{kW}$

3）根据 $\alpha = 164.92°$，查表 3-6，用插值法，得 $K_\alpha = 0.96$

表 3-4 单根 V 带的基准额定功率 P_1（GB/T 13575.1—2008）

（$\alpha_1 = \alpha_2 = 180°$，特定长度，载荷平稳）　　　　　　　　　（单位：kW）

带型号	d_{d1}/mm	小带轮转速 n_1/(r/min)										
		200	300	400	500	600	700	800	950	1200	1450	1600	1800
Y	20	—	—	—	—	—	—	—	0.01	0.02	0.02	0.03	—
	31.5	—	—	—	—	0.03	0.04	0.04	0.05	0.06	0.06	—
	40	—	—	—	—	0.04	0.05	0.06	0.07	0.08	0.09	—
	50	0.04	—	0.05	—	0.06	0.07	0.08	0.09	0.11	0.12	—
Z	50	0.04	—	0.06	—	0.09	0.10	0.12	0.14	0.16	0.17	—
	63	0.05	—	0.08	—	0.13	0.15	0.18	0.22	0.25	0.27	—
	71	0.06	—	0.09	—	0.17	0.20	0.23	0.27	0.30	0.33	—
	80	0.10	—	0.14	—	0.20	0.22	0.26	0.30	0.33	0.39	—
	90	—	—	0.14	—	0.22	0.24	0.28	0.33	0.36	0.40	—
A	75	0.15	—	0.26	—	0.40	0.45	0.51	0.60	0.68	0.73	—
	90	0.22	—	0.39	—	0.61	0.68	0.77	0.93	1.07	1.15	—
	100	0.26	—	0.47	—	0.74	0.83	0.95	1.14	1.32	1.42	—
	125	0.37	—	0.67	—	1.07	1.19	1.37	1.66	1.92	2.07	—
	160	0.51	—	0.94	—	1.51	1.69	1.95	2.36	2.73	2.94	—
B	125	0.48	—	0.84	—	1.30	1.44	1.64	1.93	2.19	2.33	2.50
	160	0.74	—	1.32	—	2.09	2.32	2.66	3.17	3.62	3.86	4.15
	200	1.02	—	1.85	—	2.96	3.30	3.77	4.50	5.13	5.46	5.83
	250	1.37	—	2.50	—	4.00	4.46	5.10	6.04	6.82	7.20	7.63
	280	1.58	—	2.89	—	4.61	5.13	5.85	6.90	7.76	8.13	8.46
C	200	1.39	1.92	2.41	2.87	3.30	3.69	4.07	4.58	5.29	5.84	6.07	6.28
	250	2.03	2.85	3.62	4.33	5.00	5.64	6.23	7.04	8.21	9.04	9.38	9.63
	315	2.84	4.04	5.14	6.17	7.14	8.09	8.92	10.05	11.53	12.46	12.72	12.67
	400	3.91	5.54	7.06	8.52	9.82	11.02	12.10	13.48	15.04	15.53	15.24	14.08
	450	4.51	6.40	8.20	9.80	11.29	12.63	13.80	15.23	16.59	16.47	15.57	13.29

表 3-5 $i \neq 1$ 时单根 V 带的额定功率增量 ΔP_1（GB/T 13575.1—2008）（单位：kW）

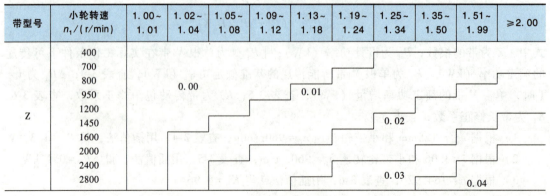

（续）

带型号	小轮转速 n_1/(r/min)	1.00~1.01	1.02~1.04	1.05~1.08	1.09~1.12	1.13~1.18	1.19~1.24	1.25~1.34	1.35~1.50	1.51~1.99	≥2.00
A	400	0.00	0.01	0.01	0.02	0.02	0.03	0.03	0.04	0.04	0.05
	700		0.01	0.02	0.03	0.04	0.05	0.06	0.07	0.08	0.09
	800		0.01	0.02	0.03	0.04	0.05	0.06	0.08	0.09	0.10
	950		0.01	0.03	0.04	0.05	0.06	0.07	0.08	0.10	0.11
	1200		0.02	0.03	0.05	0.07	0.08	0.10	0.11	0.13	0.15
	1450		0.02	0.04	0.06	0.08	0.09	0.11	0.13	0.15	0.17
	1600		0.02	0.04	0.06	0.09	0.11	0.13	0.15	0.17	0.19
	2000		0.03	0.06	0.08	0.11	0.13	0.16	0.19	0.22	0.24
	2400		0.03	0.07	0.10	0.13	0.16	0.19	0.23	0.26	0.29
	2800		0.04	0.08	0.11	0.15	0.19	0.23	0.26	0.30	0.34
B	400	0.00	0.01	0.03	0.04	0.06	0.07	0.08	0.01	0.11	0.13
	700		0.02	0.05	0.07	0.10	0.12	0.15	0.17	0.20	0.22
	800		0.03	0.06	0.08	0.11	0.14	0.17	0.20	0.23	0.25
	950		0.03	0.07	0.10	0.13	0.17	0.20	0.23	0.26	0.30
	1200		0.04	0.08	0.13	0.17	0.21	0.25	0.30	0.34	0.38
	1450		0.05	0.10	0.15	0.20	0.25	0.31	0.36	0.40	0.46
	1600		0.06	0.11	0.17	0.23	0.28	0.34	0.39	0.45	0.51
	2000		0.07	0.14	0.21	0.28	0.35	0.42	0.49	0.56	0.63
	2400		0.08	0.17	0.25	0.34	0.42	0.51	0.59	0.68	0.76
	2800		0.10	0.20	0.29	0.39	0.49	0.59	0.69	0.79	0.89
C	200	0.00	0.02	0.04	0.06	0.08	0.10	0.12	0.14	0.16	0.18
	300		0.03	0.06	0.09	0.12	0.15	0.18	0.21	0.24	0.26
	400		0.04	0.08	0.12	0.16	0.20	0.23	0.27	0.31	0.35
	500		0.05	0.10	0.15	0.20	0.24	0.29	0.34	0.39	0.44
	600		0.06	0.12	0.18	0.24	0.29	0.35	0.41	0.47	0.53
	700		0.07	0.14	0.21	0.27	0.34	0.41	0.48	0.55	0.62
	800		0.08	0.16	0.23	0.31	0.39	0.47	0.55	0.63	0.71
	950		0.09	0.19	0.27	0.37	0.47	0.56	0.65	0.74	0.83
	1200		0.12	0.24	0.35	0.47	0.59	0.70	0.82	0.94	1.06
	1450		0.14	0.28	0.42	0.58	0.71	0.85	0.99	1.14	1.27

表3-6 带传动包角修正系数 K_α（GB/T 13575.1—2008）

包角 α/(°)	K_α	包角 α/(°)	K_α
180	1	145	0.91
175	0.99	140	0.89
170	0.98	135	0.88
165	0.96	130	0.86
160	0.95	125	0.84
155	0.93	120	0.82
150	0.92	100	0.74

4）根据 $L_d = 2700$mm，查表3-3，得 $K_L = 1.1$。

5）计算带的根数。为使各根带间的受力均匀，带的根数 Z 不能太多，因此，Z 不应超

过最多使用根数 Z_{max}，各种型号 V 带推荐最多使用根数 Z_{max}，见表 3-7。若超出允许范围，应加大带轮的基准直径，加大中心距或选较大截面的带型，重新计算。

表 3-7 V 带最多使用根数 Z_{max}

V 带型号	Y	Z	A	B	C	D	E
Z_{max}	1	2	5	6	8	8	9

$$Z \geqslant \frac{P_d}{[P_1]} = \frac{P_d}{(P_1 + \Delta P_1) K_\alpha K_L}$$

$$= \frac{6.32}{(1.38 + 0.11) \times 0.96 \times 1.1} = 4.02$$

将 Z 圆整取整数 4 根，此时，相对偏差 $\frac{4.02-4}{4} \times 100\% = 0.5\% < 1\%$，工程设计允许。同时强调对制造与装配、使用与维护中的良好控制，确保传动正常。带标记：A-2700×4

10. 计算单根 V 带的初拉力 F_0

保证带传动正常工作的单根 V 带合适的初拉力为

$$F_0 = 500[(2.5/K_\alpha) - 1](P_d/Zv) + mv^2$$

式中，m 为每米带长的质量（kg/m），查表 3-8 选取。

表 3-8 普通 V 带每米长的质量（GB/T 13575.1—2008）

带型号	$m/(kg/m)$	带型号	$m/(kg/m)$
Y	0.023	C	0.300
Z	0.060	D	0.630
A	0.105	E	0.970
B	0.170	—	—

查表 3-8，得 $m = 0.105$ kg/m

$$F_0 = 500[(2.5/K_\alpha) - 1](P_d/Zv) + mv^2$$
$$= 500\left[\left(\frac{2.5}{0.96}\right) - 1\right]\left(\frac{6.32}{4 \times 6.28}\right)N + 0.105 \times 6.28^2 N = 205.94 N$$

11. 计算带对轴的压力 F_r

为了进行轴和轴承的计算，需要确定 V 带对轴的压力 F_r。

$$F_r \approx 2ZF_0 \sin\frac{\alpha_1}{2} = 2 \times 4 \times 205.94 \times \sin\frac{164.92°}{2} N = 1633.27 N$$

12. 带传动计算结果见表 3-9。

表 3-9 带传动计算结果

带型号	带长/mm	带根数	带轮直径/mm		中心距/mm	作用在轴上的压力 F_r/N
			d_{d1}	d_{d2}		
A	2700	4	125	375	950	1633.27

13. V 带轮的材料、尺寸和结构

带轮的圆周速度在 25m/s 以下时，带轮的材料一般为 HT150 或 HT200；速度高时，应采用铸钢材料,小功率传动时可用铝合金或工程塑料。本例中圆周速度不到 7m/s,两带轮均选用 HT200。小带轮直接安装在电动机转子上,根据电动机型号 Y132M2-6 查表 2-3 可知,其转子轴轴伸直径 $D=38$mm,长度 $E=80$mm,故小带轮轴孔直径应取 $d=38$mm,毂长 $L=E+(2\sim3)$ mm,取 $L=82$mm。

轮槽截面尺寸及轮缘宽度按表 3-10 计算。

表 3-10 轮槽截面尺寸及轮缘宽度（GB/T 13575.1—2008） （单位:mm）

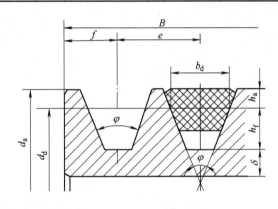

项目		符号	槽型						
			Y	Z	A	B	C	D	E
节宽		b_d	5.3	8.5	11.0	14.0	19.0	27.0	32.0
基准线上槽深		h_{amin}	1.6	2.0	2.75	3.5	4.8	8.1	9.6
基准线下槽深		h_{fmin}	4.7	7.0	8.7	10.8	14.3	19.9	23.4
槽间距		e	8±0.3	12±0.3	15±0.3	19±0.4	25.5±0.5	37±0.6	44.5±0.7
第一槽对称面至端面的距离		f_{min}	6	7	9	11.5	16	23	28
最小轮缘厚		δ_{min}	5	5.5	6	7.5	10	12	15
带轮宽		B	$B=(Z-1)e+2f$　Z—轮槽数						
外径		d_a	$d_a=d_d+2h_a$						
轮槽角 φ	32°	相应的基准直径 d_d	≤60	—	—	—	—	—	—
	34°		—	≤80	≤118	≤190	≤315	—	—
	36°		>60	—	—	—	—	≤475	≤600
	38°		—	>80	>118	>190	>315	>475	>600
	极限偏差		±0.5°						

带轮的轮辐部分有实心轮式、辐板轮式、孔板轮式和椭圆轮辐式四种结构,如图 3-2 所示。其结构形式和辐板的厚度可根据带轮的基准直径 d_d 及孔径 d_0 查表 3-11 确定。

由表 3-10 选定小带轮为实心轮式结构,画出小带轮截面图,如图 3-3 所示。

由图 3-2 选定大带轮为椭圆轮辐式结构,轮槽尺寸及轮宽按表 3-11 计算,从而画出大带轮截面图,如图 3-4 所示。轮毂结构尺寸待低速轴直径确定后完成。

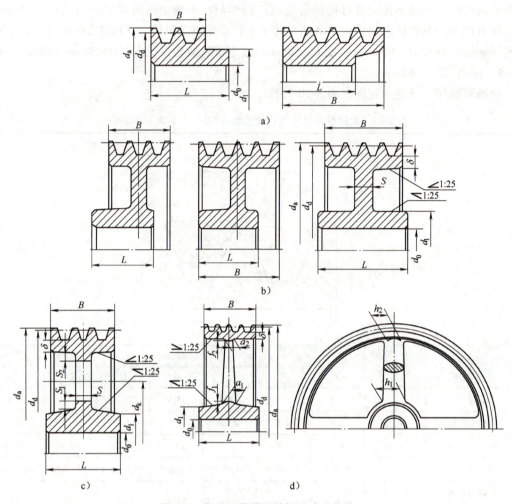

图 3-2 普通 V 带轮的结构形式及尺寸

a) 实心轮式 b) 辐板轮式 c) 孔板轮式 d) 椭圆轮辐式

$h_1 = 290[P/nA]^{1/3}$ [P 为传递的功率（kW）；n 为带轮的转速（r/min）；A 为轮辐数]；$h_2 = 0.8h_1$，$a_1 = 0.40h_1$，$a_2 = 0.8a_1$，$f_1 = 0.2h_1$，$f_2 = 0.2h_2$，$d_1 = (1.8 \sim 2)d_0$，$L = (1.5 \sim 2)d_0$，S 查表 3-11，$S_1 \geq 1.5S$，$S_2 \geq 0.5S$

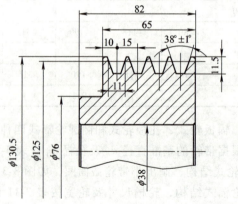

图 3-3 小带轮截面图

表 3-11 普通 V 带轮的结构形式及尺寸分类系列

槽型	孔径 d_0/mm	实心轮式适用的带轮基准直径 d_d/mm	辐板轮式 适用的带轮基准直径 d_d/mm	辐板厚度 S/mm	孔板轮式 适用的带轮基准直径 d_d/mm	辐板厚度 S/mm	辐板孔数 n	椭圆轮辐式 适用的带轮基准直径 d_d/mm	轮辐数 A	槽数 z
A	20 22	90~112	118~125 132~160 170~180	10 11 12	200 212~224	12 13	4 4			1~4
	24 25	90~118	125~132 140~160 170~180	11 12 13	200~224 236~265 280	14 15 16	4 4 4			1~5
	28 30	90~132	140~160 170~180	12 13	200~224 236~265 280 300~315	14 15 16 16	4 4 4 6			1~6
	32 35	100~140	150~160 170~180 200	12 13 14	212~224 236~265 280 300~315 355	14 15 16 16 18	4 4 4 6 6	375	4	2~6
	38 40	106~150	160 170~180 200~212	12 13 14	224 236~265 280~315 355	14 15 16 18	4 4 6 6	375~425	4	2~6
	42 45	112~170	180 200~224	13 14	236~250 265~315 355~400	15 16 18	4 6 6	425~500	4	2~6
B	32 35	118~150	160~180 200~212	14 16	224 236~280 300 315~375	16 18 18 20	4 6 6 6			2~6
	38 40	118~160	170~180 200~224	14 16	236~280 300 315~400	18 18 20	4 6 6			2~6
	42 45	125~180	200~212 224	16 18	236~265 280 300~355 375~400 425~450	18 18 20 22 24	4 6 6 6 6	475~500	6	3~8
	50 55	132~200	212 224~250	16 18	265~280 300~355 375~400 425~450	18 20 22 24	6 6 6 6	475~710	6	3~8
	60 65	150~224	236~265	18	280 300~355 375~400 425~450	18 20 22 24	6 6 6 6	475~710	6	3~8

(续)

槽型	孔径 d_0/mm	实心轮式适用的带轮基准直径 d_d/mm	辐板轮式		孔板轮式			椭圆轮辐式		槽数 z
			适用的带轮基准直径 d_d/mm	辐板厚度 S/mm	适用的带轮基准直径 d_d/mm	辐板厚度 S/mm	辐板孔数 n	适用的带轮基准直径 d_d/mm	轮辐数 A	
C	42 45		200~212 224~250	18 20	265 280~315 355 375~400 425~450	20 22 24 25 26	4 4 6 6 6	475~560	6	3~6
	50 55	200~212	224~265	20	280~300 315 355 375~400 425~475	22 22 24 25 26	4 6 6 6 6	500~630	6	3~6
	60 65	200~236	250~265 280~300	22 24	315 355 375~400 425~475	24 25 26 28	6 6 6 6	500~2500	6	3~7
	70 75	212~265	280~315	24	355 375~400 425~475 500	25 26 28 30	6 6 6 6	530~2500	6	3~7
	80 85	224~280	300~315	24	355 375~400 425~475 500	25 26 28 30	6 6 6 6	530~2500	6	5~9
D	60 65		315	22	355~375 400~450 475~500	25 26 28	6 6 6	530~2500	6	3~6
	70 75		315 355~375	22 25	400~450 475~500	26 28	6 6	530~2500	6	3~6
	80 85		355~375 400	26 28	425~450 475~530	28 30	6 6	560~2500	6	3~7
	90 95		355~375 400	26 28	425~450 475~530 560	28 30 32	6 6 6	600~2500	6	3~7
	100 110		400~450	30	475~530 560~600	32 34	6 6	630~2500	6	5~9
	140 150		560~600	34				710~2500	6	6~9

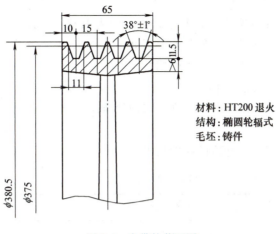

图 3-4 大带轮截面图

第二节 齿轮传动设计计算教学范例

齿轮传动具有瞬时传动比恒定、结构紧凑、工作可靠、寿命长、效率高等优点，可实现平行轴、任意两相交轴和任意两交错轴之间的传动，适应的圆周速度和传递功率范围大。但齿轮传动的制造成本高、低精度齿轮传动时噪声和振动较大，不适宜于两轴间距离较大的传动。

一、设计思路和步骤

由于齿轮传动的工作条件各不相同，设计齿轮时应先进行失效分析，确定设计准则，在此基础上再确定传动参数。设计计算方法步骤如下：①齿轮材料的选择和许用应力的确定；②齿轮传动的失效分析和设计准则的确定；③设计计算（初算直径 d_1，或模数 m），确定传动的主要参数和尺寸；④必要的疲劳强度校核；⑤画出轮缘截面图。

二、齿轮传动综合设计教学范例

图 2-3 所示为带式运输机传动装置的齿轮传动，根据总体设计结果已知齿轮传动比 $i=4.32$，$P_1=5.06\mathrm{kW}$，转速 $n_1=309.68\mathrm{r/min}$。每天两班制工作，每班 8 小时，工作期限为 8 年，载荷平稳。

1. 选择齿轮的材料及热处理方法

齿轮的齿面具有较高的抗磨损、抗点蚀、抗胶合及抗塑性变形的能力，而齿根则应有足够的抗折断能力。因此，对齿轮材料性能的总的要求为齿面硬、齿心韧，同时应具有良好的加工和热处理的工艺性能。常用的齿轮材料是各种牌号的优质碳素结构钢、合金结构钢、铸钢和铸铁等，一般采用锻造或轧制钢材。当齿轮较大（如直径>400～600mm）而轮坯不易锻造时，可采用铸钢；开式低速齿轮传动时可采用灰铸铁齿轮；球墨铸铁有时可代替铸钢。

选择合理的热处理方法，可以提高材料的性能，尤其是提高硬度，提高材料的承载能力。根据齿轮齿面硬度不同，齿轮分为软齿面齿轮（齿面硬度≤350HBW）和硬齿面齿轮（齿面硬度>350HBW）两类。软齿面齿轮的加工工艺比较简单，适用于一般齿轮传动。硬齿面齿轮的承载能力较强，需专门设备磨齿，常用于要求结构紧凑或生产批量大的齿轮的传动。

当大小齿轮都是软齿面齿轮时，考虑到小齿轮齿根较薄，抗弯强度较低，且受载次数多，故在选择材料和热处理时，一般使小齿轮的齿面硬度比大齿轮高 30~50HBW。当大小齿轮都是硬齿面时，两者的硬度可大致相同。

如果传递功率大，且要求结构紧凑，应选用合金钢齿轮，并采用表面淬火等热处理方式；如果对齿轮的尺寸没有严格要求，则可采用优质碳素结构钢或铸铁，采用调质或正火等热处理方式。

常用的齿轮材料及其热处理后的硬度见表3-12。

表 3-12　常用的齿轮材料及其热处理后的硬度

材料牌号	热处理方式	硬度
45	正火	162~217HBW
	调质	217~255HBW
	调质后表面淬火	40~50HRC
40Cr	调质	241~286HBW
	调质后表面淬火	48~55HRC
35SiMn	调质	217~269HBW
	表面淬火	45~55HRC
40MnB	调质	241~286HBW
	表面淬火	45~55HRC
20Cr	渗碳淬火后回火	56~62HRC
20CrMnTi	渗碳淬火后回火	56~62HRC
ZG310~570	正火	163~197HBW
HT300		187~255HBW
QT600-3		190~270HBW

本例中所设计的齿轮传动载荷不大，结构尺寸没有严格的限制，可选用价格低且便于制造的软齿面钢制齿轮。查阅表3-12，选择小齿轮材料为45钢，调质处理，硬度为217~255HBW，取250HBW；大齿轮材料为45钢，正火处理，硬度为162~217HBW，取200HBW。硬度差50HBW较合适。

2. 齿轮传动的设计准则及计算公式选择

齿轮传动设计时，应先按主要失效形式进行强度计算，确定其主要尺寸，然后对其进行必要的强度校核。闭式软齿面齿轮传动的主要失效形式为齿面点蚀，设计时通常按齿面接触强度设计公式确定传动的尺寸，然后验算轮齿抗弯强度。

对于闭式硬齿面齿轮传动，齿轮的抗点蚀能力较强，其主要失效形式为轮齿折断，设计时可按轮齿抗弯强度确定模数等尺寸，然后验算齿面接触强度。闭式直齿圆柱齿轮传动的强度计算公式见表3-13。

本例为软齿面齿轮传动，主要失效形式为疲劳点蚀，应按齿面接触疲劳强度设计，公式为

第二节 齿轮传动设计计算教学范例

$$d_1 \geqslant \sqrt[3]{\left(\frac{671}{[\sigma_H]}\right)^2 \frac{KT_1}{\psi_d} \frac{u+1}{u}}$$

式中：
1) K 为载荷系数，见表 3-14；查表 3-14，得 $K = 1 \sim 1.2$，取 $K = 1.2$。
2) T_1 为小齿轮上的转矩，本例
$T_1 = 9550 \dfrac{P_1}{n_1} = 9550 \times \dfrac{5.06}{309.68} \text{N} \cdot \text{m} = 156.04 \text{N} \cdot \text{m}$（总体设计时已算过）。
3) ψ_d 为齿宽系数，若增大齿宽系数，可减少齿轮传动装置的径向尺寸，降低齿轮的圆周速度。但齿宽系数过大则需提高结构刚度，否则会出现齿向载荷分布严重不均。对于一般机械，可按表 3-15 选取 ψ_d；本例齿轮为软齿面，在减速器中对称布置，查表 3-15，得 $\psi_d = 0.8 \sim 1.4$，取 $\psi_d = 1.1$。

表 3-13　闭式直齿圆柱齿轮传动的强度计算公式

齿轮传动类型	软齿面（≤350HBW）	硬齿面（>350HBW）
失效形式	齿面点蚀	轮齿折断
设计公式	$d_1 \geqslant \sqrt[3]{\left(\dfrac{671}{[\sigma_H]}\right)^2 \dfrac{KT_1}{\psi_d} \dfrac{u \pm 1}{u}}$ 比较许用接触应力 $[\sigma_{H1}]$ 和 $[\sigma_{H2}]$，取小值代入	$m \geqslant \sqrt[3]{\dfrac{2KT_1}{z_1^2 \psi_d} \dfrac{Y_{FS}}{[\sigma_{bb}]}}$ 比较 $\dfrac{Y_{FS1}}{[\sigma_{bb1}]}$ 和 $\dfrac{Y_{FS2}}{[\sigma_{bb2}]}$，取大值代入
校核公式	$\sigma_{bb1} = \dfrac{2KT_1}{\psi_d z_1^2 m^3} Y_{FS1} \leqslant [\sigma_{bb1}]$ $\sigma_{bb2} = \dfrac{Y_{FS2}}{Y_{FS1}} \sigma_{bb1} \leqslant [\sigma_{bb2}]$	$\sigma_H = 671 \sqrt{\dfrac{KT_1}{\psi_d d_1^3} \cdot \dfrac{u \pm 1}{u}} \leqslant [\sigma_H]$
齿数选择	$z_1 = 20 \sim 40$	$z_1 = 17 \sim 20$

表 3-14　载荷系数 K

原动机	工作机械的载荷特性		
	平稳和比较平稳	中等冲击	严重冲击
电动机、汽轮机等	1～1.2	1.2～1.6	1.6～1.8
多缸内燃机	1.2～1.6	1.6～1.8	1.9～2.1
多单缸内燃机	1.6～1.8	1.8～2.0	2.2～2.4

注：斜齿圆柱齿轮，圆周速度较低、精度高、齿宽较小时，取较小值；齿轮在两轴承之间并且对称布置时取较小值，齿轮在两轴承之间不对称布置时取较大值。

表 3-15　齿宽系数 ψ_d

齿轮相对于轴承的位置	齿面硬度	
	软齿面≤350HBW	硬齿面>350HBW
对称布置	0.8～1.4	0.4～0.9
非对称布置	0.6～1.2	0.3～0.6
悬臂布置	0.3～0.4	0.2～0.25

4) u 为两轮的齿数比 $u = z_2/z_1 = i = 4.32$。

5) $[\sigma_H]$ 为许用接触应力，计算式为 $[\sigma_H] = \dfrac{\sigma_{Hlim}}{S_{Hmin}} Z_N$

其中：

① σ_{Hlim} 为接触疲劳极限，如图 3-5 所示；由小、大齿轮的材料和硬度，查图 3-5，分别得 $\sigma_{Hlim1} = 600\text{MPa}$，$\sigma_{Hlim2} = 460\text{MPa}$。

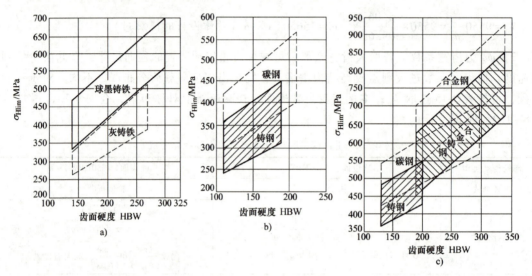

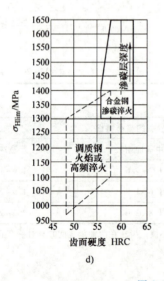

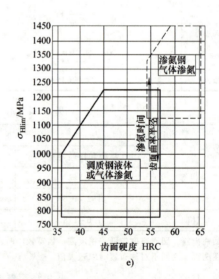

图 3-5　齿轮材料的 σ_{Hlim} 值

a）铸铁　b）碳钢正火　c）调质　d）渗碳、淬火　e）渗氮

② S_{Hmin}、S_{Fmin} 为接触疲劳强度的最小安全因数，见表 3-16；本例齿轮传动属一般传动，取 $S_{Hmin} = 1$。

③ Z_N 为接触疲劳寿命系数，用以考虑当齿轮应力循环次数 $N<N_0$ 时，轮齿的接触疲劳许用应力的提高系数，其值可根据 N 查图 3-6。当 $N>N_0$ 时，取 $Z_N = 1$。N_0 为应力循环基数，是图 3-6 中各曲线与水平坐标轴交点的横坐标值。

第二节 齿轮传动设计计算教学范例

表 3-16 最小安全因数 S_{Hmin} 与 S_{Fmin}

齿轮传动的重要性	S_{Hmin}	S_{Fmin}
一般	1	1
齿轮损坏会引起严重后果	1.25	1.5

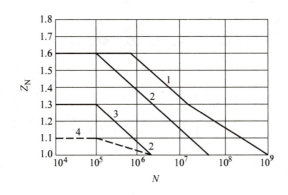

图 3-6 接触疲劳寿命系数 Z_N

1—碳钢经正火、调质、表面淬火、渗碳、球墨铸铁（允许一定的点蚀）
2—碳钢经正火、调质、表面淬火、渗碳、球墨铸铁（不允许出现点蚀）
3—碳钢调质后气体渗氮，灰铸铁　4—碳钢调质后液体渗氮

图 3-6 中，应力循环次数计算式为：

$$N = 60njt_h$$

式中，n 为齿轮转速；j 为齿轮每转一周同一齿面啮合的次数；t_h 为齿轮在设计期限内的总工作时数，每年按 300 天计。

本例中，一对齿轮啮合，按一年 300 个工作日，两班制工作（每班按 8h 计算），工作期限 8 年，由公式 $N = 60njt_h$ 得

$$N_1 = 60 \times 309.68 \times 1 \times 8 \times 300 \times 16 = 7.14 \times 10^8$$

$$N_2 = \frac{N_1}{i} = \frac{7.14 \times 10^8}{4.32} = 1.65 \times 10^8$$

查图 3-6 中的曲线 1，得接触疲劳寿命系数 $Z_{N1} = 1.05$，$Z_{N2} = 1.13$

从而

$$[\sigma_{H1}] = \frac{\sigma_{Hlim1}}{S_{Hmin}} Z_{N1} = \frac{600}{1} \times 1.05 \text{MPa} = 630 \text{MPa}$$

$$[\sigma_{H2}] = \frac{\sigma_{Hlim2}}{S_{Hmin}} Z_{N2} = \frac{460}{1} \times 1.13 \text{MPa} = 519.8 \text{MPa}$$

比较许用接触应力 $[\sigma_{H1}]$ 和 $[\sigma_{H2}]$，取小值 519.8MPa 代入式中的 $[\sigma_H]$，得

$$d_1 \geq \sqrt[3]{\left(\frac{671}{[\sigma_H]}\right)^2 \frac{KT_1}{\psi_d} \frac{u+1}{u}} = \sqrt[3]{\left(\frac{671}{519.8}\right)^2 \times \frac{1.2 \times 156.04 \times 10^3}{1.1} \times \frac{4.32+1}{4.32}} \text{mm}$$

$$= 70.43 \text{mm}$$

3. 确定齿轮的模数，计算分度圆直径

（1）齿数的选择　当齿轮传动中心距一定时，齿数多、模数小，则能增加重合度，既

改善传动平稳性,又能降低齿高,减小滑动系数,减少磨损和胶合。但齿数多、模数小又会降低轮齿的弯曲疲劳强度。因此,对于闭式软齿面齿轮传动,在满足弯曲疲劳强度的条件下,宜采用较多齿数,一般取 $z_1 = 20\sim40$。

对于闭式硬齿面齿轮传动及开式传动,齿根抗弯疲劳破坏能力较低,宜取较少齿数,以便增大模数,提高轮齿弯曲疲劳强度;但要避免发生根切,故通常取 $z_1 = 17\sim20$。

本例设计属软齿面齿轮,取 $z_1 = 30$

$z_2 = z_1 i = 30 \times 4.32 = 129.60$,齿数应四舍五入取整数,故取 $z_2 = 130$

(2)模数的确定

$$m = \frac{d_1}{z_1} \geqslant \frac{70.43}{30} \text{mm} = 2.35 \text{mm}$$

模数必须符合国家标准,计算出来的模数是最小值,应按表 3-17 取标准模数。传递动力的齿轮模数不宜小于 2mm。

为了使设计的齿轮满足齿面接触强度要求,应往大值取标准模数 $m = 2.5$ mm。

03. 齿轮齿数与模数的选择分析

表 3-17 渐开线圆柱齿轮标准模数 m(摘自 GB/T 1357—2008) (单位:mm)

第一系列	1 1.25 1.5 2 2.5 3 4 5 6 8 10 12 16 20 25 32 40 50
第二系列	1.125 1.375 1.75 2.25 2.75 3.5 4.5 5.5 (6.5) 7 9 11 14 18 22 28 36 45

注:1. 本标准规定了通用机械和重型机械用直齿和斜齿渐开线圆柱齿轮的法向模数;本标准不适用于汽车齿轮。
2. 优先采用第一系列。

(3)计算分度圆直径

$d_1 = mz_1 = 2.5 \times 30 \text{mm} = 75 \text{mm} \geqslant 70.43 \text{mm}$(前面按齿面接触强度条件算出)

$d_2 = mz_2 = 2.5 \times 130 \text{mm} = 325 \text{mm}$

(4)计算齿轮的圆周速度,确定齿轮精度的参考等级 国家标准提出了圆柱齿轮精度制度,圆柱齿轮的精度评定分为轮齿同侧齿面偏差、径向综合偏差和径向跳动三个方面的多个项目。同时,标准又将各个评定项目的精度分为 13 个等级,0 级最高,12 级最低,常用的是 6~9 级。对于一般传动的齿轮可根据其分度圆的圆周速度大小来得出精度的参考等级。表 3-18 为齿轮的精度等级、圆周速度及应用举例,供设计时参考。

表 3-18 齿轮常用精度等级、圆周速度及应用举例

精度等级	圆周速度 $v/(\text{m/s})$			应用举例
	直齿圆柱齿轮	斜齿圆柱齿轮	直齿锥齿轮	
6	≤15	≤30	≤9	精密机器、仪表、飞机、汽车、机床中的重要齿轮
7	≤10	≤20	≤6	一般机械中的重要齿轮;标准系列减速器;飞机、汽车、机床中的齿轮
8	≤5	≤9	≤3	一般机械中的齿轮;飞机、汽车、机床中不重要的齿轮;农业机械中的重要齿轮
9	≤3	≤6	≤2.5	工作要求不高的齿轮

第二节 齿轮传动设计计算教学范例

$$v_1 = \frac{\pi d_1 n_1}{60 \times 1000} = \frac{3.14 \times 75 \times 309.68}{60 \times 1000} \text{m/s} = 1.22 \text{m/s}$$

由表 3-18 可知，选取 9 级精度即可，考虑到普通减速器齿轮一般用滚齿方法加工，故选取中等等级的 8 级精度。

4. 校核齿根的弯曲疲劳强度

$$\sigma_{bb} = \frac{2KT_1}{\psi_d z_1^2 m^3} Y_{FS} \leq [\sigma_{bb}]$$

1) Y_{FS} 为复合齿形系数，可按计算所得齿数由表 3-19 查取。

表 3-19　标准齿轮复合齿形系数 Y_{FS}

$z(z_v)$	17	18	19	20	21	22	23	24	25	26	27	28	29
Y_{FS}	4.51	4.45	4.41	4.36	4.33	4.30	4.27	4.24	4.21	4.19	4.17	4.15	4.13
$z(z_v)$	30	35	40	45	50	60	70	80	90	100	150	200	∞
Y_{FS}	4.12	4.06	4.04	4.02	4.01	4.00	3.99	3.98	3.97	3.96	4.00	4.03	4.06

注：斜齿轮按当量齿数 z_v 查表。

查表 3-19，取复合齿形系数 $Y_{FS1} = 4.12$，$Y_{FS2} = 3.98$

2) $[\sigma_{bb}]$ 为齿根抗弯强度许用应力，计算式为 $[\sigma_{bb}] = \frac{\sigma_{bblim}}{S_{Fmin}} Y_N$

式中，σ_{bblim} 为抗弯强度，根据大、小齿轮的材料和硬度，查图 3-7 得 $\sigma_{bblim1} = 480\text{MPa}$，$\sigma_{bblim2} = 400\text{MPa}$；$S_{Fmin}$ 为抗弯强度的最小安全因数，查表 3-16，取 $S_{Fmin} = 1$；Y_N 为弯曲疲劳寿命系数，用于当齿轮应力循环次数 $N<N_0$ 时，轮齿弯曲许用应力的提高系数，其值可根据齿轮应力循环次数 N 查图 3-8；当 $N>N_0$ 时，取 $Y_N = 1$；N_0 为图 3-8 中各曲线与水平坐标轴交点的横坐标值；由 $N_1 = 7.14 \times 10^8$，$N_2 = 1.65 \times 10^8$，查图 3-8，得 $Y_{N1} = 1$，$Y_{N2} = 1$，于是

$$[\sigma_{bb1}] = \frac{\sigma_{bblim1}}{S_{Fmin}} Y_{N1} = \frac{480}{1} \times 1 \text{MPa} = 480\text{MPa}$$

$$[\sigma_{bb2}] = \frac{\sigma_{bblim2}}{S_{Fmin}} Y_{N2} = \frac{400}{1} \times 1 \text{MPa} = 400\text{MPa}$$

3) 齿根的抗弯强度校核计算

$$\sigma_{bb1} = \frac{2KT_1}{\psi_d z_1^2 m^3} Y_{FS1} = \frac{2 \times 1.2 \times 156.04 \times 10^3}{1.1 \times 30^2 \times 2.5^3} \times 4.12 \text{MPa} = 99.74 \text{MPa} \leq [\sigma_{bb1}]$$

$$\sigma_{bb2} = \frac{Y_{FS2}}{Y_{FS1}} \sigma_{bb1} = \frac{3.98}{4.12} \times 99.74 \text{MPa} = 96.35 \text{MPa} \leq [\sigma_{bb2}]$$

故齿根抗弯强度足够。

5. 计算数据的处理和齿轮作用力的计算

为便于制造和测量，由强度计算得出的中心距一般应为整数值，尾数最好是 0 或 5 结尾。圆整时可以用调整模数 m 和齿数 z 的方法来实现。

齿数要取整数，齿宽也应取整数。而分度圆直径、齿顶圆直径、齿根圆直径等则按实际计算获得，不需圆整，一般精确到 0.01。

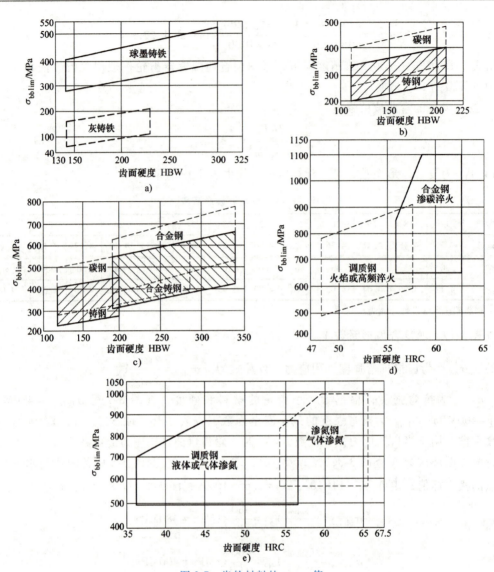

图 3-7 齿轮材料的 $\sigma_{\rm bblim}$ 值

a) 铸铁 b) 碳钢正火 c) 调质 d) 渗碳、淬火 e) 渗氮

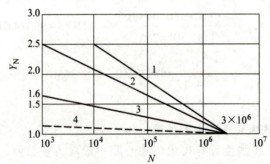

图 3-8 弯曲疲劳寿命系数 Y_N

1—碳钢（经正火、调质），球墨铸铁 2—碳钢（经表面淬火、渗碳）
3—渗氮钢（气体渗氮），灰铸铁 4—碳钢（调质后液体渗氮）

齿轮的结构尺寸应调整为整数,以方便制造和测量。如轮毂直径、轮辐厚度和孔径、轮缘长度和内径等,按设计资料给定的经验公式计算后,都应尽量进行调整。

根据每对传动齿轮主动轮传递的转矩和分度圆直径等,按表3-20计算每对直齿圆柱齿轮传动的圆周力、径向力,为装配草图的设计中进行轴和滚动轴承的校核做好准备。

表3-20 直齿圆柱齿轮传动作用力的计算

直齿圆柱齿轮传动的作用力示意图	作用力类型	计算公式	本例结果
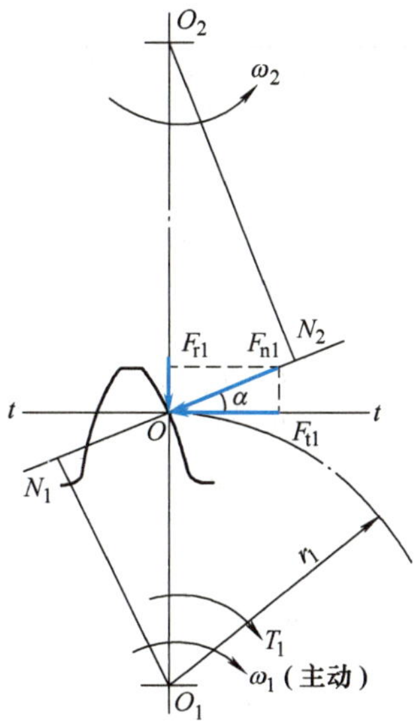	圆周力 F_t/N	$F_t = \dfrac{2T_1}{d_1}$	4161.07
	径向力 F_r/N	$F_r = F_t \tan\alpha$	1514.50
	法向力 F_n/N	$F_n = \dfrac{F_t}{\cos\alpha}$	4428.11
	转矩 T_1/(N·mm)	$T_1 = 9.55\times 10^6 \dfrac{P_1}{n_1}$	156.04×10^3

6. 齿轮主要尺寸、结构和轮缘截面图

(1) 中心距

$$a = \frac{1}{2}m(z_1+z_2) = \frac{1}{2}\times 2.5\times(30+130)\,\text{mm} = 200\,\text{mm}$$

(2) 齿顶圆直径

$$d_{a1} = m(z_1+2) = 2.5\times 32\,\text{mm} = 80\,\text{mm}$$

$$d_{a2} = m(z_2+2) = 2.5\times 132\,\text{mm} = 330\,\text{mm}$$

(3) 齿宽 齿宽一般应圆整为整数。考虑到补偿装配时大小齿轮的轴向位置误差,通常使小齿轮的齿宽比大齿轮的齿宽多5~10mm,齿宽 $b = \varphi_d d_1$ 算出来的是指大齿轮的齿宽,小齿轮的齿宽则是 $b_1 = b_2+(5~10)$

$b = \varphi_d d_1 = 1.1\times 75\,\text{mm} = 82.5\,\text{mm}$,取 $b_2 \approx b = 83\,\text{mm}$

$b_1 = b_2+(5~10) = 88~93\,\text{mm}$,取 $b_1 = 88\,\text{mm}$

(4) 齿轮的结构与轮缘截面图 圆柱齿轮的结构见表3-21,可在绘制轮缘截面图时参考。完整的齿轮结构设计在装配草图的设计过程中完成。

由表3-21初定小齿轮为实心式结构,根据设计计算数据画出小齿轮轮缘截面图,如图3-9所示。

表 3-21　圆柱齿轮的结构

序号	齿坯	结构图	结构尺寸/mm
1	齿轮轴		当 $d_a < 2d$ 或 $x \leq 2.5 m_n$ 时,应将齿轮做成齿轮轴
2	锻造齿轮	实心式 ($d_a \leq 200$mm)	$D_1 = 1.6 d_h$ $l = (1.2 \sim 1.5) d_h, l \geq b$ $\delta = 2.5 m_n$,但不小于 $8 \sim 10$mm $n = 0.5 m_n$ $D_0 = 0.5(D_1 + D_2)$ $d_0 = 10 \sim 29$ 当 d_a 较小时不钻孔
3	锻造齿轮	辐板式 ($d_a \leq 500$mm,自由锻、模锻)	$D_1 = 1.6 d_h$ $l = (1.2 \sim 1.5) d_h, l \geq b$ $\delta = (2.5 \sim 4) m_n$,但不小于 $8 \sim 10$mm $n = 0.5 m_n$ $r \approx 0.5 c$ $D_0 = 0.5(D_1 + D_2)$ $d_0 = 15 \sim 25$mm $c = (0.2 \sim 0.3) b$,模锻;$0.3b$ 自由锻
4	铸造齿轮	辐板式(平辐板 $d_a \leq 500$mm,斜辐板 $d_a \leq 600$mm)	$D_1 = 1.6 d_h$(铸钢) $D_1 = 1.8 d_h$(铸铁) $l = (1.2 \sim 1.5) d_h, l \geq b$ $\delta = (2.5 \sim 4) m_n$,但不小于 $8 \sim 10$mm $n = 0.5 m_n$ $r \approx 0.5 c$ $D_0 = 0.5(D_1 + D_2)$ $d_0 = 0.25(D_2 - D_1)$ $c = 0.2b$,但不小于 10mm

序号	齿坯	结构图	结构尺寸/mm
5	铸造齿轮	$b \leqslant 200\text{mm}$ 轮辐式	$D_1 = 1.6d_h$(铸钢) $D_1 = 1.8d_h$(铸铁) $l = (1.2 \sim 1.5)d_h, l > b$ $\delta = (2.5 \sim 4)m$,但不小于 $8 \sim 10\text{mm}$ $n = 0.5m, r \approx 0.5c$ $c = H/5$ $s = H/6$;但不小于 15mm $e = 0.8\delta$ $H = 0.8d_h; H_1 = 0.8H$
6	焊接齿轮	$d_a > 400\text{mm}, b \leqslant 240\text{mm}$	$D_1 = 1.6d_h$ $l = (1.2 \sim 1.5)d_h, l \geqslant b$ $\delta = 2.5m$,但不小于 8mm $n = 0.5m$ $c = (0.1 \sim 0.15)b$,但不小于 8mm $s = 0.8C$ $D_0 = 0.5(D_1 + D_2)$ $d_0 = 0.2(D_2 - D_1)$ $K_1 = \frac{2}{3}c, K_2 = \frac{1}{3}c$

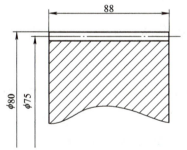

材料:45 钢调质,230~270HBW
结构:实心式
毛坯:锻造

图 3-9 小齿轮轮缘截面图

大齿轮直径 $d = 330\text{mm}$,为节约材料和减轻重量,根据表 3-21 宜采用辐板式结构。大齿轮轮缘截面图如图 3-10 所示,轮毂结构尺寸待轴直径确定后完成。

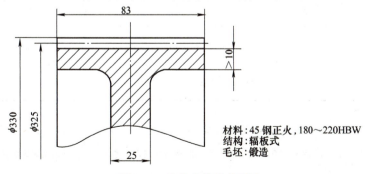

材料:45 钢正火,180~220HBW
结构:辐板式
毛坯:锻造

图 3-10 大齿轮轮缘截面图

7. 齿轮的建模与装配啮合约束

完成齿轮传动设计计算后,根据所获得的基本参数就可以运用建模软件完成两个齿轮的建模,将其导入创建的装配文件中,借助装配约束可以把相啮合齿轮定位到合适的方向和位置上。图 3-11 所示为 NX 软件环境中小齿轮和大齿轮的建模与定位约束情况。考虑到后续建模的方便,此处将小齿轮的中心放在坐标原点,轴线与 Y 轴共线。

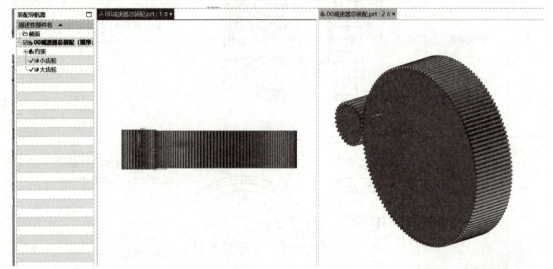

图 3-11 齿轮建模与定位约束

三、斜齿轮传动设计

斜齿轮传动具有传动平稳,承载能力高的优点。渐开线斜齿圆柱齿轮的模数同直齿圆柱齿轮,见表 3-17。

04. 齿轮建模、装配

1. 斜齿轮传动设计计算公式

斜齿圆柱齿轮传动的强度计算是按轮齿的法向进行分析的,其基本原理与直齿圆柱齿轮传动相似。斜齿圆柱齿轮传动强度计算公式见表 3-22。

表 3-22 斜齿圆柱齿轮传动强度计算公式

公式用途	齿面接触强度	齿根抗弯强度
设计公式	$d_1 \geq \sqrt[3]{\left(\dfrac{590}{[\sigma_H]}\right)^2 \dfrac{KT_1}{\psi_d} \dfrac{u \pm 1}{u}}$ 比较许用接触应力 $[\sigma_{H1}]$ 和 $[\sigma_{H2}]$,取小值代入	$m_n \geq \sqrt[3]{\dfrac{1.6KT_1}{\psi_d z_1^2} \dfrac{Y_{FS}\cos^2\beta}{[\sigma_{bb}]}}$ 比较 $\dfrac{Y_{FS1}}{[\sigma_{bb1}]}$ 和 $\dfrac{Y_{FS2}}{[\sigma_{bb2}]}$,取大值代入
校核公式	$\sigma_{bb1} = \dfrac{1.6KT_1 Y_{FS}\cos\beta}{bm_n^2 z_1} \leq [\sigma_{bb1}]$ $\sigma_{bb2} = \dfrac{Y_{FS2}}{Y_{FS1}}\sigma_{bb1} \leq [\sigma_{bb2}]$	$\sigma_H = 590\sqrt{\dfrac{KT_1}{\psi_d d_1^3} \cdot \dfrac{u \pm 1}{u}} \leq [\sigma_H]$

注:1. m_n 为法向模数。

2. Y_{FS} 为齿形系数,由当量齿数 $z_v = \dfrac{z}{\cos^3\beta}$ 查表 3-19 确定。

3. β 为螺旋角,通常 $\beta = 8° \sim 20°$,若要将中心距圆整为 0 或 5 结尾,则可通过调整螺旋角 β 来实现,角度尺寸应精确到 " ″ "(秒)。

4. 其他参数同直齿圆柱齿轮。

2. 斜齿圆柱齿轮传动的作用力计算

斜齿圆柱齿轮传动的作用力计算及公式，见表 3-23。

表 3-23 斜齿圆柱齿轮传动的作用力计算及公式

斜齿圆柱齿轮传动的作用力	作用力名称	计算公式
	圆周力 F_t/N	$F_t = \dfrac{2T_1}{d_1}$
	径向力 F_r/N	$F_r = \dfrac{F_t \tan\alpha_n}{\cos\beta}$
	轴向力 F_a/N	$F_a = F_t \tan\beta$

第三节 传动零件设计拓展

一、同步带传动的特点和应用

同步带传动通过带与带轮的啮合来传递运动和动力，属于啮合传动，如图 3-12 所示。与 V 带传动相比，同步带传动具有传动比恒定、不打滑、效率高、初张力小，对轴及轴承的压力小，速度及功率范围广，不需润滑、耐油、耐磨损以及允许采用较小的带轮直径、较短的轴间距、较大的速比，使传动系统结构紧凑的特点，但制造、安装精度要求较高。

同步带传动广泛应用于汽车、轻纺、仪器仪表、机床等机械设备的传动装置。

一般工业用同步齿形带，即梯形齿形同步带（以下简称同步带），已列入 ISO 及我国同步带标准，型号及尺寸参数均已标准化。

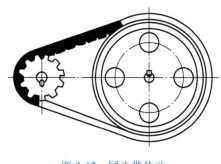

图 3-12 同步带传动

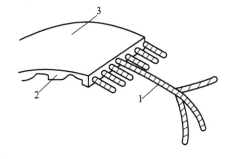

图 3-13 同步带结构
1—强力层 2—带齿 3—带背

二、同步带结构

同步带结构如图 3-13 所示，由强力层和基体两部分组成。强力层 1 是同步带的抗拉元件,用来传递动力,它用钢丝绳或玻璃纤维绕成螺旋形状沿同步带的节线方向布置,具有很高的抗拉强度和抗弯强度,弹性模量大,受力后基本不产生变形,可保证同步带的节距不变,实现同步传动。同步带基体包括带齿 2 和带背 3,通常采用聚氨酯或氯丁橡胶制造,具有强度高、弹性好、耐磨损和抗老化性好的特点。

同步带的主要参数是节距 P_b,如图 3-14 所示,它是指在规定的张紧力下,同步带纵向截面上相邻两齿中心轴线间在节线上的距离。节线是指当同步带垂直底边弯曲时,在带中保持原长度不变的周线,通常位于承载层的中线上。节线长度 L_p 为公称长度。带轮上相应的圆称为节圆。

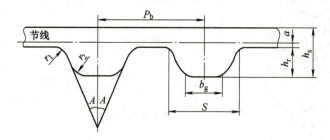

图 3-14 同步带的主要参数

同步带分为单面同步带(简称单面带)和双面同步带(简称双面带)两种类型。同步带按节距不同分为最轻型 MXL、超轻型 XXL、特轻型 XL、轻型 L、重型 H、特重型 XH 和超重型 XXH 等七种。其节距 P_b 及带宽 b_s 系列见表 3-24。

表 3-24 同步带节距 P_b 及带宽 b_s 系列

型号	节距 P_b/mm	轮宽基本尺寸/mm	轮宽代号
MXL	2.032±0.008	3.2 4.8 6.4	012 019 025
XXL	3.175±0.011	3.2 4.8 6.4	012 019 025
XL	5.080±0.011	6.4 7.9 9.5	025 031 037
L	9.525±0.012	12.7 19.1 25.4	050 075 100
H	12.7±0.015	19.1 25.4 38.1 50.8 76.2	075 100 150 200 300
XH	22.225±0.019	50.8 76.2 101.6	200 300 400

(续)

型号	节距 P_b/mm	轮宽基本尺寸/mm	轮宽代号
XXH	31.75±0.025	50.8 76.2 101.6 127.0	200 300 400 500

三、同步带轮

同步带轮的材料及轮辐、轮毂结构同 V 带轮。为防止齿形带工作时从带轮上脱落，一般推荐小带轮两边均有挡圈，而大带轮则无挡圈；或大小带轮均为单面挡圈，但挡圈各在不同侧。

同步带轮轮齿形状有渐开线齿槽和直边齿槽两种（用于梯形齿同步齿形带），如图 3-15 和图 3-16 所示。

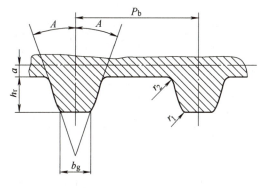

图 3-15　渐开线齿槽

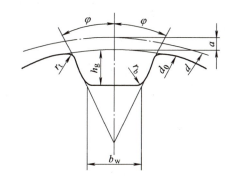

图 3-16　直边齿槽

同步带轮齿数的选择应考虑到同时啮合齿数的多少，一般要求同时啮合的最少齿数 $Z_{min} \geq 6$。各种型号小带轮的许用最少齿数见表 3-25。

表 3-25　小带轮许用最少齿数

小带轮转速 n_1/(r/min)	带　型　号						
	MXL	XXL	XL	L	H	XH	XXH
	带轮最少许用齿数						
<900	10	10	10	12	14	22	22
900~<1200	12	12	10	12	16	24	24
1200~<1800	14	14	12	14	18	26	26
1800~<3600	16	16	12	16	20	30	—
3600~<4800	18	18	15	18	22	—	—

同步带轮结构如图 3-17 所示，其尺寸参数见表 3-26。

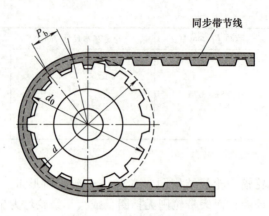

图 3-17 同步带轮结构

表 3-26 同步带轮尺寸参数

型号		MXL	XXL	XL	L	H	XH	XXH
	带轮齿数 Z	10~23	≥24	≥10	≥10	≥10	14~19	≥20	≥18	≥18
	节距 $P_b±0.003$	2.032±0.08		3.175±0.011	5.08±0.011	9.525±0.012	12.7±0.015	22.225±0.019	31.750±0.025
渐开线齿槽——齿条刀具	齿半角 $A±0.12°$	28	20	25			20		
	齿高 $h_r{}^{+0.05}_{0}$	0.64		0.84	1.40	2.13	2.59	6.88	10.29
	齿顶厚 $b_g{}^{+0.05}_{0}$	0.61	0.67	0.96	1.27	3.10	4.24	7.59	11.61
	齿顶圆角半径 $r_1±0.03$	0.30			0.61	0.86	1.47	2.01	2.69
	齿根圆角半径 $r_2±0.03$	0.23	0.28	0.61	0.53	1.04	1.42	1.93	2.82
	两倍节根距 $2a$	0.508			0.762	1.372		2.794	3.048
直边齿槽	齿槽底宽 b_w	0.84±0.25	0.96${}^{+0.05}_{0}$	1.32±0.05	3.05±0.10	4.19±0.13	7.90±0.15	12.17±0.18
	齿槽深 h_g	0.69${}^{0}_{-0.05}$	0.84${}^{0}_{-0.05}$	1.65${}^{0}_{-0.08}$	2.67${}^{0}_{-0.10}$	3.05${}^{0}_{-0.13}$	7.14${}^{0}_{-0.13}$	10.31${}^{0}_{-0.13}$
	齿槽半角 $\varphi±1.5°$	20		25			20		
	齿根圆角半径 r_b	0.25	0.35	0.41	1.19	1.60	1.98	3.96
	齿顶圆角半径 r_t	0.13${}^{+0.05}_{0}$	0.30±0.05	0.64${}^{+0.05}_{0}$	1.17${}^{+0.13}_{0}$	1.6${}^{+0.13}_{0}$	2.39${}^{+0.13}_{0}$	3.18${}^{+0.13}_{0}$
	两倍节顶距 $2a$	0.508			0.762	1.372	2.794	3.048
	节圆直径 d	$d=ZP_b/\pi$							
	外圆直径 d_0	$d_0=d-2a$							

第四章 装配底图的设计和绘制

> **能力要求**
> 1. 能确定传动方案中轴系的装配结构关系。
> 2. 能根据设计数据估算轴的各轴段直径。
> 3. 能根据工作条件选择确定减速器传动零件的润滑密封方式和结构。
> 4. 会使用设计手册确定标准件的种类、规格和尺寸。
> 5. 能熟练使用尺规或软件绘制装配底图。
> 6. 能根据装配底图进行轴系受力分析，确定危险截面，进行强度校核。
> 7. 能对选用的轴承进行工作载荷分析、寿命计算，并根据计算结果作出选用调整。
> 8. 能对选用的键联结、联轴器等零部件进行工作能力校核与结构尺寸调整。

机器或部件的装配关系、结构尺寸是在绘制装配图的过程中设计确定的，在这个过程中经常会有大量的反复修改。为了尽量减少这种反复修改引起的绘图工作量，在绘制装配图之前先要将可能反复修改的部分用局部视图单独绘制成装配底图，确定其主要装配关系和结构尺寸，作为绘制正式装配图的依据。

第一节 装配底图设计概述

减速器装配底图设计的主要内容包括：
1）确定减速器的传动件和箱体的主要轮廓，考查各传动件的结构尺寸是否协调、是否干涉。
2）进行轴的结构设计和轴承组合结构设计，确定轴承的型号和位置，确定轴承支反力和轴上力的作用点，并对轴、轴承及键进行强度校核。
3）确定主要零部件的结构与尺寸，为装配图和零件图设计提供依据。

由于装配底图设计过程中常需修改某些零件的结构和尺寸，所以尺规画图落笔要轻、线条要细，由主到次，由粗到细，并严格按选定的图样比例进行。对于标准化了的零件（如螺栓、螺母、滚动轴承等），可仅用中心线表示出其位置，或仅表示其外形轮廓尺寸，倒圆、倒角等细部结构和剖面线均无需画出。

一、减速器的构造

减速器主要由传动零件、轴、轴承、箱体及其附件组成。图 4-1 和图 4-2 所示为单级圆柱齿轮减速器的构造，其基本结构由三大部分构成：①齿轮、轴及轴承组合；②箱座和箱盖；③减速器附件。

二、轴及其支承的结构

（一）轴的结构

轴是组成机器的重要零件之一，其主要功用是用来支承回转零件（如齿轮、带轮等）并传递运动和转矩。图 4-3 和图 4-4 所示为单级圆柱齿轮减速器的输入齿轮轴和输出轴。

图 4-1 单级圆柱齿轮减速器三维构造

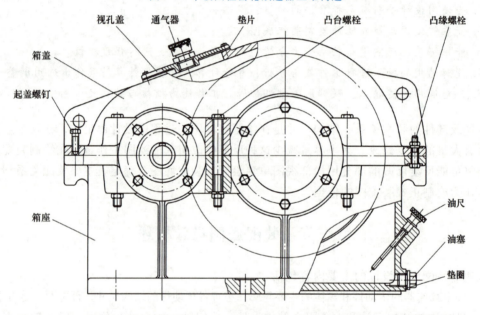

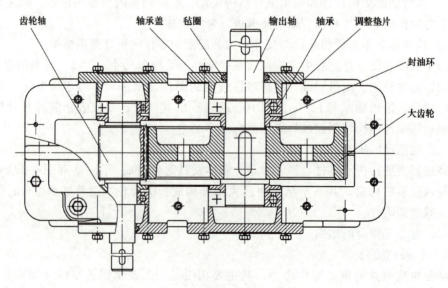

图 4-2 单级圆柱齿轮减速器构造

第一节 装配底图设计概述　　53

图 4-3 减速器输入齿轮轴

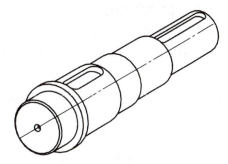

图 4-4 减速器输出轴

以减速器输出轴为例，其轴系部件如图 4-5 所示，由联轴器、轴、轴承盖、轴承、套筒、齿轮等组成。为了便于装拆，一般的轴均为中间大、两端小的阶梯轴。轴与轴承配合处的轴段称为轴颈，安装轮毂的轴段称为轴头，轴头与轴颈间的轴段称为轴身。阶梯轴上截面尺寸变化的部位，称为轴肩和轴环，用于轴上零件的定位。图 4-5 中齿轮由左方装入，依靠轴环限定轴向位置，左端的联轴器和右端的轴承靠轴肩定位，左端轴承靠套筒定位。为了固定轴上的零件，轴上还设有其他相应的结构，如左端设有安装轴端挡圈用的螺纹孔；轴上开有键槽，通过键联结实现齿轮的周向固定。为便于加工和装配，轴上还常设有倒角、中心孔和越程槽等工艺结构。

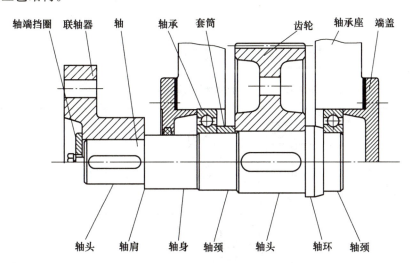

图 4-5 减速器输出轴轴系部件图

轴的结构设计应满足：①轴上零件定位准确，固定可靠；②轴上零件便于装拆和调整；③具有良好的制造工艺性；④尽量减少应力集中。

轴的结构形式取决于轴上零件的装配方案。应拟订几种不同的装配方案，以便进行比较与选择，以轴的结构简单，轴上零件少为佳。

初步设计时，还不知道轴上支反力的作用点，故不能按轴的弯矩计算轴径。通常按扭转强度来初步估算轴的最小直径，求得最小直径后可按拟订的装配方案，从最小直径起逐一确定各段轴的直径和长度。设计时应考虑各轴径应与装配在该轴段上的传动件、标准件的孔相匹配。轴的各段长度可根据各零件与轴配合部分的轴向尺寸确定。为保证轴向定位可靠，轴头长一般比与之配合的轮毂长缩短 2~3mm。

轴上零件的轴向定位及固定方式常用轴肩、轴环、锁紧挡圈、套筒、圆螺母和止动垫圈、弹性挡圈、轴端挡圈等，其特点及应用见表 4-1。

表 4-1 轴上零件的轴向定位与固定方式的特点及应用

固定方式	结构图形	应用说明
轴肩或轴环结构		固定可靠，承受轴向力大，轴肩、轴环高度 h 应大于轴的圆角半径 R 和倒角高度 C，一般取 $h_{min} \geq (0.07 \sim 0.1)d$；但安装滚动轴承的轴肩、轴环高度 h 必须小于轴承内圈高度 h_1（由轴承标准查取），以便轴承的拆卸。轴环宽度 $b \approx 1.4h$
套筒结构		相关内容同上，多用于两个相距不远的零件之间的固定
圆螺母与止动垫圈结构	双圆螺母　　圆螺母与止动垫圈	常用于轴承之间距离较大且轴上允许车制螺纹的场合
弹性挡圈结构		承受轴向力小或不承受轴向力的场合，常用作滚动轴承的轴向固定
轴端挡圈结构		用于轴端要求固定可靠或承受较大轴向力的场合
紧定螺钉结构	锁紧挡圈	承受轴向力小或不承受轴向力的场合

轴上零件常用的周向固定方法有普通平键联结和花键联结。普通平键的形式和尺寸，见表 9-50。

（二）轴的材料

轴工作时主要承受弯矩和转矩，且多为交变应力作用，其主要失效形式为疲劳破坏。因此，轴的材料应满足强度、刚度、耐磨性、耐腐蚀性等方面的要求，并具有较低的应力集中敏感性。

轴的常用材料是碳钢和合金钢，毛坯多用轧制圆钢和锻件（力学性能要求高）。当轴的结构复杂、受载又不大时，常用铸钢和铸铁材料，用铸件做毛坯。

采用碳素钢制造轴尤为广泛，其中，一般用途的轴最常用的材料是 45 钢，对于不重要或受力较小的轴也可用 Q235A 等普通碳素钢。

合金钢具有比碳钢更好的力学性能和热处理性能，多用于对强度、耐磨性、尺寸、工作温度等有特殊要求的轴。如 20Cr、20CrMnTi 等低碳合金钢，经渗碳处理后可提高耐磨性；20CrMoV、38CrMoAl 等合金钢，具有良好的高温力学性能，常用于在高温、高速和重载条件下工作的轴。但合金钢对应力集中比较敏感，且价格较贵。

必须指出：在一般温度下（<200℃），合金钢与碳素钢的弹性模量相差不多，因此，在选择钢的种类和热处理方法时，所根据的是轴所需要的强度和耐磨性，而不是轴的弯曲和扭转刚度。

轴的常用材料及其主要力学性能，见表 4-2。

表 4-2 轴的常用材料及其主要力学性能

材料		热处理	毛坯直径 /mm	力学性能					备注
类别	牌号			硬度 HBW	抗拉强度 R_m/MPa	屈服强度 R_{eH}/MPa	弯曲疲劳极限 R_{-1}/MPa	许用弯曲应力 $[\sigma_{-1}]_{bb}$ /MPa	
碳素结构钢	Q235	—	≤16	—	460	235	200	45	用于不重要或承载不大的轴
			≤40	—	440	225			
	45	正火	≤100	170~217	600	300	275	55	应用最广
		调质	≤200	217~255	650	360	300	60	
合金钢	40Cr	调质	≤100	241~266	750	550	350	70	用于承载较大而无很大冲击的重要轴
			>100~300	241~266	700	550	340		
	35SiMn (42SiMn)	调质	≤100	229~286	800	520	400	75	性能接近 40Cr，用于中小型轴
			>100~300	217~269	750	450	350	70	
	40MnB	调质	25	—	1000	800	485	90	性能接近 40Cr，用于重要轴
			≤200	241~286	750	500	335	70	
	20Cr	渗碳淬火回火	15	表面 50~60HRC	850	550	375	60	用于要求强度和韧性均较高的轴
			≤60		650	400	280		
	20CrMnTi		15	表面 50~62HRC	1100	850	525	100	

（三）滚动轴承的组合设计

滚动轴承的内外圈与滚动体之间存在一定的间隙，内外圈可以有的最大位移量称为轴承游隙,如图4-6所示。当轴承的一个座圈固定,则另一座圈沿径向的最大移动量称为径向游隙 Δr,沿轴向的最大移动量称为轴向游隙 Δa。游隙的大小对轴承的寿命、温升和噪声都有很大的影响。

滚动轴承按受载方向分为向心轴承和推力轴承两大类。按滚动体形状,滚动轴承又可分为球轴承与滚子轴承两大类。常用滚动轴承的名称、特性及应用见表4-3。深沟球轴承、角接触球轴承和圆锥滚子轴承的基本尺寸见表9-55、表9-56、表9-57。

为了保证轴承的正常工作,除了合理选择轴承的类型和尺寸外,必须进行轴承的组合设计,妥善解决滚动轴承的固定,轴系的固定,轴承组合结构的调整,轴承的配合、装拆、润滑和密封等问题。

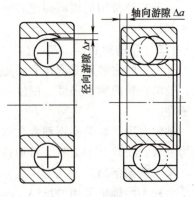

图 4-6 滚动轴承的游隙

表 4-3 常用滚动轴承的名称、特性及应用

名称及代号	结构简图	承载方向	主要特性和应用	名称及代号	结构简图	承载方向	主要特性和应用
调心球轴承(1)			主要承受径向载荷,也可承受较小的轴向载荷,外圈滚道为球面,故能自动调心	深沟球轴承(6)			主要承受径向载荷,也可承受较小的轴向载荷,极限转速高,制造成本较低
调心滚子轴承(2)			径向承载能力比调心球轴承要大,也有自动调心功能	角接触球轴承(7)			能同时承受径向和轴向载荷,接触角越大,承受轴向载荷的能力越强,成对使用能承受双向轴向载荷
圆锥滚子轴承(3)			内、外圈可分离,可同时承受较大的轴向和径向载荷,游隙可调整,常成对使用	推力圆柱滚子轴承(8)			能承受较大的单向轴向载荷,极限转速较低
推力球轴承(5)			内、外圈、滚动体部件可分离,只能够承受轴向载荷,不允许有轴线角偏差和轴向位移	圆柱滚子轴承(N)			能承受较大的径向载荷,不能承受轴向载荷,内、外圈允许有少量的轴向偏移
双向推力球轴承(5)			能承受双向轴向载荷,其余功能与推力球轴承相同	滚针轴承(NA)			只能承受径向载荷,由于接触线较长,径向承载能力较高,径向尺寸小,一般无保持架

1. 滚动轴承内外套圈的轴向固定

轴承内、外套圈轴向固定的作用是当受到轴向力后，使轴和套圈具有所要求的轴向约束。轴承内圈的轴向固定如图4-7所示，轴承外圈的轴向固定如图4-8所示。

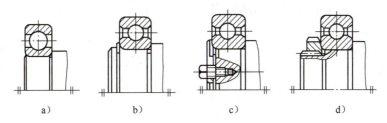

图 4-7 轴承内圈的轴向固定

a) 轴肩 b) 轴肩和弹性挡圈 c) 轴肩和轴端挡圈 d) 轴肩和螺母

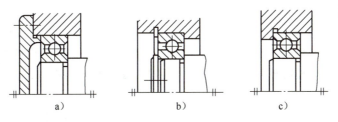

图 4-8 轴承外圈的轴向固定

a) 端盖 b) 箱座挡肩和弹性挡圈 c) 箱座挡肩

轴承套圈的周向固定，靠外圈和轴承座孔（或回转零件）、内圈与轴颈之间的配合来保证。

2. 轴系的轴向固定

轴系在机器中应有确定的位置，以保证工作时不发生轴向窜动；但同时为补偿轴的热伸长，又允许在适当范围内有微小的自由伸缩。轴系的轴向固定方式主要有两种：两端单向固定和一端双向固定、一端游动。

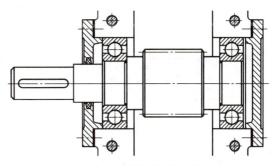

图 4-9 轴系的两端单向固定

（1）两端单向固定 如图4-9所示，在轴的两个支承点上，采用两个深沟球轴承，分别利用轴肩、轴承端盖固定轴承的内、外圈。两个支承各限制轴系的一个方向的轴向移动，对整个轴系而言，两个方向都受到了定位。为补偿轴的热伸长，在一个轴承外圈和轴承盖之间，留有轴向补偿间隙，通常取 0.25~0.4 mm。间隙量可用调整轴承盖与箱体轴承座端面间的垫片厚度来控制。对于向心角接触轴承，补偿间隙可留在轴承内部。这种轴的固定方式结构简单，安装调整方便，适用于支承跨距较小和温差不大的场合。

（2）一端双向固定、一端游动 如图4-10所示，一个支点处（左端）的轴承内、外圈双向固定，另一个支点处（右端）的轴承可以轴向游动，以适应轴的热伸长。图4-10中游动端为深沟球轴承，在轴承外圈与端盖间留适当间隙（约 2~3mm）。这种固定方式适用于跨距、温差较大的轴。

3. 轴系的调整

(1) 轴承游隙的调整　向心角接触轴承的游隙在制造时已确定，有些轴承装配时可通过移动轴承套圈位置来调整轴承游隙。移动轴承套圈、调整轴承游隙的方法有：增减轴承盖与箱座间垫片厚度、用螺纹调整等。

(2) 轴承的预紧　在安装时采取某种措施，让轴承滚动体和内、外圈之间产生一定量的预变形，使轴承中保持一定的轴向力，消除轴承内部游隙，提高轴承刚度，从而提高运转精度，减少振动和噪声。

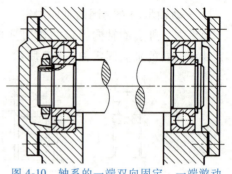

图 4-10　轴系的一端双向固定、一端游动

预紧的方法很多，如前述移动轴承套圈以及在两轴承之间的内圈或外圈间加金属垫片、用弹簧压紧等，如图 4-11 所示。

(3) 轴系的轴向调整　为保证机器的正常工作，装配时必须使轴上零件处于正确位置，为此，轴应能做必要的轴向调整。如图 4-12 所示，在锥齿轮轴系部件的组合结构中，垫片组 1 用来调整小锥齿轮轴的轴向位置，而垫片组 2 用来调整轴承的内部间隙。

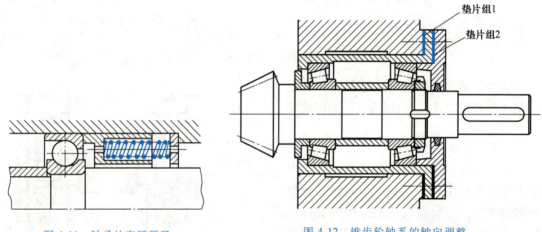

图 4-11　轴承的定压预紧　　　　图 4-12　锥齿轮轴系的轴向调整

4. 轴承的安装和拆卸

当轴承内圈与轴颈、外圈与座孔之间的配合有过盈量时，其装配方法可以用装配套管锤打，压力机压入（图 4-13），也可用温差法装配。轴承内圈定位轴肩的高度不宜过高，否则拆卸拉模的钩头就无法钩住轴承内圈端面，如图 4-14 所示。

5. 滚动轴承的寿命计算

滚动轴承的基本额定寿命计算式为

$$L_h = \frac{10^6}{60n}\left(\frac{f_T C}{f_P F_P}\right)^\varepsilon > L_h'$$

式中，C 为额定动载荷（kN），（根据轴承型号查表 9-55～表 9-57）；F_P 为轴承的当量动载荷（kN），$F_P = XF_r + YF_a$，（X、Y 轴向、径向动载荷系数，见表 4-4）；ε 为寿命指数，对于

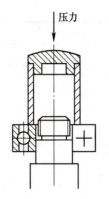

图 4-13 轴承内圈与轴颈的装配

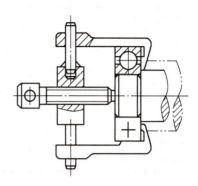

图 4-14 轴肩高度对轴承内圈拆卸的影响

球轴承 $\varepsilon=3$,滚子轴承 $\varepsilon=10/3$;f_P、f_T 分别为载荷系数和温度系数,f_P、f_T 分别见表 4-5、表 4-6;L_h' 为轴承的预期工作寿命(h)。

当轴承寿命不能满足预期寿命要求时,应在轴承孔径不变的情况下改选额定动载荷更大的轴承。

表 4-4 (单列)向心轴承的 X、Y 系数(摘自 GB/T 6391—2010)

轴承类型		$f_0^{②} \cdot F_a/C_{or}$	e	$F_a/F_r > e$		$F_a/F_r \leq e$	
				X	Y	X	Y
径向接触球轴承		0.172	0.19	0.56	2.30	1	0
		0.345	0.22		1.99		
		0.689	0.26		1.71		
		1.03	0.28		1.55		
		1.38	0.30		1.45		
		2.07	0.34		1.31		
		3.45	0.38		1.15		
		5.17	0.42		1.04		
		6.89	0.44		1.00		
角接触球轴承	$\alpha=15°$	0.178	0.38	0.44	1.47	1	0
		0.357	0.40		1.40		
		0.714	0.43		1.30		
		1.07	0.46		1.23		
		1.43	0.47		1.19		
		2.14	0.50		1.12		
		3.57	0.55		1.02		
		5.35	0.56		1.00		
		7.14	0.56		1.00		
	$\alpha=25°$	—	0.68	0.41	0.87	1	0
	$\alpha=40°$	—	1.14	0.35	0.57	1	0
圆锥滚子轴承(3)		—	$1.5\tan\alpha^{①}$	0.4	$0.4\cot\alpha^{①}$	1	0

① 具体数值按轴承型号查表 9-57 或有关手册;α 为公称接触角。
② f_0 为用于基本额定静载荷计算的系数,见 GB/T 4462—2012。

表 4-5　轴承载荷系数

载荷性质	f_P	举例
无冲击或轻微冲击	1.0~1.2	电动机、汽轮机、通风机、水泵
中等冲击和振动	1.2~1.8	车辆、机床、内燃机、起重机、减速器、冶金设备
强大冲击和振动	1.8~3.0	破碎机、轧钢机、石油钻机、振动筛

表 4-6　轴承温度系数

轴承工作温度/℃	100	125	150	175	200	225	250	300
温度系数 f_T	1	0.95	0.90	0.85	0.80	0.75	0.70	0.60

三、传动装置的润滑和密封

在传动装置工作过程中，两个做相对运动的零件接触表面间会产生摩擦，造成能量损耗和机械磨损，影响机械的运动精度和使用寿命。为了降低摩擦，减少磨损，延长寿命，一个重要的措施就是在运动副处进行润滑，即在摩擦副表面间加入润滑剂将两表面分隔开来，变干摩擦为润滑剂分子间的内摩擦。润滑剂的主要作用有减少摩擦，降低磨损、降温冷却、防止腐蚀、减振、密封等。

1. 减速器传动零件的润滑

闭式减速器传动零件大多采用浸油润滑，即将齿轮、蜗杆或蜗轮等传动零件浸入油中，当传动零件回转时，沾在上面的油被带到啮合表面进行润滑。这种润滑方式适用于齿轮圆周速度 $v \leqslant 12 \text{m/s}$、蜗杆（下置）圆周速度 $v \leqslant 10 \text{m/s}$ 的传动。齿轮减速器润滑油的黏度可按齿轮的圆周速度选取：$v \leqslant 2 \text{m/s}$ 可选用 320 工业闭式齿轮油；$v > 2 \text{m/s}$ 时可选用 220 工业闭式齿轮润滑油。

2. 滚动轴承的润滑和密封

轴承可采用脂润滑和油润滑两种润滑方式，主要根据轴承的内径 d 与转速 n 之积即 dn 值进行选择，具体可参见表 4-7。

表 4-7　适用于脂润滑和油润滑的 dn 值

轴承类型	$dn/(10^4 \text{mm} \cdot \text{r/min})$（脂润滑）	$dn/(10^4 \text{mm} \cdot \text{r/min})$（油润滑）			
		浸油	滴油	喷油	油雾
深沟球轴承	16	25	40	60	>60
调心球轴承	16	25	40	—	—
角接触球轴承	16	25	40	60	>60
圆柱滚子轴承	12	25	40	60	>60
圆锥滚子轴承	10	16	23	30	—
调心滚子轴承	8	12	—	25	—
推力球轴承	4	6	12	15	—

当轴承速度较低时，一般采用脂润滑。此方式结构简单，易于密封。润滑脂在装配时填入轴承内，填入量不宜过多，一般填满轴承空隙的 1/3~1/2 为宜。填脂时，可拆去轴承盖，也可不拆轴承盖而采用添加脂润滑装置。为避免油池中的油进入轴承内稀释润滑脂，在轴承

内侧需加一封油环,其结构形式如图 4-15 所示。

轴承速度较高时,应采用油润滑。若减速器内传动零件的圆周速度 $v>2\mathrm{m/s}$,可利用传动零件进行飞溅式润滑,将减速器内的润滑油直接溅入轴承或经箱体剖分面上的油沟流到轴承中进行润滑。为此,应在箱体剖分面上开输油沟,并在端盖上开缺口,还应将箱盖剖分面内壁边缘处制成倒角,如图 4-16 所示,以保证飞溅到箱盖内壁上的油能顺利流入油沟并进入轴承进行润滑。为防止齿轮啮合处的热油和杂质进入轴承,有时可在轴承内侧加挡油环,其结构如图 4-17a、b 所示。图 4-17c 所示为贮油环装置,其作用是使轴承内保存一定量的润滑油,常用于需经常起动的油润滑轴承。贮油环高度以不超过轴承滚动体中心为宜。

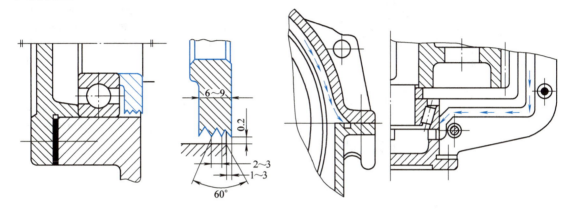

图 4-15 封油环结构形式　　　　　　图 4-16 油润滑轴承

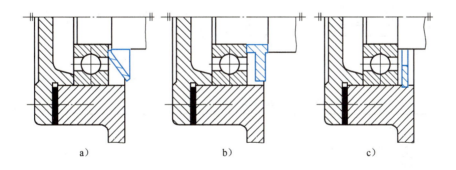

图 4-17 挡油环、贮油环

为防止外界环境中的灰尘、杂质及水汽渗入轴承,并防止轴承内的润滑油脂外漏,应在减速器外伸轴端的端盖轴孔内设置密封件。轴伸端密封方式有接触式和非接触式两种。毡圈密封是接触式密封中寿命较低,密封效果较差的一种,但结构简单,价格低廉,适用于脂润滑轴承;间隙式密封结构简单、成本低,但不够可靠,适用于脂润滑的轴承中;若要求更高的密封性能,宜采用皮碗式、迷宫式密封。迷宫式密封的结构复杂,制造和装配要求较高。表 4-8 为滚动轴承的常用密封方式。油封毡圈及其安装槽的尺寸和内包骨架旋转轴唇形密封圈见表 4-9、表 4-10。

表4-8 滚动轴承的常用密封方式

密封类型	图例	适用场合	说明
接触式密封	毡圈式密封 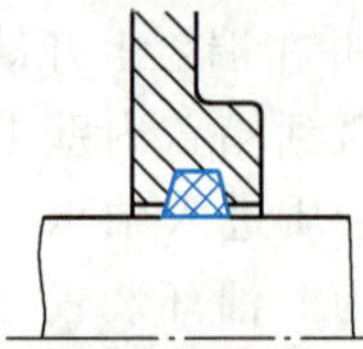	脂润滑。要求环境清洁,轴颈圆周速度 $v \leq 4 \sim 5$m/s,工作温度不超过90℃	矩形截面的毛毡圈被安装在梯形槽内,它对轴产生一定的压力而起到密封作用
接触式密封	皮碗式密封 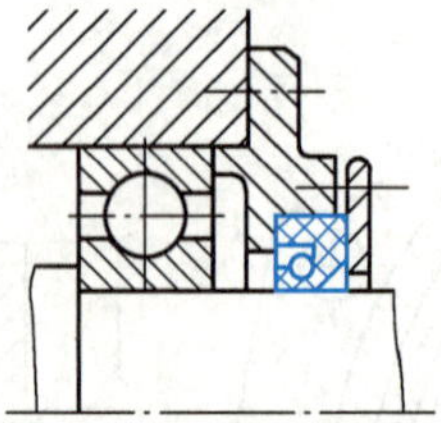	脂或油润滑。圆周速度 $v < 7$m/s,工作温度范围为 $-40 \sim 100$℃	皮碗用皮革或耐油橡胶制成,有的具有金属骨架,有的没有骨架,皮碗是标准件。左图密封唇朝里,目的是防漏油;若密封唇朝外,则主要目的防灰尘、杂质进入
非接触式密封	间隙式密封 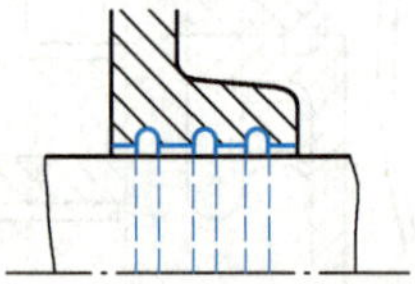	脂润滑。环境干燥清洁	靠轴与盖间的细小环形间隙密封,间隙越小越长,效果愈好,间隙取 $0.1 \sim 0.3$mm,开有油沟时效果更好
非接触式密封	迷宫式密封 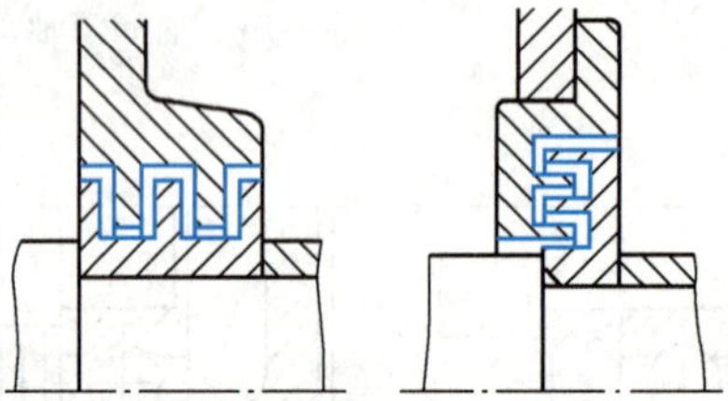	脂润滑或油润滑。工作温度不高于密封用脂的滴点。这种密封效果可靠	将旋转件与静止件之间间隙做成迷宫(曲路)形式,在间隙中充填润滑油或润滑脂以加强密封效果。左图为轴向曲路,因考虑到轴要伸长,轴向间隙应大些,取 $1.5 \sim 2$mm;右图为径向曲路,径向间隙不大于 $0.1 \sim 0.2$mm

表4-9 油封毡圈及其安装槽的尺寸(摘自 FZ/T 92010—1991)   (单位:mm)

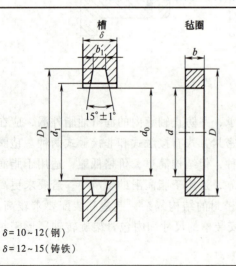

标记示例
$d_0 = 50$mm 的毡圈油封:
毡圈 50 FZ/T 92010—91

$\delta = 10 \sim 12$(钢)
$\delta = 12 \sim 15$(铸铁)

（续）

轴径	毡圈			槽			轴径	毡圈			槽		
d_0	D	d	b	D_1	d_1	b_1	d_0	D	d	b	D_1	d_1	b_1
18	28	17	3.5	29	19	3	42	54	41	5	55	43	4
20	30	19		31	21		45	57	44		58	46	
22	32	21		33	23		48	60	47		61	49	
25	37	24	5	38	26	4	50	66	49	7	68	51	5
28	48	27		41	29		55	71	54		72	56	
30	42	29		43	31		60	76	59		77	61	
32	44	31		45	33		65	81	64		82	66	
35	47	34		48	36		70	88	69		89	71	6
38	50	37		51	39		75	93	74		94	76	
40	52	39		53	41		80	98	79		99	81	

表 4-10 内包骨架旋转轴唇形密封圈（GB/T 13871.1—2007）　　（单位：mm）

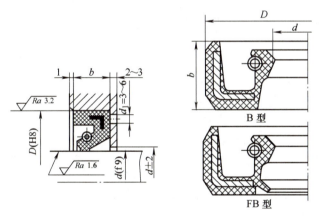

公称轴径 d	外径 D	宽度 b	公称轴径 d	外径 D	宽度 b	公称轴径 d	外径 D	宽度 b
16	30,(35)	7	38	55,58,62	8	75	95,100	10
18	30,35		40	55,(60),62		80	100,110	
20	35,40		42	55,62		85	110,120	
22	35,40,47		45	62,65		90	(115),120	12
25	40,47,52		50	68,(70),72		95	120	
28	40,27,52		55	72,(75),80		100	125	
30	42,47,(50),52		60	80,85		(105)	130	
32	45,47,52	8	65	85,90	10	110	140	
35	50,52,55		70	90,95		120	150	

注: 1. 括号（）内尺寸为国内用到而 ISO 6194-1:1982 中没有的规格。
　　2. 便于拆卸密封圈，在壳体上应有 d_1 孔 3~4 个。
　　3. B 型为单唇，FB 型为双唇。

轴承端盖分为凸缘式（表4-11）和嵌入式（表4-12）。安装嵌入式端盖无需螺钉，而需在轴承座孔内开槽，外形较美观。

表4-11 凸缘式轴承端盖的结构和尺寸　　　　　　　　　　　　（单位：mm）

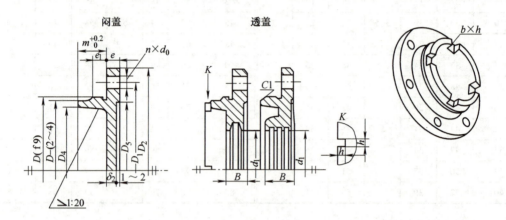

符号	尺寸关系				符号	尺寸关系
D（轴承外径）	30~60	62~100	110~130	140~280	e	$1.2d_3$
d_3^*（螺钉直径）	6、8	8、10	10、12	12、14、16	e_1	$(0.1~0.15)D\ (e_1 \geqslant e)$
n（螺钉数）	4	4	6	6	m	由结构确定
d_0	$d_3+(1~2)$				δ_2	8~10
D_1	$D+2.5d_3$				b	8~10
D_2	$D+(5~5.5)d_3$				h	$(0.8~1)b$
D_4	$(0.85~0.9)D$				透盖密封槽的结构尺寸	由密封方式及其装置决定
D_5	$D_1-(2.5~3)d_3$					

* d_3 为螺钉直径，图中未示出。

表4-12 嵌入式轴承端盖的结构和尺寸　　　　　　　　　　　　（单位：mm）

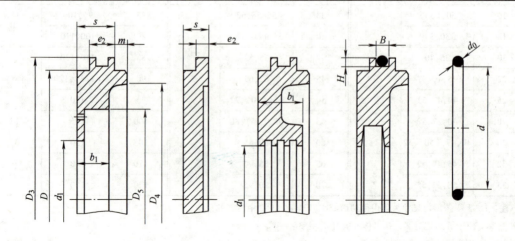

（续）

一般应用 O 形圈内径 d 和对应的截面直径 d_0 （摘自 GB/T 3452.1—2005）	
d	d_0
1.8~50	1.8
10.6~150	2.65
18~200	3.55
40~400	5.3
109~670	7.0

$e_2 = 5 \sim 10\text{mm}$
$s = 10 \sim 15\text{mm}$
m 由结构确定
$D_3 = D + e_2$，装有 O 形圈的，按 O 形圈外径取整
D_4 由轴承结构确定
D_5、d_1、b_1 等由密封尺寸确定
H、B 按 O 形沟槽尺寸确定

四、减速器箱体的结构尺寸

减速器箱体按毛坯类型可分为铸造箱体和焊接箱体。铸造箱体大多采用灰铸铁（HT200 或 HT250），其铸造性能好，易切削，价格便宜，外形美观。对于重型减速器箱体，为提高箱体强度和刚度，可采用球墨铸铁或铸钢。在某些单件生产的大型减速器中，箱体也有用钢板（Q215 或 Q235）焊接而成，轴承座部分也可用圆钢、锻钢或铸钢制作。焊接箱体比铸造箱体轻 1/4~1/2，因而节省材料，降低成本，并且结构紧凑，外形美观，制造简单，生产周期短；但焊接时容易产生热变形，要求有较高的焊接技术且焊后要退火处理。

按箱体是否剖分可分为剖分式箱体和整体式箱体。剖分面常与轴线平面重合，有水平和倾斜两种。剖分式箱体在制造和装配上都较为方便。

减速器箱体支承和固定着轴系零件，保证了传动零件的正确啮合及箱内零件的良好润滑和可靠密封。设计铸造箱体结构时，应考虑箱体的刚度、结构工艺性等几方面的要求。图 4-18 所示为一级圆柱齿轮减速器铸造箱体的结构形状。减速器铸铁箱体主要结构尺寸关

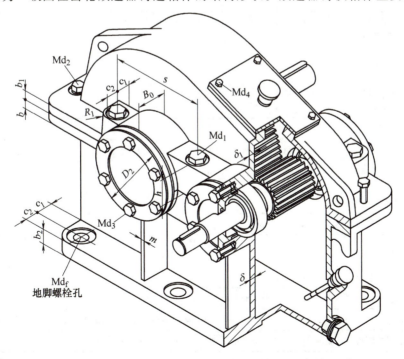

图 4-18 一级圆柱齿轮减速器铸造箱体的结构形状

系见表 4-13，也可按经验确定。铸造箱体螺栓联接处的扳手空间尺寸 c_1、c_2 和沉头座坑直径 D_0 见表 4-14。

表 4-13 减速器铸铁箱体主要结构尺寸关系（参考图 4-18）   （单位：mm）

名称	符号	尺寸关系			
箱座壁厚	δ	一级传动：$0.025a+1$ 不小于 8mm			
		二级传动：$0.025a+3$ 不小于 8mm			
		三级传动：$0.025a+5$ 不小于 8mm			
箱盖壁厚	δ_1	$(0.8\sim0.85)\delta$ 不小于 8mm			
箱座凸缘厚度	b	1.5δ			
箱盖凸缘厚度	b_1	$1.5\delta_1$			
箱座底凸缘厚度	b_2	2.5δ			
地脚螺栓 Md_f 的直径	d_f	a	≤100	>100～200	>200
		d_f	12	$0.04a+8$	$0.047a+8$
地脚螺栓数量	n	$n=\dfrac{L_D+B_D}{(200\sim300)}\geq 4$，$L_D$ 和 B_D 分别为箱座底面的长和宽，估算时可取 $L_D\approx 2.5a$，B_D 可取为 2.5 倍齿轮宽度			
轴承旁联接螺栓 Md_1 的直径	d_1	$0.75d_f$			
箱座与箱盖连接螺栓 Md_2 的直径	d_2	$(0.5\sim0.6)d_f$ （螺栓间距 $l=150\sim200$）			
轴承端盖螺钉 Md_3 的直径	d_3	轴承座孔（端盖）直径 D	30～60	62～100	110～130	140～280
		d_3	6～8	8～10	10～12	12～16
		螺钉数目	4	4	6	6
窥视孔盖螺钉 Md_4 的直径	d_4	单级减速器：$d_4=6$；双级减速器：$d_4=8$			
定位销直径	d	$(0.7\sim0.8)d_2$			
螺栓 Md_f、Md_1、Md_2 至外机壁距离	c_1	按螺栓直径查扳手空间表 4-14			
螺栓 Md_f、Md_1、Md_2 至凸缘边距离	c_2				
轴承旁凸台半径	R_1	c_2			
凸台高度	h	应保证大轴承座旁凸台的扳手空间			
机箱外壁与轴承座端面的距离	B_0	$c_1+c_2+(5\sim10)$			
大齿轮齿顶圆与机箱内壁的距离	Δ_1	$>1.2\delta$			
小齿轮端面与机箱内壁的距离	Δ_2	$>\delta$			
轴承端面至箱体内壁的距离	Δ_3	轴承用脂润滑时取 10～15mm，油润滑时取 5～10mm，脂润滑时取值较大有利于防止润滑脂被飞溅的齿轮油冲掉			
箱盖肋板厚度	m_1	$0.85\delta_1$			
箱座肋板厚度	m	0.85δ			
轴承端盖外径	D_2	$D+(5\sim5.5)d_3$（D 为轴承外圈直径，端盖的其余尺寸见表 4-11 和表 4-12）			
轴承旁联接螺栓距离	s	尽量靠近轴承，以 Md_1 和 Md_3 不干涉为准，一般取 $s=D_2$			

注：对于多级传动，a 取低速级中心距。

表 4-14　铸造箱体螺栓联接处扳手空间尺寸 c_1、c_2 和沉头座坑直径 D_0　　（单位：mm）

尺寸符号	螺栓直径 d											
	M6	M8	M10	M12	M14	M16	M18	M20	M22	M24	M27	M30
c_{1min}	12	14	16	18	20	22	24	26	30	34	38	40
c_{2min}	10	12	14	16	18	20	22	24	26	28	32	35
D_0	15	20	24	28	32	34	38	42	44	50	55	62
R_{0max}	5				8				10			
r_{max}	3				5				8			

五、装配底图的绘制

减速器部件装配底图是绘制减速器装配图的基础，是整个设计工作中的重要阶段，大部分零件的结构尺寸要在这个阶段确定，同时综合考虑零件的强度、制造工艺、装配、调整和润滑等各方面的要求。绘制装配底图的目的是通过绘图确定减速器的大体轮廓，更重要的是进行轴的结构设计和轴承组合结构设计，确定轴承的型号和位置，确定轴承支反力作用点和轴上力的作用点，从而对轴、轴承及键进行验算。典型减速器的装配底图一般只需绘出俯视图。

下面以一级圆柱齿轮减速器为例，简述装配底图绘制的主要内容。

1. 确定箱体毛坯来源和轴系部件的结构方案

箱体毛坯分为铸造毛坯和焊接毛坯，可根据减速器的生产批量和使用条件来选择。一般具有一定生产批量、载荷较平稳的中小型减速器，宜采用灰铸铁进行铸造而成；而对于批量较小或大型的减速器，宜采用焊接箱体。轴系部件的结构可根据使用条件等选择一种结构方案，如对于单级直齿圆柱齿轮减速器，宜选用两端轴颈采用深沟球轴承支承、采用套筒或封油环进行定位的两端单向固定方案。

2. 绘制传动件及箱体廓线

根据齿轮参数计算的结果，在图样上绘出齿轮传动的轮廓线，再绘出箱体的内外壁线，如图 4-19 所示。箱体壁厚 δ、大齿轮齿顶圆与箱体内壁间的距离 Δ_1、小齿轮端面与箱体内壁间的距离 Δ_2 等尺寸见表 4-13。

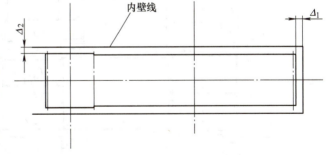

图 4-19　装配底图传动件和箱体内壁的廓线

3. 轴系结构的设计和绘制

1）按转矩初步估算轴的最小轴径。

2）轴系各段尺寸的确定，见表 4-15，轴系的结构设计如图 4-20 所示。相关联轴器和轴承的型号规格，见表 9-52～表 9-57。

3）在装配底图上绘出轴系部件结构，在绘图过程中确定各轴段的长度尺寸，见表 4-15 和图 4-20 所示（详见教学范例）。

表 4-15 轴系各段尺寸的确定

符号	确定方法及说明
d_1	根据初估轴径和相配合零件(如联轴器)的标准进行圆整
d_2	$d_2=d_1+2h$,h 为轴肩高度,用于轴上零件的定位和固定,通常取 $h=(0.07\sim0.1)d_1$,并且 d_2 应符合密封元件的孔径标准
d_3	$d_3=d_2+(1\sim5)\,\mathrm{mm}$,以便于区分加工面和装配方便,并且应符合滚动轴承的孔径标准
d_4	$d_4=d_3+(1\sim5)\,\mathrm{mm}$,以便于区分加工面和装配方便,并与齿轮孔相配合
d_5	$d_5=d_4+2h$,$h=(0.07\sim0.1)d_4$,轴环供齿轮的轴向定位和固定用
d_6	$d_6=d_3$,两个轴承的型号一般选择相同的型号
D	见表 9-55~表 9-57 轴承的标准
D_2	见表 4-11 轴承端盖的外径(与轴承端盖的尺寸相同)
Δ_3	轴承用脂润滑时取 10~15mm,油润滑时取 5~10mm,脂润滑时取值较大有利于防止润滑脂被飞溅的齿轮油冲掉
B	主要保证凸台螺栓的空间。$B\geq\delta+c_1+c_2+5$,c_1 和 c_2 根据凸台螺栓 M_{d1} 的直径查表 4-14
A	主要保证凸台螺栓的空间。$A\geq\delta+c_1+c_2$,c_1 和 c_2 根据凸缘螺栓 M_{d2} 的直径查表 4-14
K	考虑轴端轮毂的拆装要求,20~30mm
l_1	根据相配合零件的孔长确定,一般比孔短 2~3mm

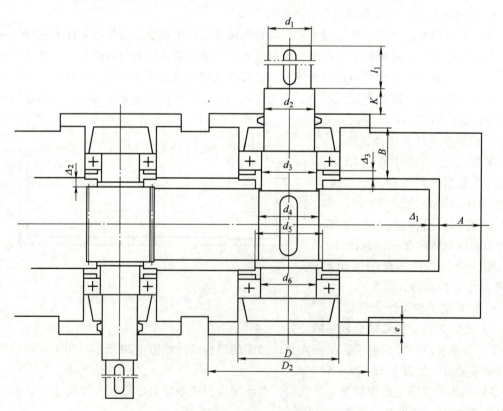

图 4-20 装配底图及轴系的结构设计

4. 轴系工作能力校核与装配底图调整

主要内容包括（详见教学案例）：

1）校核计算轴、轴承、键和联轴器的工作能力。
2）根据校核结果，修正轴系零部件的尺寸（如有必要）。
3）完善装配底图。

第二节　减速器装配底图设计绘制教学范例

传动零件设计完成后，即可着手进行装配底图的设计和绘制。下面是按照第三章传动件设计计算得到的结果，进行减速器装配底图绘制的教学范例。

一、计算箱体结构尺寸

根据齿轮参数计算的结果，参照表 4-13、表 4-14、表 4-15，计算出箱体的结构尺寸，见表 4-16。

表 4-16　箱体结构尺寸的确定

名称	符号	尺寸计算方法
箱座壁厚	δ	$\delta = 0.025a + 1\text{mm} = 0.025 \times 200\text{mm} + 1\text{mm} = 6\text{mm}$，取 $\delta = 8\text{mm}$
箱盖壁厚	δ_1	$\delta_1 = 0.85\delta = 6.8\text{mm}$，取 $\delta_1 = 8\text{mm}$
大齿轮顶圆与机箱内壁间的距离	Δ_1	$\Delta_1 > 1.2\delta = 9.6\text{mm}$，取 $\Delta_1 = 12\text{mm}$
齿轮端面与机箱内壁的距离	Δ_2	$\Delta_2 > \delta = 8\text{mm}$，取 $\Delta_2 = 10\text{mm}$
轴承端面与箱体内壁的距离	Δ_3	轴承用脂润滑时取 10~15mm，油润滑时取 5~10mm，现考虑两种都可能，取 $\Delta_3 = 10\text{mm}$
地脚螺栓 Mdf 直径及数目	d_f, n	$d_f = 0.04a + 8\text{mm} = 16\text{mm}$，取 $d_f = 16\text{mm}$，$n = \frac{L_0 + B_0}{(200 \sim 300)} \geq 4$，$L_0$ 和 B_0 分别为箱座底面的长和宽，估算时可取 $L_0 \approx 2.5a = 500\text{mm}$，$B_0 \approx 2.5b = 208\text{mm}$，则取 $n = 6$
轴承旁联接螺栓 Md1 的直径	d_1	$d_1 \approx 0.75d_f = 0.75 \times 16\text{mm} = 12\text{mm}$，取 $d_1 = 12\text{mm}$
箱座与箱盖联接螺栓 Md2 的直径	d_2	$d_2 \approx (0.5 \sim 0.6)d_f = (0.5 \sim 0.6) \times 16\text{mm} = 8 \sim 9.6\text{mm}$，取 $d_2 = 10\text{mm}$
轴承座轴向宽度	B	$B \geq \delta + c_1 + c_2 + 5\text{mm}$，根据轴承座螺栓 Md1 = 12 查表 4-14，$c_{1\min} = 18\text{mm}$，$c_{2\min} = 16\text{mm}$，$B \geq 8\text{mm} + 23\text{mm} + 21\text{mm} + 5\text{mm} = 57\text{mm}$，此处取 $B = 60\text{mm}$
箱体结合面凸缘宽度	A	$A \geq \delta + c_1 + c_2$，根据凸缘螺栓 Md2 = 10 查表 4-14，$c_{1\min} = 16\text{mm}$，$c_{2\min} = 14\text{mm}$，$A \geq 8\text{mm} + 21\text{mm} + 19\text{mm} = 48\text{mm}$，此处取 $A = 50\text{mm}$
轴伸出长度	K	$K = 20 \sim 30\text{mm}$，取 $K = 30\text{mm}$

二、轴的结构设计与尺寸计算

（一）输入轴的设计计算

1. 选择轴的材料，确定许用应力

选用轴的材料为 45 钢，调质处理，查表 4-2 可知，$R_m = 650\text{MPa}$，$R_{eH} = 360\text{MPa}$，许用弯曲应力 $[\sigma_{-1}]_{bb} = 60\text{MPa}$。

2. 按照扭转强度估算轴的最小直径

单级齿轮减速器的高速轴为转轴，安装大带轮，从结构上考虑，输入轴端直径应最小，最小轴径为

$$d \geq C \cdot \sqrt[3]{P/n}$$

式中，C 为轴的材料和载荷有关的因数。对于 45 钢，取 $C = 118$，则

$$d \geq 118 \times \sqrt[3]{\frac{5.06}{309.68}} \text{mm} = 29.94 \text{mm}$$

考虑键槽的影响，将轴径放大 3%，$d \geq 1.03 \times 29.94 \text{mm} = 30.84 \text{mm}$

根据大带轮基准直径 $d_{d2} = 375 \text{mm}$ 查表 3-11，取 $d = d_0 = 32 \text{mm}$

3. 确定轴系的结构各段轴径

轴结构设计时，需弄清轴上应有的主要零件，明确轴系的定位、固定要求；画出轴系的结构简图。单级圆柱齿轮减速器，取齿轮相对于轴承的分布为对称分布。本例小齿轮齿顶圆直径小于 2 倍的安装轴段直径，故采用齿轮轴结构。轴上轴承靠封油环实现轴向定位，靠过度配合实现定心精度要求；整个轴系部件靠两端的轴承端盖实现轴向固定和定位；带轮靠轴肩、平键和过盈配合分别实现轴向定位和周向固定。本例输入轴的结构如图 4-21 所示，各段轴径确定详见表 4-17。

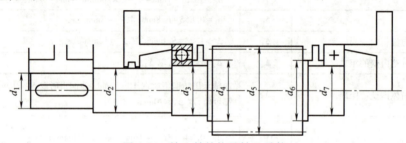

图 4-21 输入轴结构及轴上零件

表 4-17 输入轴轴径的确定及依据

轴径	尺寸	依据
d_1	32mm	将初步计算得出的最小轴径，并考虑大带轮孔径后，取 $d_1 = 32\text{mm}$
d_2	40mm	考虑轴肩对带轮的定位作用，$h \approx (0.07 \sim 0.1) d_1 = 2.3 \sim 3.2\text{mm}$ 取 $h = 4$，则 $d_2 = 40\text{mm}$
d_3	45mm	$d_3 = d_2 + 1 \sim 5\text{mm}$，并考虑轴承直径标准，尾数为 0 或 5
d_4	52mm	$d_4 = d_3 + 1 \sim 5\text{mm}$，小轮齿顶圆直径 $d_{a1} = 80\text{mm}$，查表 3-21 满足 $d_a < 2d_4$，采用齿轮轴。考虑定位要求，$h \approx (0.07 \sim 0.1) d_3 = 3.15 \sim 4.5\text{mm}$，取 $d_4 = 52\text{mm}$
d_5	80mm	小齿轮的齿顶圆直径 d_{a1}
d_6	52mm	同 d_4
d_7	45mm	同 d_3

4. 确选择轴承型号和轴承润滑方式

根据初定的轴径 d_3 和 d_6，查表 9-55 选择轴承 6209，其尺寸为：内径 $d = 45\text{mm}$，外径 $D = 85\text{mm}$，宽度 $B = 19\text{mm}$，安装尺寸 $d_a = 52\text{mm}$，$D_a = 78\text{mm}$。选择润滑方式为脂润滑。

（二）输出轴的设计计算

1. 选择轴的材料，确定许用应力

选用轴的材料为 45 钢，调质处理，查表 4-2 可知，$R_m = 650\text{MPa}$，$R_{eH} = 360\text{MPa}$，$[\sigma_{-1}]_{bb} = 60\text{MPa}$。

2. 按照扭转强度估算轴的最小直径

单级齿轮减速器的低速轴为转轴，输出端安装联轴器，从结构上考虑，输出轴端直径应最小，最小轴径为

$$d \geqslant C \cdot \sqrt[3]{P/n}$$

对于 45 钢，取 $C = 118$，则

$$d \geqslant 118 \times \sqrt[3]{4.86/71.69}\,\text{mm} = 48.1\,\text{mm}$$

考虑键槽的影响，放大 3% 有

$$d_{1\min} = 48.1 \times 1.03\,\text{mm} = 49.54\,\text{mm}$$

3. 轴的结构设计

轴上大齿轮靠轴环和套筒实现轴向定位和固定，靠平键和过盈配合实现周向固定；联轴器靠轴肩、平键和过盈配合分别实现轴向定位和周向固定。本例输出轴的结构如图 4-22 所示。

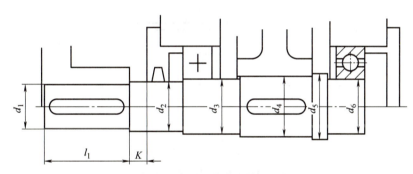

图 4-22　输出轴结构及轴上零件

（1）联轴器的选取　考虑到输出轴端转矩大、转速慢以及与工作轴之间难以达到较高装配精度等特点，选用滑块式联轴器，根据 $d_{1\min}$ 查表 9-52 选择型号规格为：WH7 联轴器 50×112 JB/ZQ4384—2006。

（2）确定各轴段的直径　各轴段直径确定及依据，见表 4-18。

表 4-18　轴径的确定及依据

轴径	尺寸	依据
d_1	50mm	由初步计算得出的最小轴径，并考虑联轴器孔径标准，取 $d_1 = 50\text{mm}$
d_2	60mm	考虑轴肩对联轴器的定位作用，则 $h \approx (0.07 \sim 0.1)d_1 = 3.5 \sim 5\text{mm}$ 取 $h = 5\text{mm}$，则 $d_2 = 60\text{mm}$
d_3	65mm	$d_3 = d_2 + 1 \sim 5\text{mm}$，并考虑轴承直径标准

（续）

轴径	尺寸	依据
d_4	70mm	$d_4 = d_3 + 1 \sim 5$mm，考虑键槽的影响，应取较大值
d_5	80mm	考虑轴环对齿轮的定位作用，$h \approx (0.07 \sim 0.1)d_4 = 4.9 \sim 7$mm，并考虑到轴环直径与毛坯直径有关，为节约材料和减小加工余量，取 $h = 5$mm，则 $d_5 = 80$mm
d_6	65mm	应选用同一型号的轴承，以使两轴承孔直径相同，有利于镗孔加工，因此取 $d_6 = d_3$

（3）选择轴承型号和轴承润滑方式 根据初定的轴径 d_3 和 d_6，查表 9-55 选择轴承 6213，其尺寸为内径 $d = 65$mm，外径 $D = 120$mm，宽度 $B = 23$mm，安装尺寸 $d_a = 74$mm，$D_a = 111$mm。$dn = 65 \times 71.69$mm·r/min = 4660mm·r/min，查表 4-7 选择润滑方式为脂润滑。

三、绘制装配底图确定装配布局与结构关系

（1）绘制传件的轮廓线和箱体内壁线 在图纸上绘出传动件的轮廓线和箱体内壁线，如图 4-23 所示。

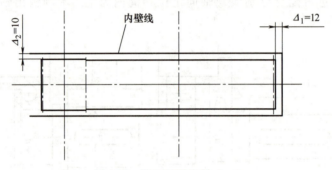

图 4-23 装配底图绘制（一）

（2）作轴承座端面线 根据表 4-16，$B = 60$mm。在装配底图上作出轴承座端面线，如图 4-24 所示。

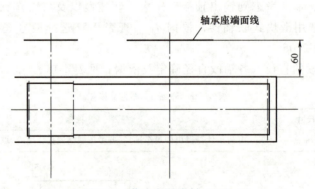

图 4-24 装配底图绘制（二）

（3）绘制轴承及座孔 根据表 4-16，取轴承至内壁距离 $\Delta_3 = 10$mm，在装配图上绘出轴承以及轴承座孔，如图 4-25 所示。

（4）确定轴承座外径 D_2 查表 4-13 取轴承盖螺钉直径 $d_3 = 10$mm，输出轴端盖螺钉数目取 6。则 $D_2 = D + (5 \sim 5.5)d_3 = 120$mm $+ (5 \sim 5.5) \times 10$mm $= 170 \sim 175$mm，取 $D_2 = 175$mm。根据表 4-11，端盖厚度 $e = 1.2d_3 = 12$mm，取 $e = 15$mm。绘出轴承座和轴承端盖，如图 4-26 所示。

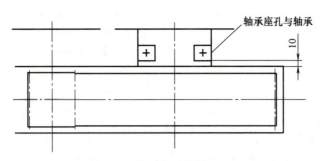

图 4-25 装配底图绘制（三）

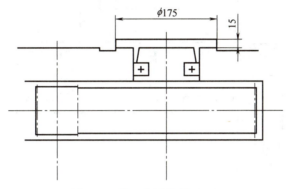

图 4-26 装配底图绘制（四）

（5）绘制各轴段 在绘图过程中确定各轴段长度和位置，绘出各个轴段。取联轴器轴肩至端盖的距离 $K=30\text{mm}$，与联轴器相配的轴头的长度 $l_1=110\text{mm}$，与齿轮相配的轴段长度比齿轮宽度短 2mm，如图 4-27 所示。

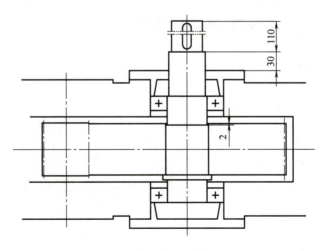

图 4-27 装配底图绘制（五）

（6）绘出其余零件和结构 高速齿轮轴的绘制与输出轴类似（略）。根据表 4-16 计算，取 $A=50$。封油环结构如图 4-15 所示，键槽结构尺寸根据轴段直径确定，具体见表 9-50。最后完成的减速器装配底图，如图 4-28 所示。

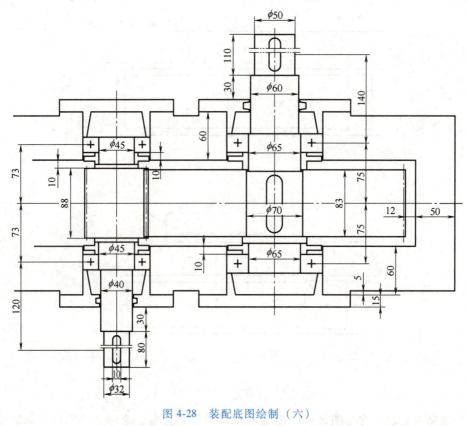

图 4-28　装配底图绘制（六）

为了使减速器中的零件建模造型协调，可以运用建模软件的草图功能来完成装配底图的绘制。图 4-29 是在 NX 软件草图功能环境下所绘制的减速器装配底图。它是在前面所建装配

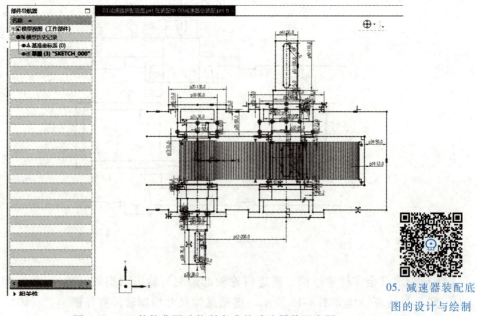

05. 减速器装配底图的设计与绘制

图 4-29　NX 软件草图功能所完成的减速器装配底图

"00减速器总装配"中,通过在装配菜单下新建组件"01减速器装配底图",并将其设为工作部件后,运用草图功能绘制而成的。草图应放置于两齿轮轴线所在的水平面上,绘制过程中应注意与齿轮外轮廓的相对位置。图4-30所示为"00减速器总装配"中所看到的装配底图效果。

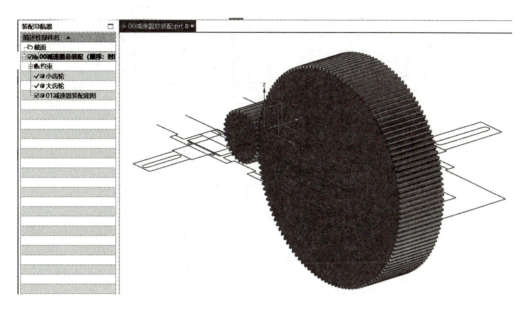

图 4-30 减速器总装配中的装配底图

四、轴系工作能力校核

1. 按扭弯合成变形校核轴的强度

下面以低速轴为例介绍轴的校核,如图4-31所示。

(1) 画出轴空间受力图 其中,齿轮上的作用力由前齿轮设计计算得

圆周力 $F_t = 4161.07\text{N}$

径向力 $F_r = 1514.5\text{N}$

轴向力 $F_a = 0\text{N}$

(2) 画出水平受力图 求水平支反力,并画出水平弯矩图。

水平支反力 $F_{By} = F_{Dy} = 0.5F_t = 0.5 \times 4161.07\text{N} = 2080.54\text{N}$

水平最大弯矩 $M_{Cy} = F_{By} \dfrac{L}{2} = 2080.54 \times \dfrac{150}{2} \times 10^{-3}\text{N} \cdot \text{m} = 156.04\text{N} \cdot \text{m}$

(3) 画出垂直受力图 求垂直支反力,并画出垂直弯矩图。

垂直支反力 $F_{Bz} = F_{Dz} = 0.5F_r = 0.5 \times 1514.5\text{N} = 757.25\text{N}$

垂直最大弯矩 $M_{Cz} = F_{Bz} \dfrac{L}{2} = 757.25 \times \dfrac{150}{2} \times 10^{-3}\text{N} \cdot \text{m} = 56.8\text{N} \cdot \text{m}$

(4) 求水平面和垂直面的合成弯矩 画出合成弯矩图。

合成弯矩 $M_C = \sqrt{M_{Cy}^2 + M_{Cz}^2} = \sqrt{156.04^2 + 56.8^2}\text{N} \cdot \text{m} = 166.06\text{N} \cdot \text{m}$

(5) 画出转矩图 输出轴转矩 $T = 647.41\text{N} \cdot \text{m}$。

(6) 求扭弯合成的当量弯矩 画出当量弯矩图。由于轴的应力为对称循环应力,故取

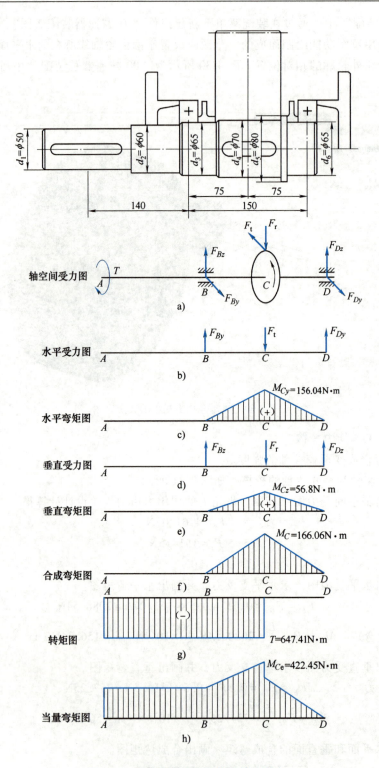

图 4-31 按扭弯合成变形校核轴的强度
a) 轴空间受力图 b) 水平受力图 c) 水平弯矩图 d) 垂直受力图
e) 垂直弯矩图 f) 合成弯矩图 g) 转矩图 h) 当量弯矩图

$\alpha=0.6$,则 $M_{Ce}=\sqrt{M_C^2+(\alpha T)^2}=\sqrt{166.06^2+(0.6\times647.41)^2}\,\text{N·m}=422.45\text{N·m}$

（7）计算满足扭弯组合变形强度条件的最小轴径　由当量弯矩图可见，在截面 C 处当量弯矩最大，因此，该截面为危险截面，只需校核该截面的强度即可。

$$d_C \geqslant \sqrt[3]{M_e/(0.1[\sigma_{-1}]_{bb})} = \sqrt[3]{M_{Ce}/(0.1[\sigma_{-1}]_{bb})} = \sqrt[3]{422.45\times10^3/(0.1\times60)}\,\text{mm} = 41.29\text{mm}$$

考虑该截面处键槽影响，最小直径应增大 3%，因此，$d_C = 41.29\text{mm}\times1.03 = 42.5\text{mm}$，该截面实际直径为 70mm，因此强度足够。

2. 滚动轴承寿命校核

（1）输出轴滚动轴承的寿命校核　滚动轴承寿命计算式为

$$L_h = \frac{10^6}{60n}\left(\frac{f_T C}{f_P P}\right)^\varepsilon$$

根据轴承型号 6213，查表 9-55 得该轴承的基本额定动载荷 $C = 57.2\text{kN}$

由于此处轴承只承受径向力，因此，当量动载荷为

$$F_P = \sqrt{F_{By}^2+F_{Bz}^2} = \sqrt{2080.54^2+757.25^2}\,\text{N} = 2214\text{N}$$

对于深沟球轴承，取 $\varepsilon = 3$；查表 4-5 取载荷系数 $f_P = 1$，查表 4-6 温度系数 $f_T = 1$，则

$$L_h = \frac{10^6}{60n}\left(\frac{f_T C}{f_P F_P}\right)^\varepsilon = \frac{10^6}{60\times71.69}\left(\frac{57.2\times10^3}{2214}\right)^3\,\text{h} = 4009086\text{h}$$

工作使用寿命 $L_h' = 8\times300\times16 = 38400\text{h}$

$L_h > L_h'$，因此寿命足够。

（2）输入轴滚动轴承的寿命校核（略）

3. 键联结的强度校核

（1）输出轴与齿轮相配轴段键联结的强度校核　根据轴径 $d = 70\text{mm}$，查表 9-50 得键宽 20mm，高度 $h = 12\text{mm}$，由轮毂宽 83mm，取键长 $L = 70\text{mm}$，键有效长度 $l = 50\text{mm}$，则键的挤压应力为

$$\sigma_P = \frac{4T}{dhl} = \frac{4\times647.41\times10^3}{70\times12\times50}\text{MPa} = 62\text{MPa}$$

按钢制轮毂，轻微冲击载荷性质取键联结的许用应力 $[\sigma_P] = 100\text{MPa}$

$\sigma_P < [\sigma_P]$，因此，键联结的挤压强度足够。

（2）与联轴器相配轴头键联结的强度校核（略）

（3）输入轴键联结的强度校核（略）

4. 联轴器的工作能力校核

根据滑块联轴器的型号 WH7，取工作情况因数 $K = 1.25$，查表 9-52 得滑块联轴器的额定转矩 $T_n = 900\text{N·m}$，许用转速 $[n] = 3200\text{r/min}$，则计算转矩为

$$T_d = KT = 1.25\times647.41\text{N·m} = 809.26\text{N·m} < T_n$$

$$轴转速\ n = 71.69\text{r/min} < [n]$$

强度满足工作要求。

5. 修改设计

如果以上工作能力校核不满足，则应修改结构尺寸再次校核，直到满足为止。图 4-28 所示为最终的装配底图，对于重要的结构可直接在图中标注尺寸，以便今后绘制装配图。

第三节　装配底图设计拓展

一、提高轴强度的常用措施

（一）合理布置轴上零件以减少载荷

当转矩由一个传动件输入，再由几个传动件输出时，为了减小轴上扭矩，应将输入件放在轴的中间，而不要置于轴的一端。图 4-32 所示，输入转矩为 $T_1 = T_2 + T_3 + T_4$；按图 4-32a 布置时，轴所受的最大扭矩为 $T_2 + T_3 + T_4$；若按图 4-32b 布置时，轴所受的最大扭矩减小为 $T_3 + T_4$。

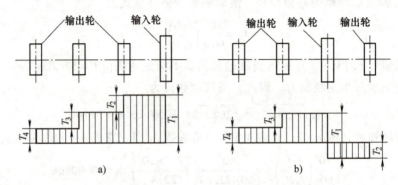

图 4-32　合理分布轴上零件
a) 不合理的布置　b) 合理的布置

（二）改进轴上零件的结构以减少载荷

改进轴上零件的结构也可以减小轴上的载荷。图 4-33 所示的两种结构中方案二（双联）（图 4-33b）均优于方案一（分装）（图 4-33a），因为方案一中轴 I 既受弯矩又受扭矩，而方案二中轴 I 只受弯矩。

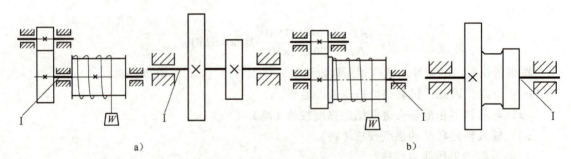

图 4-33　改进轴上零件的结构
a) 方案一（分装）　b) 方案二（双联）

（三）改进轴的结构以减少应力集中

轴通常是在变应力条件下工作的，轴的截面尺寸发生突变处要产生应力集中，轴的疲劳破坏往往在此发生。为了提高轴的疲劳强度，应尽量减少应力集中源和降低应力集中程度。为此，轴肩处应采用较大的过渡圆角半径 r 来降低应力集中。但对定位轴肩，还必须保证零件得到可靠的定位。当靠轴肩定位的零件的圆角半径很小时，为了增大轴肩处的圆角半径，可采用内凹圆角或加装隔离环的方式，如图 4-34 所示。

用盘状铣刀加工的键槽比用键槽铣刀加工的键槽在过渡处对轴的截面削弱较为平缓,因而应力集中较小,如图 4-35 所示。

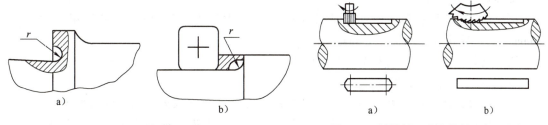

图 4-34 轴结构的改进
a) 内凹圆角 b) 隔离环

图 4-35 键槽铣刀和盘状铣刀加工键槽
a) 键槽铣刀加工键槽 b) 盘状铣刀加工键槽

(四)改进轴的表面质量,以提高轴的疲劳强度

轴的表面粗糙度和表面强化处理方法也会对轴的疲劳强度产生影响。轴的表面越粗糙,疲劳强度也越低。因此,应合理减小轴的表面及圆角处的加工粗糙度值。当采用对应力集中甚为敏感的高强度材料制作轴时,表面质量更应予以注意。

表面强化处理的方法有:表面高频感应淬火等热处理;表面渗碳、碳氮共渗、渗氮等化学热处理;碾压、喷丸等强化处理。通过碾压、喷丸进行表面强化处理时可使轴的表层产生预压应力,从而提高轴的抗疲劳能力。

二、干涉检查

(一)减速器与电动机的干涉检查

检查电动机接线盒与减速器凸缘之间的距离 Δ。如图 4-36 所示,$\Delta \approx a - AD - L$,其中 a 为 V 带传动的中心距(见带传动的计算),AD 为电动机轴线至接线盒外侧之间的距离(根据电动机型号查外形尺寸),L 为减速器输入轴至大齿轮侧凸缘的距离(从底图上量得)。Δ 应大于 0,并保证适当的余量,以方便减速器和电动机的安装和接线。如果不满足,应考虑加大 V 带传动的中心距。

(二)大带轮与地面的干涉检查

图 4-37 所示为大带轮与减速器安装平面之间的干涉。减速器中心高 H_0 与大带轮半径相

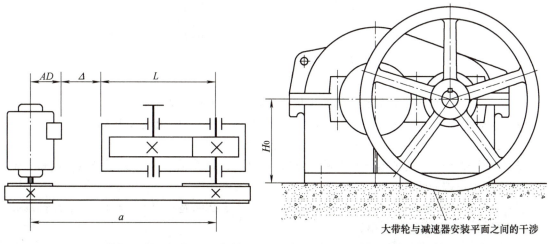

图 4-36 减速器与电动机的干涉检查

图 4-37 大带轮与减速器安装平面之间的干涉

比较，即可判断 H_0 大带轮与减速器安装面之间是否干涉。如有必要则应修改带传动设计，或在设计箱体的时候加大中心高 H_0。也可更改传动系统的速比分配，减小带传动速比，但这样会导致返工工作量太大。

H_0 的估算方法为 $H_0 \approx 1/2 d_{a2} + \delta + 50 \text{mm}$，$d_{a2}$ 为大齿轮齿顶圆直径，δ 为箱体的壁厚，50mm 为大齿轮齿顶到油池底部的距离估值。

三、其他类型减速器的装配底图设计要点

（一）二级展开式圆柱齿轮减速器

二级展开式圆柱齿轮减速器是将两级圆柱齿轮传动串联成齿轮系，以获得更大的传动比。其结构特点是第二级传动的小齿轮与第一级传动的大齿轮都安装在中间轴上（如果小齿轮直径较小，也可制成齿轮轴），则第一级大齿轮的运动通过键联结传递给第二级小齿轮，二者转速相同。其装配底图的绘制过程与单级圆柱齿轮减速器基本一样，不同之处在于：①还需要确定两个大齿轮之间的间距 Δ_3；②输入与输出轴上的齿轮最好布置在远离外伸轴端的位置，这样布置有利于齿轮轮齿的受载均匀；③需检验第一级大齿轮与输出轴之间是否干涉。

图 4-38 所示的二级齿轮传动布局中，高速级大齿轮过大而与输出轴之间发生干涉。解决方法是重新分配速比并重新计算齿轮参数，或者改变轴系布局，使之不发生干涉。

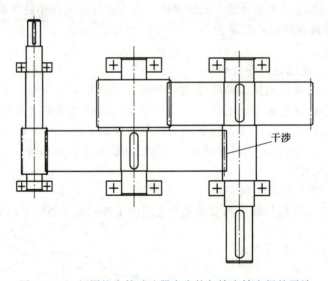

图 4-38 二级圆柱齿轮减速器大齿轮与输出轴之间的干涉

二级圆柱齿轮减速器装配底图绘制步骤简述如下，如图 4-39 所示。

1）在俯视图上画出各轴的中心线和齿轮的外框线，其中 Δ_3 值应大于 8mm。

2）绘出三条内壁线，其中 Δ_1 和 Δ_2 值确定方法见表 4-13。

3）计算轴承座旁联接螺栓的直径，查出 c_1 和 c_2，计算轴承座宽度 $B = \delta + c_1 + c_2 + 5\text{mm}$，绘制三个轴承座端面线。

4）计算凸缘联接螺栓的直径，查出 c_1 和 c_2，确定凸缘宽度 $A = \delta + c_1 + c_2$，绘出凸缘线（左侧凸缘线和内壁线暂不绘出）。

5）绘制主视图，确定箱座和箱盖轮廓和左侧壁和凸缘位置，并完善俯视图。中心高的

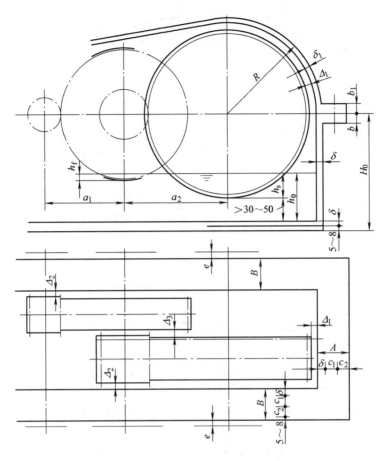

图 4-39 二级展开式圆柱齿轮减速器装配底图

确定需保证第二级大齿轮至油池底部有 30~50mm 的距离。

6) 绘制轴系部件。

(二) 圆锥—圆柱齿轮减速器

二级圆锥圆柱齿轮减速器应用于输入轴与输出轴垂直的场合。由于锥齿轮的制造成本较高,所以,一般齿轮传动的高速级采用锥齿轮,以减小锥齿轮的尺寸和成本。为了改善传动平稳性,常采用弧齿锥齿轮。锥齿轮的支承结构常采用悬臂式,并采用套杯调整锥齿轮轴系部件的轴向位置。

圆锥—圆柱齿轮减速器装配底图绘制步骤简述如下,如图 4-40 所示。

1) 在俯视图上画出各轴的中心线。

2) 取大锥齿轮轮毂长度 $L=(1.1~1.2)d$,d 为锥齿轮轴孔直径,画出锥齿轮的轮廓尺寸。

3) 在俯视图中画出圆柱齿轮轮廓,并保证大圆柱齿轮与大锥齿轮之间仍有足够的距离 Δ_3(应大于 8mm)。

4) 绘制出箱体内壁线,内壁线至小圆柱齿轮端面的距离 Δ_2 确定方法见表 4-13。内壁线至大锥齿轮轮毂端面间的距离 $\Delta_4=(0.6~1)\delta$。

5) 绘制轴承座端面线(参考二级展开式圆柱齿轮减速器的绘制)。

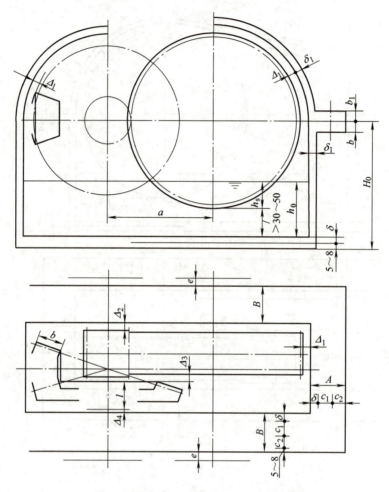

图 4-40 圆锥—圆柱齿轮减速器装配底图

6) 绘制主视图。中心高的确定需保证第二级大齿轮至油池底部有 30~50mm 的距离。

7) 参考相关资料,设计轴系部件。

(三) 圆柱蜗杆减速器

圆柱蜗杆减速器应用于输入轴与输出轴成 90°交错分布的场合,具有传动比大,运转平稳等优点,但效率较低。

其装配底图绘制步骤简述如下,如图 4-41 所示。

1) 绘出蜗杆和蜗轮的中心线。

2) 绘出蜗杆和蜗轮的轮廓。

3) 取蜗轮外圆距箱体内壁的距离为 $\Delta_1 = \delta$(δ 为箱座壁厚),主视图中确定左、右、上三侧内壁及外壁的位置。

4) 取蜗杆轴承座外端面凸台高 5~8mm,绘出蜗杆轴承座外端面。

5) 绘制蜗杆轴承座。为了提高蜗杆的刚度,应尽量缩短轴承支点间的距离。为此,蜗杆轴承座需伸到箱内。内伸部分长度与蜗轮外径及蜗杆轴承外径(或套杯外径)有关。内伸轴承座外径与轴承盖外径 D_2 相同。常将轴承座上部靠近蜗轮部分铸出一个斜面以避免与蜗轮干涉，使其与蜗轮外圆间的距离 $\Delta_1 = \delta$。

6）绘制箱体宽度方向上的壁线。常取蜗杆减速器的宽度等于蜗杆轴承座外径，即 $N_2 = D_2$。由箱体外表面宽度可确定内壁 E_2 的位置。其外端面 F_2 的位置由轴承旁螺栓直径及箱壁厚度确定，即 $B_2 = \delta + c_1 + c_2 + (5 \sim 8)$ mm。

7）确定中心高，绘制地脚板。对下置式蜗杆减速器，为保证散热，常取蜗轮轴中心高 $H_2 = (1.8 \sim 2)a$，a 为传动中心距。在确定 H_2 时，应检查蜗杆轴中心高是否满足传动件润滑要求。地脚板宽度根据地脚螺栓的安装尺寸确定。

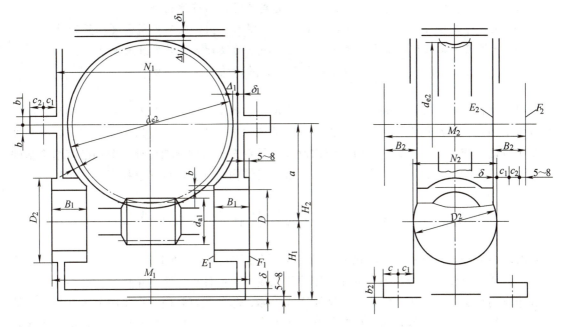

图 4-41　圆柱蜗杆减速器装配底图

第五章 减速器的结构设计和数字化建模

> **能力要求**
> 1. 能确定一级圆柱齿轮减速器的结构布局及各零件间的装配关系。
> 2. 能根据箱体设计的基本要求，设计确定减速器的细节结构和尺寸。
> 3. 能针对工作条件选择、确定减速器润滑、密封、搬运及使用所需要配置的附件。
> 4. 能根据结构设计要求在软件中运用自上而下的设计方法开展装配设计。
> 5. 会熟练运用建模软件完成减速器相关零件的结构造型与建模。

机械结构设计是在装配底图的基础上，确定机械各部分的几何形状、尺寸大小和装配关系等细节的过程。结构设计的好坏不仅会影响机械的工作质量，而且影响到制造、装配和维修是否方便，成本是否低廉。同时，结构设计也是在充分考虑前期设计意图和已有结论基础上进一步创造的过程，正确、合理、有创意地开展结构设计，可以显著提高设计质量。

第一节 减速器的结构设计和数字化建模概述

对于一级圆柱齿轮减速器的箱体常见的是剖分式结构（图5-1），其剖分面通过齿轮的轴线。这样，齿轮、轴和轴承等可在箱体外装配成轴系部件后再装入箱体，使装拆方便。箱盖和箱座用销定位，并用一定数量的螺栓连成一体；起盖螺钉是便于由箱座上揭开箱盖，吊耳是用于提升箱盖；吊钩是用于提升整台减速器。整个减速器用地脚螺栓固定在机架或地基上。轴承端盖用来封闭轴承室和固定轴承、轴系部件相对于箱体的轴向位置。

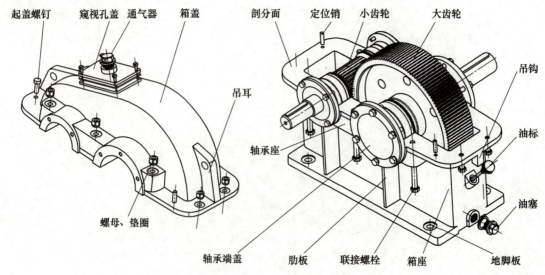

图 5-1 剖分式单级圆柱齿轮减速器

第一节 减速器的结构设计和数字化建模概述

一、减速器箱体设计的基本要求

第四章对减速器的组成、轴及其支承结构、润滑和密封装置的结构、箱体主要结构尺寸做了介绍。减速器箱体在设计时还应注意以下几点要求。

1. 轴承座结构

因轴承座对轴承及轴起到支承作用，故轴承座应有足够的刚度。因此，首先应保证轴承座处有一定的壁厚，而且要设加强肋。如图 5-2 所示，加强肋有外肋（图 5-2a）和内肋（图 5-2b）两种结构形式。内肋刚度大，外表光滑，但阻碍润滑油流动，且铸造工艺复杂，所以，在设计时一般采用外肋。图 5-2c 所示为凸缘式箱体，其刚性、油池容量都比较大，适用于大型减速器，而小型减速器多用图 5-2a 所示结构。

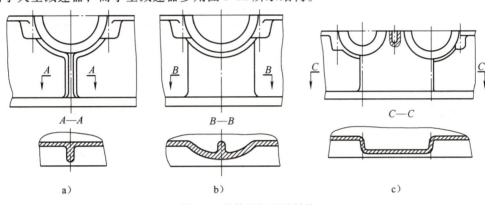

图 5-2 箱体的加强肋结构
a）外肋式 b）内肋式 c）凸缘式

2. 箱体凸缘、底座凸缘及凸台结构

如图 5-3 所示，为保证上下箱体的联接刚度，箱盖与箱座联接部分都应具有较厚的联接凸缘（图 5-3a）。箱座底面凸缘更要适当加厚，并且其宽度 B 应超过箱座的内壁（图 5-3b），图 5-3c 所示结构不利于支承受力。为提高箱体轴承座孔处的联接刚度，座孔两侧的联接螺栓应尽量靠近。为此，轴承座孔附近应做出凸台，如图 5-4 和图 5-5 所示。凸台高度 h 的确定应以保证足够的螺母扳手空间为原则。图 5-5 中 c_1、c_2 尺寸应根据螺栓直径 d 查表 4-14 确定。画图时，先确定最大轴承座的凸台尺寸，再确定其他凸台尺寸，这样可使各轴承座的凸台高度一致，以利于加工。

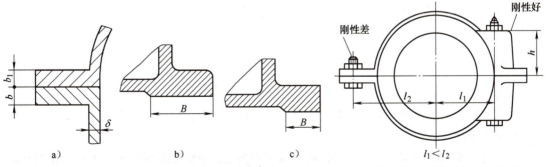

图 5-3 箱体联接凸缘和底座凸缘
a）箱体联接凸缘 b）、c）底座凸缘厚度

图 5-4 轴承座的联接刚度比较

3. 小齿轮端箱盖轮廓圆弧的绘制

当小齿轮外侧轴承座凸台确定以后，使箱盖顶部圆弧基本包容凸台，即可在主视图上确定箱盖尺寸，并将其有关尺寸投影到俯视图上，从而画出小齿轮顶圆与箱体内壁间的距离，如图 5-6 所示。

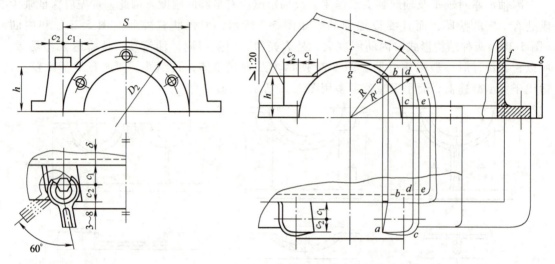

图 5-5　轴承座凸台的结构尺寸　　　　图 5-6　小齿轮端箱盖轮廓圆弧尺寸的确定

4. 箱座的高度

为保证润滑及散热的需要，箱内应有足够容量的润滑油。因此，箱座高度要考虑所需油量。为避免油搅动时沉渣泛起，一般大齿轮齿顶到油池底面的距离不小于 30mm，如图 5-7 所示。

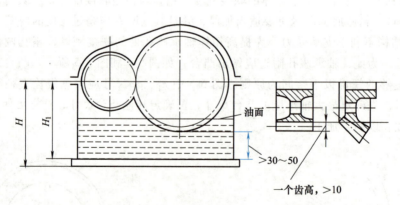

图 5-7　传动件的浸油深度

5. 输油沟和回油沟

当减速器中的滚动轴承采用飞溅润滑时，为使甩入箱盖内壁的油汇集并流入轴承，箱座剖分面上应制出输油沟，如图 5-8 所示。

当滚动轴承采用脂润滑时，为了提高箱体的密封性，有时在箱座剖分面上也制出与输油沟同样尺寸的回油沟，使渗出的油通过回油沟流回箱体，如图 5-9 所示。此时，回油沟上应设回油道（A—A 和 B—B 剖视图）。

第一节 减速器的结构设计和数字化建模概述　　87

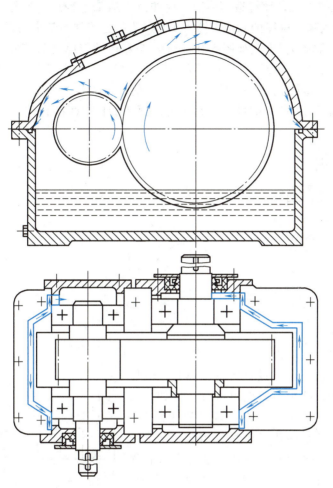

图 5-8　输油沟

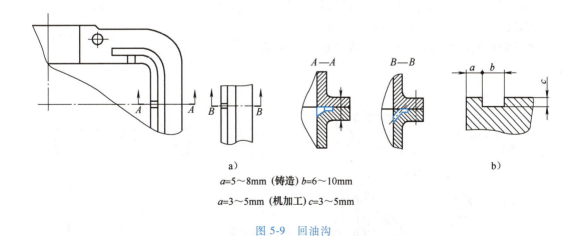

a)

$a=5\sim 8$mm（铸造）$b=6\sim 10$mm

$a=3\sim 5$mm（机加工）$c=3\sim 5$mm

b)

图 5-9　回油沟

6. 箱体的结构工艺性

设计箱体结构时，应考虑加工、装配、使用和维护等方面的要求。

（1）铸造工艺要求　设计铸造箱体时，应注意铸造工艺特点。为避免浇注时铁液流动困难，箱体壁不易太薄，壁厚的确定参照表4-13。为防止铸件冷却出现裂纹、缩孔，壁厚应力求均匀，不使金属局部积聚，如图5-10所示。当箱体壁较厚处与较薄处过渡时，应采用平缓的过渡结构。若厚度变化不大，也可采用圆角过渡。圆角半径尺寸见表4-13。为便于造型取模，铸件表面沿起模方向应有1∶10～1∶20的起模斜度。铸件应尽量避免出现狭缝，图5-11a中两凸台相距太近，结构工艺性不好；图5-11b将两凸台连成一体，结构工艺性较好。

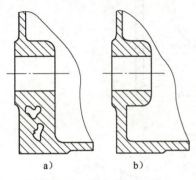

图5-10　箱体壁厚确定

a）不好（有缩孔）　b）正确

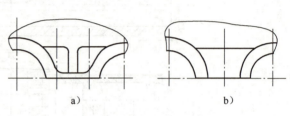

图5-11　箱体中间凸台的结构

a）较差　b）正确

（2）机加工工艺要求　设计铸造箱体时，应尽量减少机加工面积，减少刀具调整次数。例如，箱体同侧的各轴承座外端面应布置在同一平面上；又如，同一轴线的两轴承座孔径应尽量相同，以便镗孔和保证镗孔精度。轴承座外端面、窥视孔、通气塞、吊环螺钉、油标和油塞等接合处为加工表面，均应制出凸台，凸台高度一般为5～10mm。支承螺栓头和螺母的表面也可不用凸台，采用刮平或锪出浅鱼眼坑的方法，如图5-12和图5-13所示。

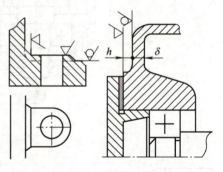

图5-12　加工表面与非加工表面应分开

确定箱座底面的结构形式时，应考虑便于支承，便于加工，如图5-14所示。

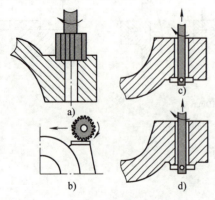

图5-13　凸台支承面及鱼眼坑的加工方法

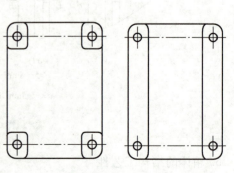

图5-14　箱座底面的结构形式

二、减速器附件的结构设计

为了检查传动件啮合情况,方便注油、排油、指示油面、通气、加工及装配时的定位、拆卸和吊运等,需要在减速器上安装以下附件。

(一) 窥视孔和窥视孔盖

窥视孔是为了观察传动件的啮合情况、润滑状态,润滑油也可由此注入。为便于观察和注油,一般将窥视孔开在传动件啮合区的箱盖顶部。为减少油中杂质,可在孔口装一滤油网。为减少加工面,窥视孔应设有凸台,凸台面刨削时不应与其他面相撞,如图5-15所示。

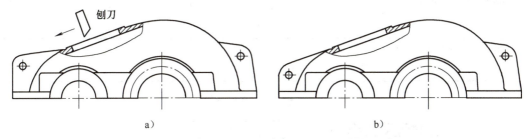

图 5-15 窥视孔凸台结构

a) 不正确 b) 正确

窥视孔平时用盖板盖住,称为窥视孔盖。窥视孔盖底部垫有纸质封油垫,以防止漏油。盖板常用钢板或铸铁制成,其结构尺寸见表5-1。

表 5-1 窥视孔盖与窥视孔结构尺寸 (单位:mm)

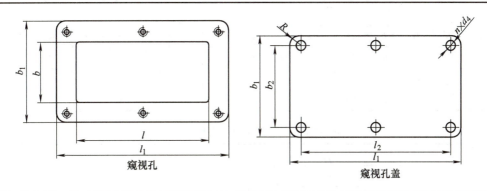

减速器中心距 a	窥视孔尺寸		窥视孔盖尺寸						
	b	l	b_1	l_1	b_2	l_2	R	d_4	n
100~150	50~60	90~110	80~90	120~140	$\dfrac{b+b_1}{2}$	$\dfrac{l+l_1}{2}$	5	6.5	4
150~250	60~75	110~130	90~105	140~160					
250~400	75~110	130~180	105~140	160~210				9	6

(二) 通气器

由于传动件工作时产生热量,使箱体内温度升高、压力增大,所以必须采用通气器沟通箱体内外的气流,以平衡内外压力。为保证减速器箱体的密封性,通气器一般设置在箱盖上,小型减速器可采用焊接或铆接的方式固定在窥视孔盖上。通气器的结构应具有防止灰尘进入箱体和足够的通气能力。其内部结构成曲路并有金属网,可减少停机后随空气吸入箱体的灰尘。通气器的结构形式和尺寸见表5-2~表5-4。

表 5-2　通气器的结构形式和尺寸（1）　　　　　　　　　　（单位：mm）

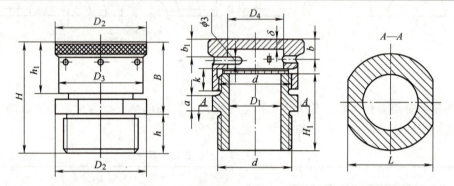

d	D	D_1	S^*	L	l	a	d_1
M12×1.25	18	16.5	14	19	10	2	4
M16×1.5	22	19.6	17	23	12	2	5
M20×1.5	30	25.4	22	28	15	4	6
M22×1.5	32	25.4	22	29	15	4	7
M27×1.5	38	31.2	27	34	18	4	8
M30×2	42	36.9	32	36	18	4	8

* 指螺母六角边的宽度，另行标注。

表 5-3　通气器的结构形式和尺寸（2）　　　　　　　　　　（单位：mm）

d	D_1	B	h	H	D_2	H_1	a	δ	k	b	h_1	b_1	D_3	D_4	L
M27×1.5	15	30	15	45	36	32	6	4	10	8	22	6	32	18	32
M36×2	20	40	20	60	48	42	8	4	12	11	29	8	42	24	41
M48×3	30	45	25	70	62	52	10	5	16	13	32	10	56	36	55

表 5-4　通气器的结构形式和尺寸（3）　　　　　　　　　　（单位：mm）

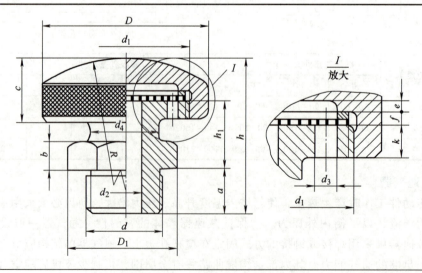

(续)

d	d_1	d_2	d_3	d_4	D	h	a	b	c	h_1	R	D_1	k	e	f
M18×1.5	M33×1.5	8	3	16	40	40	12	7	16	18	40	25.4	6	2	2
M27×1.5	M48×1.5	12	4.5	24	60	54	15	10	22	24	60	36.9	7	2	2
M36×1.5	M64×1.5	16	6	30	80	70	20	13	28	32	80	53.1	10	3	3

（三）起吊装置

起吊装置包括吊环螺钉、吊耳和吊钩，用于减速器的拆卸和搬运。吊环螺钉一般装在箱盖上，由于需承受较大载荷，因此须把螺钉完全拧入箱盖，台肩抵紧支承面。为此，螺钉孔口应局部扩大，如图5-10所示，并且保证螺钉拧入螺孔的螺纹不太短。

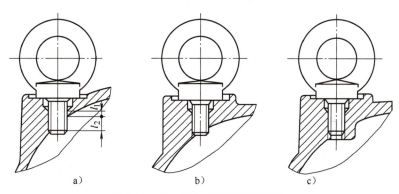

图 5-16 吊环螺钉的螺孔尾部结构
a) 不正确（l_1 过短） b) 可用 c) 正确

采用吊环螺钉增加了机加工量，为此常在箱盖上直接铸出吊耳。应注意，不允许用吊环螺钉和吊耳吊运整台减速器，只能吊运箱盖，以防止箱体联接螺栓松动。为了吊运整台减速器，还应在箱座两端凸缘下面铸出吊钩。吊耳和吊钩的结构及尺寸见表5-5，吊环螺钉尺寸见表9-41。

表 5-5 吊耳和吊钩的结构及尺寸

名称及图形	结构尺寸
1) 吊耳（铸在箱盖上）	$c_3 = (4\sim5)\delta_1$ $c_4 = (1.3\sim1.5)c_3$ $b = (1.8\sim2.5)\delta_1$ $R = c_4$ $r_1 \approx 0.2d_3$ $r \approx 0.25d_3$ δ_1 为箱盖壁厚 d_3 为吊环螺柱孔直径
2) 吊耳环（铸在箱盖上）	$d = b \approx (1.8\sim2.5)\delta_1$ $R = (1\sim1.2)d$ $e = (0.8\sim1)d$ δ_1 为箱盖壁厚

(续)

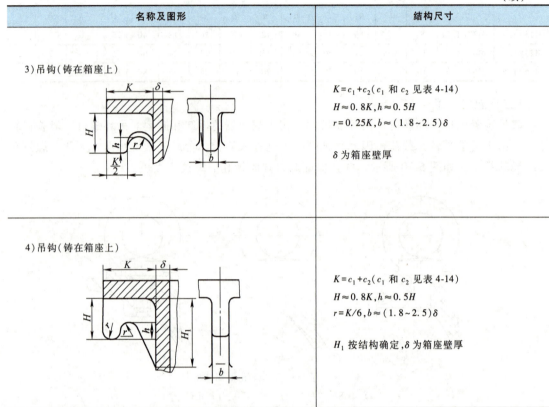

名称及图形	结构尺寸
3) 吊钩(铸在箱座上)	$K=c_1+c_2$ (c_1 和 c_2 见表 4-14) $H\approx 0.8K$, $h\approx 0.5H$ $r=0.25K$, $b\approx(1.8\sim2.5)\delta$ δ 为箱座壁厚
4) 吊钩(铸在箱座上)	$K=c_1+c_2$ (c_1 和 c_2 见表 4-14) $H\approx 0.8K$, $h\approx 0.5H$ $r=K/6$, $b\approx(1.8\sim2.5)\delta$ H_1 按结构确定,δ 为箱座壁厚

(四) 油标

油标用来指示油面高度,应设置在便于检查及油面较稳定之处。对于多级传动,油标常安置在低速级传动件附近。油标结构形式多样,常用的有杆式油标尺、圆形油标及长形油标。其中,杆式油标结构简单,应用较广,其上有刻线表示最高或最低油面。常用油标的类型及尺寸见表 5-6。

(五) 油塞与排油孔

为将箱内的废油排出,在箱座底面的最低处应设置排油孔,箱座底面也常做成向排油孔方向倾斜的平面。平时排油孔用油塞加密封圈封住。油塞直径一般为箱壁厚的 2~3 倍,采用细牙螺纹以保证密封性。排油孔的安放及油塞结构如图 5-17 所示。六角头油塞与封油圈的结构尺寸见表 5-7。

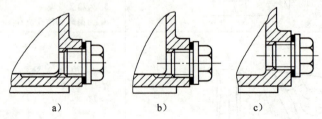

图 5-17 排油孔及油塞结构
a) 正确 b) 可以 c) 不正确

表 5-6 常用油标的类型及尺寸

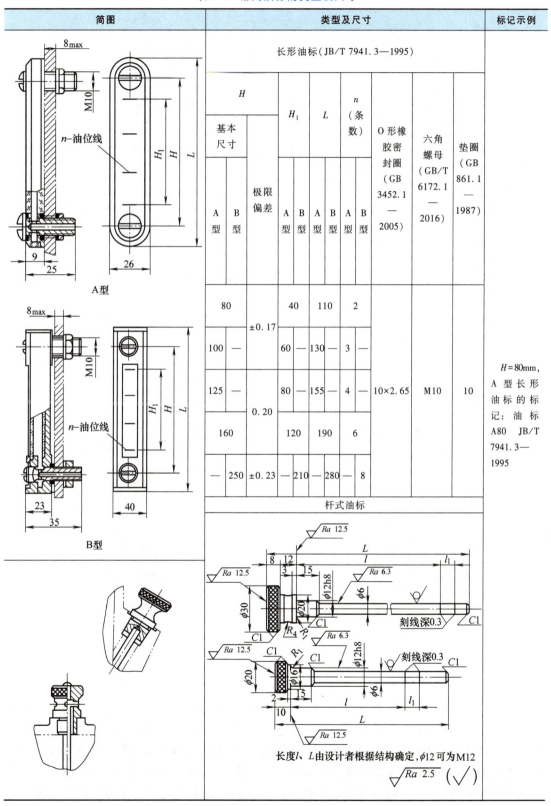

简图	类型及尺寸											标记示例
	长形油标(JB/T 7941.3—1995)											
	H		H_1		L		n(条数)		O 形橡胶密封圈(GB 3452.1—2005)	六角螺母(GB/T 6172.1—2016)	垫圈(GB 861.1—1987)	
	基本尺寸	极限偏差	A型	B型	A型	B型	A型	B型				
	80	±0.17			40		110					$H=80$mm, A 型长形油标的标记：油标 A80 JB/T 7941.3—1995
	100	—	60	—	130	—	3		10×2.65	M10	10	
	125	—	80	—	155	—	4					
	160	±0.20			120		190		6			
	—	250	±0.23	—	210	—	280	—	8			
	杆式油标											

长度 l、L 由设计者根据结构确定，$\phi 12$ 可为 M12

$\sqrt{Ra\ 2.5}$ ($\checkmark$)

表 5-7 六角头油塞与封油圈的结构尺寸　　　　　　　　　　（单位：mm）

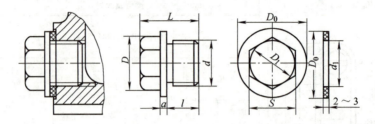

d	D_0	L	l	a	D	S	D_1	d_1	材料
M16×1.5	26	23	12	3	19.6	17		17	
M20×1.5	30	28	15	4	25.4	22		22	油塞：Q235
M24×2	34	31	16	4	25.4	22	≈0.95S	26	封油圈：耐油橡胶，工业用革，石棉橡胶纸
M27×2	38	34	18	4	31.2	27		29	
M30×2	42	36	18	4	36.9	32		32	

（六）定位销

为保证箱体轴承座孔的镗孔精度和装配精度，在箱体联接凸缘上距离较远处安置两个定位销，并尽量放在不对称位置，以便定位精确。常用的定位销为圆锥销，其直径一般取凸缘螺栓直径的 0.7~0.8 倍，并圆整为标准值，其长度应稍大于箱体凸缘总厚度，如图 5-18 所示。定位销的规格见表 9-51。

（七）起盖螺钉

为便于起盖，可在箱盖侧边的凸缘上装 1~2 个起盖螺钉。起盖时，先拧动此螺钉顶起箱盖。起盖螺钉直径与凸缘联接螺栓直径相同，其长度应大于箱盖凸缘厚度。螺钉端部制成圆柱形或半圆形，以免损坏螺纹，如图 5-19 所示。

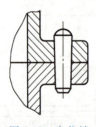

图 5-18　定位销

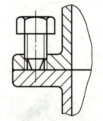

图 5-19　起盖螺钉

三、减速器结构建模的基本思路

通过建模开展减速器结构设计，不仅可以直观表达零部件的结构原理，确保装配关系合理有效，而且会给后续的工程出图、运动仿真、产品设计拓展等奠定基础。必须注意，机械结构设计中的建模与软件学习中单个零件的造型训练是不同的。首先，设计建模中所有装配零件的形状和尺寸是不确定的；其次，所有相配合零件之间的形状和尺寸是有相关性要求的。当完成了减速器装配底图的设计绘制后，传动件、支承件和箱体之间的结合关系、尺寸大小都已基本确定，所以减速器装配结构的设计建模可以装配底图为主要依据而展开。除了传动件的设计数据外,后续多数装配组件的建模可以把装配底图看作是结构设计的最上端。这种"自上而下"为主的装配结构建模中,相关组件都是从"上端"获取相关的结构和尺寸信息,避免了组件间出现结构和尺寸的冲突。更重要的是装配底图对装配组件的结构和尺寸实现了统一的关联控制,当设计出现偏差时,只需要对装配底图进行修改就可以把所有相关组件都调整为正确结果,这在产品的协同设计和系列设计中更具有现实意义。对于减速器中的传动件及其他可以自主设定参数零件的结构设计,也可采用"混合"建模的方法,根据其装配关系尽可能从接触组件上获取结构信息。下面介绍 NX 软件建模在减速器结构设计中的基本过程与注意要点,所提供的方法与思路同样适用于其他软件环境下的设计应用。

第二节 减速器的结构设计和数字化建模教学范例

一、完善装配底图

由于前面 NX 软件中所完成的装配底图的设计重点是各传动件和支承件的布置,以及其结构和尺寸的关系,为了后续建模的方便需要对装配底图进行必要的修改。把小齿轮一侧的箱体封闭起来,小齿轮到内壁间距 Δ_5 可按小齿轮分度圆直径 d_1 大小估算确定。对箱体接合面四周进行倒圆处理,圆角半径按 A(箱盖箱座联接螺栓扳手空间)确定。完善后得到的装配草图如图 5-20 所示,图 5-21 所示为装配草图在总装配中的显示效果。

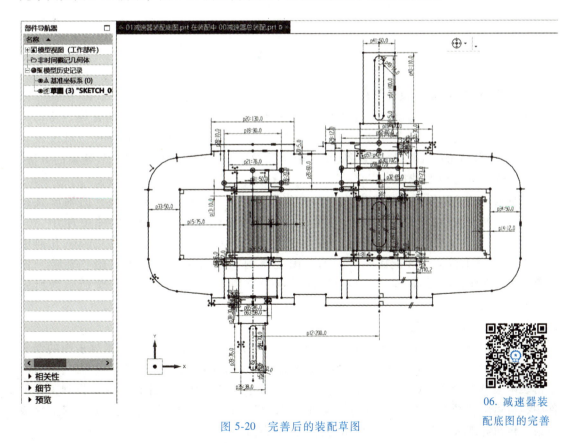

图 5-20 完善后的装配草图

06. 减速器装配底图的完善

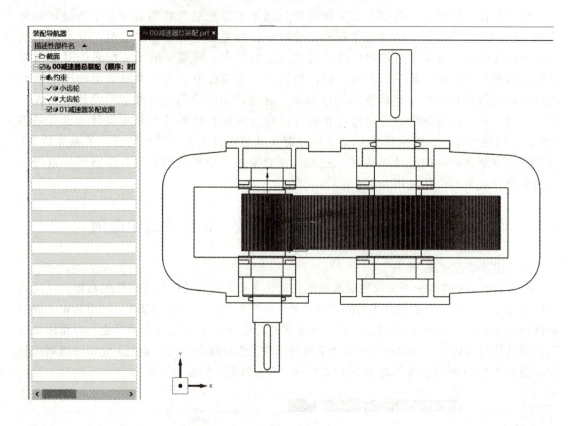

图 5-21 装配草图在总装配中的显示效果

二、传动齿轮的结构设计与建模

为了使减速器零件的建模顺序与装配相一致，可以先进行传动齿轮的建模。传动齿轮在传动零件的综合设计环节已经确定了轮缘的参数与尺寸，结构形式和尺寸可按表 3-21 设计。考虑到轮毂孔尺寸受装配底图上配合轴的影响，可以采用"混合"建模的方法。

1. 小齿轮的设计与建模

根据齿轮传动的设计计算，本例小齿轮齿顶圆直径为 80mm，与其配合的轴段直径为 52mm，属于表 3-21 中 $d_a<2d$ 的情况，故采用齿轮轴结构。在 NX 软件中打开 "00 减速器总装配" 文件并将 "小齿轮" 设为工作部件，单击装配菜单中的 "wave 几何链接器"，将 "01 减速器装配底图" 中的草图链接到 "小齿轮" 中，再运用 "旋转" 命令完成齿轮轴的主要结构建模。最后完成键槽、倒角等细节造型。图 5-22 所示为所完成的小齿轮轴。

2. 大齿轮的设计与建模

由表 3-21 确定大齿轮采用自由锻造的辐板式结构，具体的结构尺寸可根据表中的经验公式计算确定。在 NX 软件中打开 "00 减速器总装配" 文件并将 "大齿轮" 设为工作部件，单击装配菜单中的 "wave 几何链接器"，将 "01 减速器装配底图" 中的草图链接到工作部件中，再运用 "拉伸" "孔" "旋转" 等命令完成齿轮的主要结构及键槽的建模。最后完成拔模、倒角等细节造型。图 5-23 所示为建模后的大齿轮。

第二节　减速器的结构设计和数字化建模教学范例

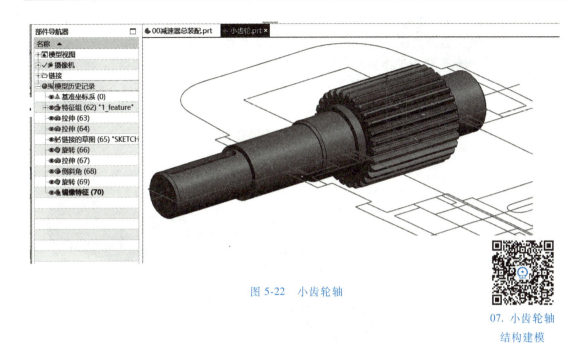

图 5-22　小齿轮轴

07. 小齿轮轴结构建模

图 5-23　大齿轮

08. 齿轮摆正方法

三、"自上而下"完成轴上装配组件的设计与建模

低速轴、封油环、套筒、轴承端盖等结构在装配底图中都已经基本确定。其建模可以通过"wave 几何链接器"把装配底图的信息关联到相应的零件中，然后再运用造型工具中的命令完成建模。

09. 大齿轮结构建模

1. 低速轴的设计与建模

打开"00 减速器总装配"文件,单击装配菜单中的"新建组件"命令,创建"低速轴",并将"低速轴"设为工作部件,单击装配菜单中的"wave 几何链接器",将"01 减速器装配底图"中的草图链接到工作部件中,再运用"旋转""拉伸"等命令完成轴的轮廓及键槽的建模。最后进行倒圆、倒角等操作,完成细节造型。图 5-24 所示为所完成的低速轴。

图 5-24 低速轴

2. 键、封油环、轴承端盖等设计与建模

重复运用上面的方法可以分别完成 3 个键、4 个封油环、4 个轴承端盖、2 个毡圈和 1 个套筒的建模。其中,键的尺寸查表 9-50 确定,封油环和挡油环的结构尺寸如图 4-15 和图 4-17 所示,轴承端盖细节结构查表 4-11,端盖上密封圈安装槽的结构尺寸见表 4-9。图 5-25 所示为轴

10. 低速轴建模

11. 键和挡油环建模

图 5-25 轴上装配组件的建模效果

12. 轴承端盖和毡圈建模

上装配组件的建模效果。其中，滚动轴承是标准件，通过直接调用获取。

3. 调入标准件——滚动轴承

NX 软件把机械中常用的标准件都收录在"重用库"中，建模时可直接调入使用，无须单独建模。图 5-26 所示为滚动轴承的调用界面。为了确保装配文件在上传后所调用的标准件能及时打开，可以在装配中将标准件另存于本装配的统一文件夹中。

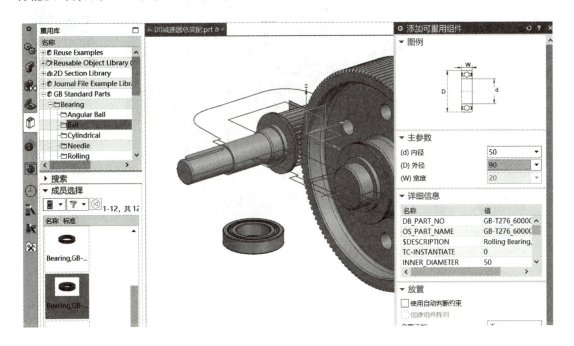

图 5-26　滚动轴承的调用界面

四、减速器箱体及附件的设计与建模

减速器箱体的设计与建模包括减速器箱盖、箱座等内容。为了提高工作效率，先将箱盖和箱座作为一个整体进行设计建模，最后再分割成箱盖和箱座两个零件。附件的结构和尺寸根据减速器的大小按推荐确定。

13. 调用标准件轴承

1. 减速器箱体主体结构的设计与建模

减速器箱体的主体功能：包容箱内传动件，起到防护作用，承受载荷使箱内零件能正常工作，方便箱内零件的安装操作。本设计采用铸造箱体结构，其主要几何信息可采集于装配底图和包容的传动齿轮。箱体基本壁厚由前节设计确定为 $\delta=8mm$。根据齿轮的润滑要求，箱体底面至大齿轮齿顶圆保持 50mm 高度。另外，结构设计中还应特别注意：轴承座孔两侧的联接螺栓应尽量靠近，一般取 $S \approx D_2$。轴承座凸台高度 h 应确保联接螺栓的扳手空间，具体说明如图 5-5 所示；箱座底面凸缘宽度 B 应超过箱座的内壁，以防承载时出现局部开裂（图 5-3）。

在 NX 软件中打开"00 减速器总装配"文件，单击装配菜单中的"新建组件"，创建"箱体主体"，并将其设为工作部件，单击装配菜单中的"wave 几何链接器"，将"01 减速器装配底图"中的草图和"大齿轮"中的齿顶圆链接到工作部件中，再运用"拉伸""抽壳""孔"等命令完成轮廓的建模。图 5-27 所示为建模完成的减速器主体结构。

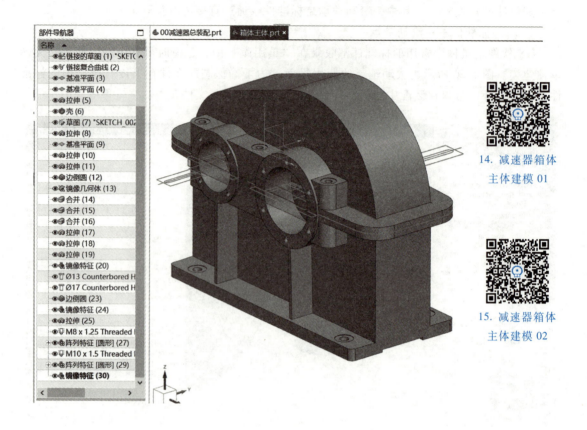

图 5-27 减速器主体结构建模

2. 减速器箱体与附件联接的结构设计与建模

为了使减速器能正常有效地工作，需要配置窥视孔、吊耳、吊钩、油标、排油孔、定位销等，箱体与这些附件联接的局部结构可根据装配要求进行设计。其中，吊耳的高度应能防止窥视孔端面加工时发生撞刀；油标孔座的位置应确保高于箱内油面的高度，其方向设计应考虑到油标的顺利放入；两个定位销孔的距离应尽可能远一些，同时还应避免中心对称布置，以起到有效定位和防止错装的作用；油塞位置应确保箱内底部的残油能顺利排尽。整个建模过程围绕"箱体主体"进行，所用的命令主用包括"拉伸""孔""螺纹""拔模""倒圆"等。其中倒圆主要针对明显反映铸件结构特征的边角进行，其他边角可以留至出零件图时再进行处理。图 5-28 所示为减速器箱体与附件联接的结构建模。

完成了减速器箱体与附件联接的结构建模后，可以运用"拆分体"命令将主体拆分成上下两部分。在"00减速器总装配"中通过"新建组件"和"wave几何链接器"命令，分别创建"箱盖"和"箱座"，箱盖上打出起盖螺钉孔，最后再进行必要的修改和完善。图 5-29 所示为完成建模后的减速器箱盖和箱座。

3. 减速器附件的建模

减速器上的窥视孔盖、通气器、油标、油塞等附件的结构及规格可查阅本章第一节所提供的规范与标准确定。建模过程中尽可能利用装配面的几何联接关系，运用"wave几何链接器"将所需要的信息引入到模型中,以提高建模效率并减少装配干涉。图 5-30 所示为上述附件建模并装配于减速器后的效果。

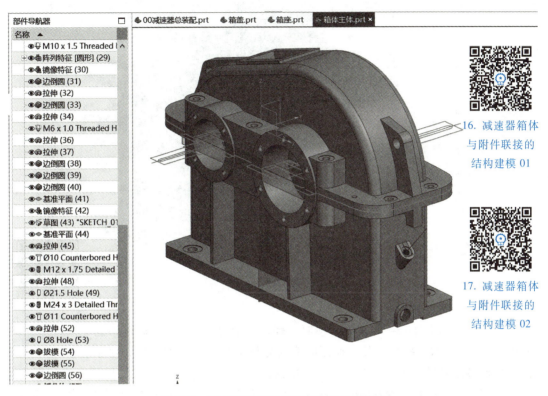

图 5-28 减速器箱体与附件联接的结构建模

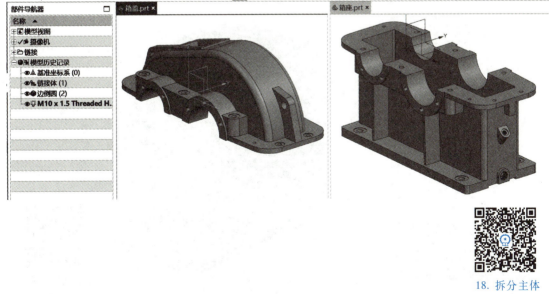

图 5-29 减速器箱盖和箱座

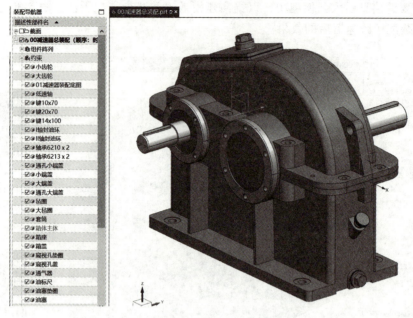

图 5-30　附件建模及装配效果

五、调用标准件完成总装配

需要调用的标准件有各种螺栓、垫圈、螺母、销等。运用 NX 软件中的"重用库"可以获取这些标准件。调用时应注意标准号及规格的确定，对于个别零件也可以通过修改标准件参数以满足实际需要。完成总装配建模后还应进行仔细检查，对结构、尺寸不合理处及时做出修改。最后还可以根据零件表面特征对模型的外观显示进行编辑，以改进视觉效果。图 5-31 所示为调用了标准件和编辑显示后的减速器外观效果。

19. 减速器附件的建模与装配

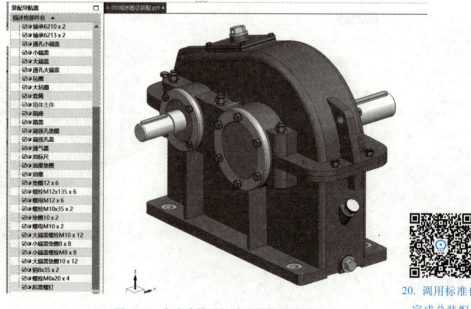

图 5-31　完成建模后的减速器外观效果

20. 调用标准件完成总装配

第三节 减速器的结构设计拓展

一、减速器的类型

减速器的类型多种多样,按是否标准化来分,可分为标准减速器和非标减速器,按传动级数来分,可分为单级、二级和三级减速器;按传动形式不同来分,可分为圆柱齿轮减速器、锥齿轮减速器和蜗杆减速器等见表 5-8。按齿面硬度来分,可分为软齿面和硬齿面减速器。

表 5-8 常见多级减速器类型

减速器类型	速比范围	结构简图	外形
二级展开式圆柱齿轮减速器	$i = 8 \sim 40$		
二级同轴式圆柱齿轮减速器	$i = 8 \sim 40$		
三级展开式圆柱齿轮减速器	$i = 40 \sim 400$		
单级锥齿轮减速器	直齿:$i \leqslant 3$ 斜齿:$i \leqslant 6$		

（续）

减速器类型	速比范围	结构简图	外形
两级锥齿轮、圆柱齿轮减速器	$i = 8 \sim 15$		
三级锥齿轮、圆柱齿轮减速器	$i = 40 \sim 400$		
蜗杆减速器	$i = 10 \sim 70$		

二、焊接箱体的减速器

减速器箱体多为铸件结构。对于结构尺寸特别大，生产数量少时，也有采用焊接箱体减速器。图 5-32 所示为焊接箱体的一级圆柱齿轮减速器。缩短了生产制造的周期，而且整个减速器的重量也大大减轻。

三、电动机减速器

为了满足特定需要，有些减速器将某些零部件设计成特殊的结构形式。图 5-33 为电动机减速器，电动机直接固定在减速器壳体上，减速器的输入轴即为电动机轴，其轴向尺寸特别紧凑。

第三节 减速器的结构设计拓展

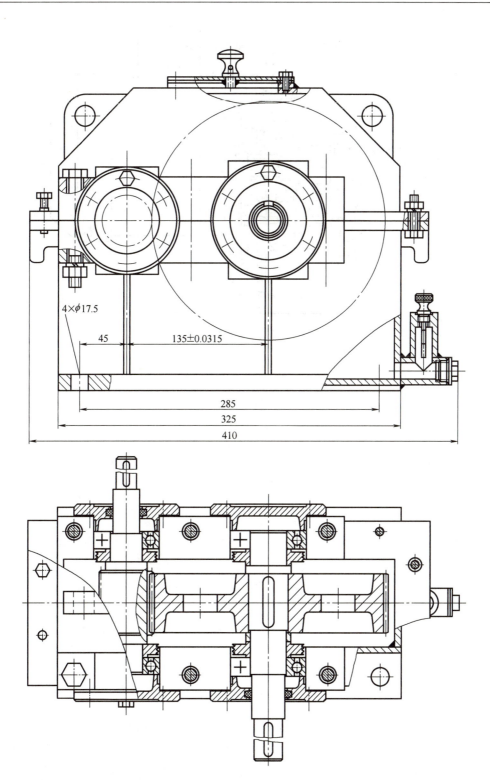

图 5-32 焊接箱体的一级圆柱齿轮减速器

第五章 减速器的结构设计和数字化建模

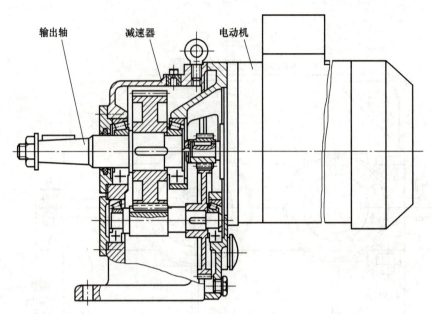

图 5-33　电动机减速器

第六章　装配图的设计和绘制

> **能力要求**
> 1. 能根据机械制图的标准选用合适的视图、比例，完成装配图的布图。
> 2. 能熟练运用绘图工具和计算机软件绘制装配图。
> 3. 能根据机械的工作要求，确定精度设计的主要内容。
> 4. 能根据设计要求运用技术规范进行传动精度设计。
> 5. 能正确选择配合件的基准制、配合性质和配合精度。
> 6. 能正确标注装配技术要求、装配零件明细表和标题栏。

装配图设计是在装配底图的基础上，进行结构的详细设计，绘制出能清楚表达产品装配关系和零件结构的装配图。装配图设计的任务主要包括：设计全部的零件结构和装配结构，标注与装配和安装有关的配合尺寸和结构尺寸，标注项目编号，编写产品明细表和技术要求等。装配图设计是整个产品设计过程中最重要的环节。

第一节　装配图设计概述

装配图是机器或部件设计意图的反映，是机械设计与制造的重要技术文件。在机器或部件的设计制造时都需要装配图，其主要作用如下：

1）在新设计或测绘装配体（机器或部件）时，要画出装配图表示该机器或部件的构造与装配关系，并确定各零件的结构形状和协调各零件的尺寸等，是绘制零件图的依据。

2）在生产中装配机器时，要根据装配图制订装配工艺规程，装配图是机器装配、检验、调试和安装工作的依据。

3）使用和维修中，装配图是了解机器或部件工作原理、结构性能、从而决定操作、保养、拆装和维修方法的依据。

4）在进行技术交流、引进先进技术或更新改造原有设备时，装配图也是不可缺少的资料。

一、减速器装配图设计的主要内容

在完成装配底图的基础上，应进一步绘制正式、完整的装配图。装配图应包括完整的结构视图、必要的尺寸与配合、技术特性、技术要求、零件序号及明细表和标题栏等内容。

（一）确定视图布局

考虑减速器装配图的图面布置。装配图可用 A0 或 A1 号图纸绘制，且应符合机械制图的标准。一般需选用三个视图才能将各零件间的装配关系表达清楚，必要时可加局部视图来补充表达。使用绘图工具画图尽量采用 1∶1 或 1∶2 的比例尺绘制。在布图之前，应根据装配底图估计出减速器的轮廓尺寸，并留出标题栏、明细表、零件编号、技术特性表及技术要求的文字说明等位置，做好图面的合理布置。初次设计可参考图 6-1 所示的有关装配图图面布置。

图 6-1 所示为一级圆柱齿轮减速器装配图的图面布置，总长、总宽和总高的估算方法如下。

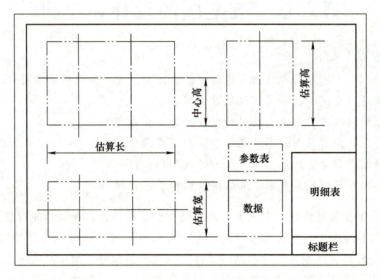

图 6-1　一级圆柱齿轮减速器装配图图面布置

总长 $L \approx a + \dfrac{d_{a1}+d_{a2}}{2} + \Delta_1 + \Delta_5 + 2A$，$d_{a1}$、$d_{a2}$ 为两齿轮齿顶圆直径，Δ_1 为大齿轮齿顶圆到内壁之间的距离，Δ_5 为小齿轮齿顶至内壁之间的距离，如图 6-2 所示，$\Delta_5 \approx d_1$（小齿轮分度直径）；A 为剖分面凸缘宽度。

总宽　从装配底图中可量得。

总高　$H \approx d_{a2} + \Delta_1 + 2\delta + 50$，$\delta$ 为箱座壁厚，50 为大齿轮齿顶圆到油池底部的距离估值。

中心高　$H_0 \approx \dfrac{d_{a2}}{2} + \delta + 50$。

（二）绘制结构视图

在装配底图的基础上，进一步设计减速器的箱体、传动件和附件的结构，确定它们的尺寸，绘出结构视图。各视图应能完整表达减速器各零部件之间的装配关系和结构形式。

装配图各视图都应完整、清晰，尽量避免采用虚线表示零件结构，必须表达的内部结构和细部结构可用局部视图或向视图表示。

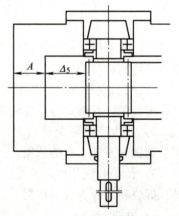

图 6-2　小齿轮齿顶至
内壁之间的距离

装配图中某些结构可以采用机械制图标准规定的简化画法，如螺栓、螺母、滚动轴承均可采用简化画法。对于类型、规格、尺寸、材料均相同的螺栓联接，可以只画一个，其他则用中心线表示。

采用尺规画图时，装配图也应先用细线轻轻绘制，待零件图设计完成、进行某些必要的修改后再进行描粗加深。若装配底图设计质量良好，无需做较多的改动，也可在原装配底图

第一节 装配图设计概述

上继续进行装配图的绘制。

绘制视图落笔要轻、线条要细，由主到次，由粗到细，并严格按选定的图样比例进行。待完成全部结构的设计和绘制，并检查无误后，再进行加粗，并添加剖面线。

（三）标注必要尺寸和配合

装配图上应标注的尺寸有：

1. 特征尺寸

反映技术性能、规格或特征的尺寸，如传动中心距及其极限偏差。

2. 外形尺寸

表明所占空间位置的尺寸，如减速器的总长、总宽和总高，以此作为装箱运输和车间布置的参考。

3. 安装尺寸

为设计支承件、外接零件提供联系的尺寸，如减速器箱体底面尺寸（底面长和宽）、地脚螺栓孔的直径和中心距及定位尺寸、输入轴和输出轴外伸端的配合直径及配合长度、中心高及端面定位尺寸等。

4. 配合尺寸

表明各配合零件之间装配关系的尺寸，如传动件与轴头、轴承内孔与轴颈、轴承外圈与箱体座孔的配合尺寸等。在标注这些尺寸时，需要认真考虑选用何种基准制、配合性质及精度等级等问题，这对于提高减速器工作性能、改善装拆和加工工艺及降低成本、提高经济效益等，均具有重要意义。

由于滚动轴承是标准件，所以内圈与轴的配合采用基孔制，外圈与座孔的配合采用基轴制。当内圈旋转，外圈固定时，内圈与轴颈之间应采用较紧的配合，如n6，m6，k6等；外圈与轴承座孔之间应选较松的配合，如J7，H7，G7等。因轴承内径公差带在零线下方，故内圈与轴的配合比圆柱公差中规定的基孔制同类配合要紧些。

减速器主要零件的荐用配合及装拆方法，见表6-1。

表6-1 减速器主要零件的荐用配合及装拆方法

配合零件	荐用配合	装拆方法
大、中型减速器的低速级齿轮（蜗轮）与轴的配合，轮缘与轮心的配合	$\dfrac{H7}{r6}$，$\dfrac{H7}{s6}$	用压力机或温差法（中等压力的配合，小过盈配合）
一般齿轮、蜗轮、带轮、联轴器与轴的配合	$\dfrac{H7}{r6}$	用压力机（中等压力的配合）
要求对中性良好及很少装拆的齿轮、蜗轮、联轴器与轴的配合	$\dfrac{H7}{n6}$	用压力机（较紧的过渡配合）
小锥齿轮及较常装拆的齿轮、联轴器与轴的配合	$\dfrac{H7}{m6}$，$\dfrac{H7}{k6}$	手锤打入（过渡配合）
滚动轴承内孔与轴配合	k6	与箱体结构有关
滚动轴承外圈与箱座孔的配合	H7	
轴套、溅油轮、封油环、挡油环等与轴的配合	$\dfrac{H7}{h6}$，$\dfrac{E8}{js6}$，$\dfrac{E8}{k6}$，$\dfrac{D11}{k6}$，$\dfrac{F9}{m6}$	徒手装拆
轴承套杯与箱座孔的配合	$\dfrac{H7}{h6}$	
轴承盖与箱座孔（或套杯孔）的配合	$\dfrac{H7}{h8}$，$\dfrac{H7}{f9}$	

5. 齿轮副中心距

齿轮副中心距的变动，影响齿轮啮合的间隙及啮合角的大小，从而改变了齿轮传动时的受力状态。为了确保齿轮间的良好啮合，应控制齿轮副的中心距。有关齿轮副中心距极限偏差 $\pm f_a$ 值在现行标准中未作具体规定。为便于对齿轮箱中心距的控制，可参考表 6-2，确定齿轮副中心距的极限偏差值。

表 6-2 齿轮副中心距的极限偏差 $\pm f_a$ 值 （单位：μm）

精度等级		5~6	7~8	9~10
f_a		$\frac{1}{2}$IT7	$\frac{1}{2}$IT8	$\frac{1}{2}$IT9
齿轮副的中心距	>18~30	10.5	16.5	26
	>30~50	12.5	19.5	31
	>50~80	15	23	37
	>80~120	17.5	27	43.5
	>120~180	20	31.5	50
	>180~250	23	36	57.5
	>250~315	26	40.5	65
	>315~400	28.5	44.5	70
	>400~500	31.5	48.5	77.5

（四）标出技术特性

在装配图的适当位置上，通常以列表的形式标出技术特性。减速器的技术特性一般包括输入功率和转速、传动效率、总传动比、各级传动比和传动特性（各级传动的主要参数、精度等级）等，表 6-3 为单级圆柱齿轮减速器技术特性表。

表 6-3 单级圆柱齿轮减速器技术特性表

输入功率 P/kW	高速轴转速 n/(r/min)	效率 η	传动比 i

（五）编写技术要求

装配图的技术要求是用文字来说明在视图上无法表达的有关装配、调整、检验、润滑、维护等方面的内容，正确制订技术要求才能保证其工作性能。通常减速器装配图上的技术要求主要包括以下几方面：

1. 对装配前的零件表面要求

所有零件表面均应清除切屑并用煤油或汽油清洗干净。箱体内表面和齿轮（蜗轮）等未加工表面应先后涂底漆和红色耐油漆，箱体外表面应涂底漆和按主机要求涂漆，零件配合面洗净后应涂润滑油。

2. 对安装与调整的要求

安装滚动轴承时内圈应紧贴轴肩，要求缝隙不得通过 0.05mm 的塞尺；对于不可调间隙的轴承（如深沟球轴承），一般留有0.25~0.4mm的轴向间隙；对于可调间隙的轴承（如角接触轴承），轴向游隙可从标准中查取；对于齿轮传动和蜗杆传动，要根据传动件精度提出对齿侧间隙和接触斑点的具体数值要求（见第七章齿轮工作图绘制教学案例），以供安装后检验使用。检查侧隙的方法是将塞尺或钢丝放进相互啮合的两齿间，然后测量塞尺或钢丝变形后的厚度。检查接触斑点的方法是在主动轮齿面上涂色，并将其转动2~3周后，观察从动轮齿面上的着色情况，由此分析接触区位置及接触面积大小。当侧隙和接触斑点不符合要求时，可对齿面进行刮研、磨合或调整传动件的啮合位置。

3. 对润滑的要求

注明所用润滑剂的牌号、用量、补充和更换时间。当传动件与轴承采用同一润滑剂而两者对润滑剂要求又不同时，应以满足传动件的要求为主；对于多级传动，由于高速级和低速级对润滑油黏度的要求不同，选用时可取平均值；润滑油更换时间按以下情况掌握，新减速器第一次使用时，运转7~14天后换油，以后可根据情况每隔3~6个月换一次油。

4. 对密封的要求

在箱体剖分面、各接触面及轴伸密封处，均不允许漏油；剖分面上允许涂密封胶或水玻璃，不允许塞入任何垫片或填料；轴伸处密封应涂上润滑脂。

5. 对试验的要求

机器装配好后，应先做空载试验，在额定转速下正、反转各1h，要求运转平稳、噪声小、联接固定处不松动、不漏油；做载荷试验时，在额定转速及额定载荷下试验至油温平衡为止。对于齿轮减速器，油池温升不得超过35℃，轴承温升不得超过40℃；对于蜗杆减速器，油池温升不得超过85℃，轴承温升不得超过65℃。

6. 对外观包装和运输的要求

机器的外伸轴及零件需涂油并包装严密，运输和装卸时不可倒置，整体搬动应用底座上的吊钩，不得用箱盖上的吊环或吊耳。

（六）绘制明细表和标题栏

装配图上所有零件都应标出序号，但对于结构、尺寸、材料均相同的零件只能有一个编号，独立部件（如滚动轴承、油标、通气器等）可作为一个零件编号；编号引线不能相交，并尽量不与剖面线平行，装配关系清楚的零件组（如螺栓、螺母及垫片）可利用公共引线编号；零件编号应按顺时针或逆时针方向顺序编排，不得重复和遗漏，排列要整齐，编号字体应比图中尺寸数字字体大一号；标准件和非标准件可统一编号，也可分别编号，标准件还可不编序号而直接在序号位置上标明规格代号。

明细表是减速器所有零件的详细目录，对每一个编号的零件都应在明细表内完整地写出其名称、数量和材料。编制明细表的过程也是最后确定材料及标准件的过程，因此，填写时应考虑到节约贵重材料、减少材料和标准件的品种和规格。对于标准件，必须按照规定在明细表内写出零件名称、材料和标准代号；对于齿轮或蜗轮，还应在明细表内注明模数 m、齿数 z、螺旋角 β 等主要参数；材料应注明牌号。齿轮减速器装配图标题栏、明细表及尺寸可参考图6-3。

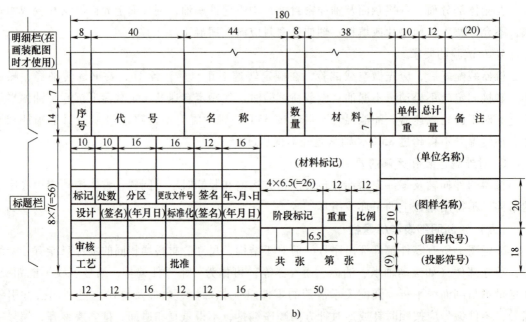

图 6-3　标题栏、明细表及尺寸
a) 用于教学的简化格式　b) 国家标准推荐的格式

第二节　装配图设计绘制教学范例

一、确定视图布局

根据装配底图估计减速器的总长、总宽、总高和中心高等尺寸，对视图进行布局。注意，布局应合理美观，绘图比例应适当。减速器装配图图面布局，绘制各视图的对称线，如

图 6-4 所示。

总长 $L \approx a + \dfrac{d_{a1}+d_{a2}}{2} + \Delta_1 + \Delta_5 + 2A \approx \left(200 + \dfrac{80+330}{2} + 12 + 80 - 2 \times 2.5 + 2 \times 50\right)\text{mm} \approx 592\text{mm}$

总宽 从装配底图中可量得约为 480mm

总高 $H \approx d_{a2} + \Delta_1 + 2\delta + 50 = (330 + 12 + 2 \times 8 + 50)\text{mm} = 408\text{mm}$,圆整为 405mm

中心高 $H_0 \approx \dfrac{d_{a2}}{2} + \delta + 50 = 223\text{mm}$,圆整为 220mm

取绘图比例为 1:2 较为合适。

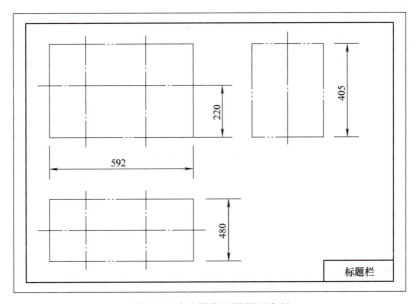

图 6-4 减速器装配图图面布局

二、绘制装配视图

绘制装配视图可分两种情况,对于采用二维绘图设计的,可根据装配结构要求,按投影规则逐步绘制出视图;对于已经完成数字化立体模型设计的,可以利用软件的制图应用模块快速生成视图。

(一) 根据结构要求绘出装配视图

主要适用于尺规画图或计算机二维软件画图,其步骤为:

1) 根据装配底图绘制俯视图,并按投影关系在主视图上绘出两齿轮的分度圆、两轴承端盖,如图 6-5 所示。

2) 在主视图上绘制轴承座和联接螺栓的中心线及凸台。为了增强轴承座的联接刚度,轴承座两侧的联接螺栓应尽量靠近,为此需在轴承座两侧做出凸台。凸台高度应保证螺栓联接的扳手空间,但一般不应超过小轴承座,如图 6-6 所示。

如果两轴承座中间的凸台较宽时,则可采用两个螺栓,以提高连接刚性。如图 6-7 所示。

3) 绘出箱体底部及顶部轮廓线。取中心高 $H_0 = 220$,查表 4-13,按箱座底凸缘厚度 $b_2 = 2.5\delta = 20\text{mm}$,绘制箱座地脚板。绘出主视图的外廓大圆弧,如图 6-8 所示。确定中心高时应保证大齿轮齿顶至箱座油池底部 30~50mm 的距离,以避免大齿轮转动时搅起池底的残渣。

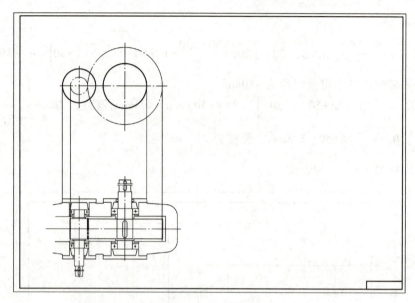

图 6-5　装配底图绘制步骤（一）

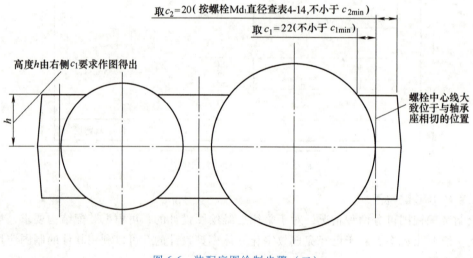

取 $c_2=20$（按螺栓 Md_1 直径查表4-14,不小于 $c_{2\min}$）
取 $c_1=22$（不小于 $c_{1\min}$）
高度 h 由右侧 c_1 要求作图得出
螺栓中心线大致位于与轴承座相切的位置

图 6-6　装配底图绘制步骤（二）

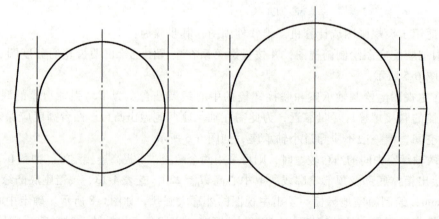

图 6-7　轴承座中间凸台采用两个螺栓的示例

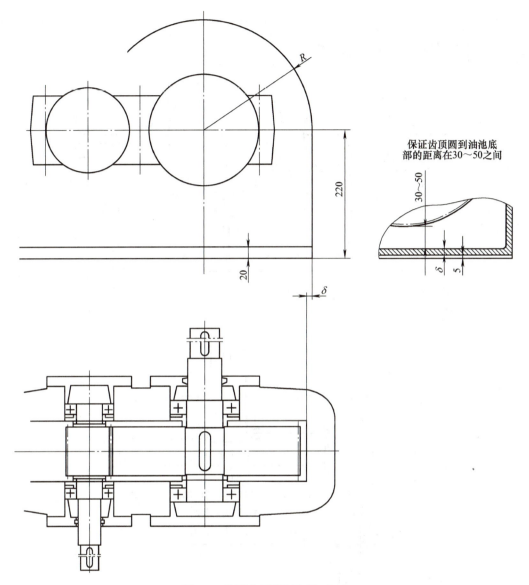

图 6-8 装配底图绘制步骤（三）

4）在主视图中绘制凸缘、箱盖小圆弧、加强肋等结构，并确定俯视图中箱体左边内壁线的位置。小齿轮端箱盖圆弧尺寸由结构设计确定，应包容凸台，如图 5-6 所示。根据表 4-13 取加强肋的厚度为 8mm。左凸缘和右凸缘宽度可取相同值。注意，主视图和俯视图图线之间的对应关系，如图 6-9 所示。

5）根据主视图和俯视图绘制左视图。注意不同视图之间的图线和尺寸的对应关系，如图 6-10 所示。左视图的绘制应按照从箱体侧面依次观察到的结构或零件的顺序将结构绘出，前边的结构或零件将会挡住后边的结构或零件。例如，从左侧观察，将依次观察到箱盖和箱座的左凸缘与地脚板、壳体、左凸台、小轴承座及肋板、大轴承座及肋板等，绘图也应大致按照这个顺序来进行。

6）设计齿轮的结构 参照表 3-21 推荐，采用自由锻造辐板式结构。

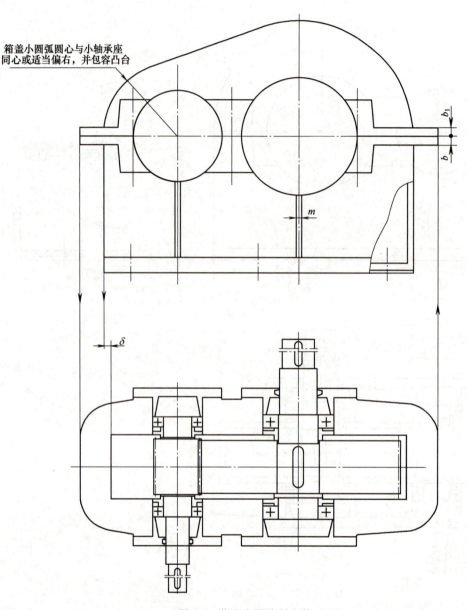

图 6-9 装配底图绘制步骤（四）

7）选择并绘制减速器附件和箱体的细部结构。

本例通气器的结构形式及尺寸，按表 5-3 选择，尺寸如图 6-11 所示。

杆式油标的结构及尺寸，按表 5-6 选择，如图 6-12 所示。

六角头油塞，按表 5-7 选择。

窥视孔盖和窥视孔结构：按表 5-1 选择。吊耳和吊钩的形式和尺寸见表 5-5。

箱体上安装减速器附件的细部结构，应设计成凸台或锪平。

8）完善三视图，添加圆角和倒角，并绘制紧固件。紧固件的尺寸见第九章第四节。

9）检查结构设计和视图表达是否正确，符合规范要求，发现问题要及时改正。

10）检查无误后，对视图进行加深、加粗，并绘制剖面线。

第二节 装配图设计绘制教学范例

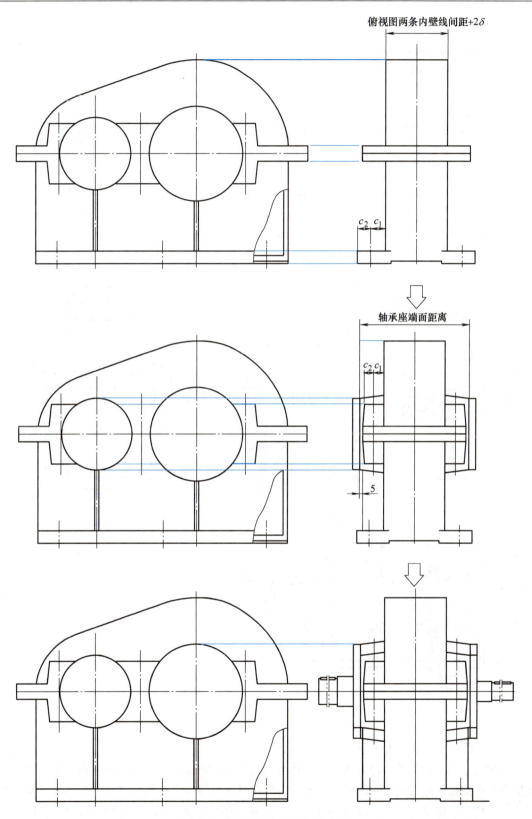

图6-10 装配底图绘制步骤（五）

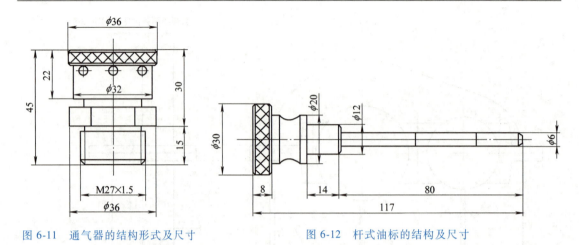

图 6-11　通气器的结构形式及尺寸　　　　图 6-12　杆式油标的结构及尺寸

图 6-13 所示为按照结构要求绘制完成的减速器装配视图。

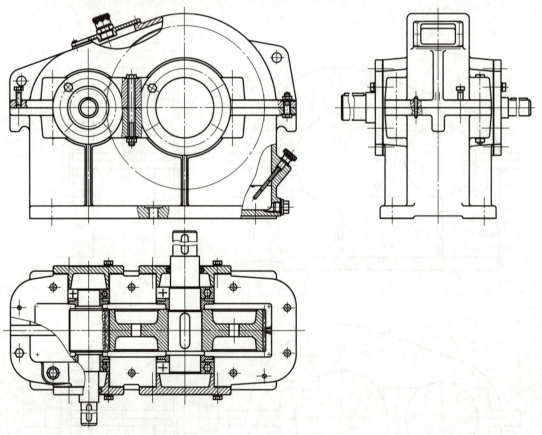

图 6-13　完成的装配视图

（二）利用已经完成的三维模型生成装配视图

运用数字化建模软件中的制图应用模块可以快速完成减速器装配视图的生成。由于视图生成是完全根据投影原理实现的，所以齿轮等零件在视图中都将是以实形显示。之前为了简化作图而省略的内容这里也没有必要再刻意隐去。另外，还可以通过添加轴测视图以提高直观性。

图 6-14 所示为减速器实体在数字化建模软件中所获得的装配视图及编辑处理后的效果。

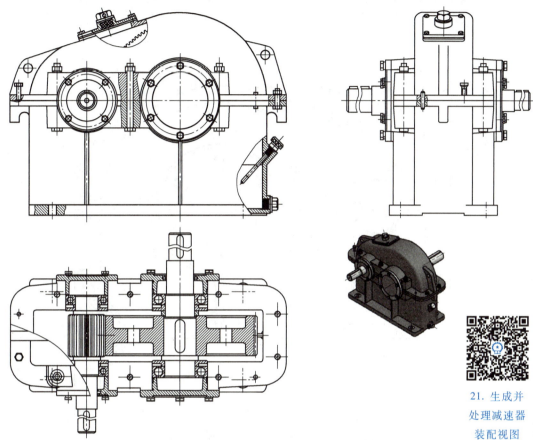

21. 生成并处理减速器装配视图

图 6-14　数字化建模软件中生成的减速器装配视图

三、标注尺寸

装配图应标注的尺寸如下：

（1）特征尺寸　反映技术性能、规格或特征的尺寸。如中心距及偏差 $a±f_a$、中心高等，见表 6-2。

（2）配合尺寸　表明各配合零件之间装配关系的尺寸。如齿轮与轴、轴承孔与轴颈、轴承外圈与箱体孔等配合，见表 6-1、表 6-4、表 6-5 和表 7-13。

（3）安装尺寸　与支承件、外接零件提供联系的尺寸，如中心高、轴伸直径及其极限偏差等。

（4）外形尺寸　表明部件外廓所占空间位置的大小，如总长、总高、总宽。

四、添加零件标号，编写明细表

绘制零件编号。各个编号应排列整齐，并统一按顺时针或逆时针次序进行编号，同一种零件不能重复编号。编写明细表，其序号应与项目编号一一对应。标题栏、明细表格式，如图 6-3 所示。

五、填写技术参数表和技术要求

整理并填写相关技术参数，根据减速器的实际选择相应的技术要求。其中齿轮副最小啮合侧隙值计算及确定方法见第七章齿轮精度设计相关内容。最终完成的齿轮减速器装配图，如图 6-15 所示。

第六章 装配图的设计和绘制

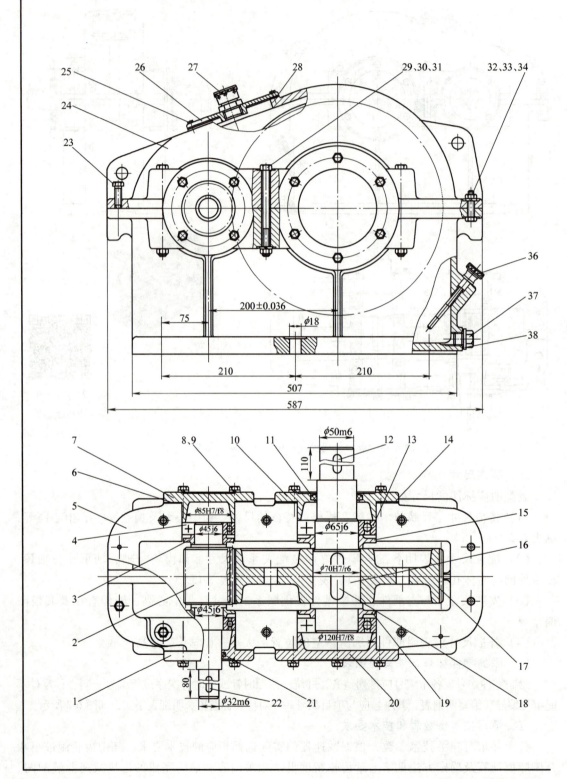

图 6-15 最终完成的

第二节 装配图设计绘制教学范例

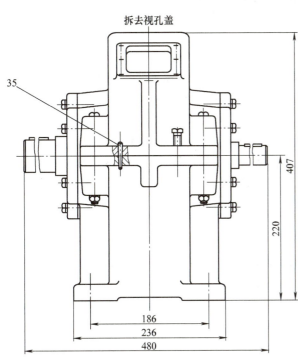

技术特性

输入功率 P/kW	高速轴转速 n/(r/min)	效率 η	传动比 i
5.06	309.68	0.96	4.32

技术要求

1. 啮合侧隙大小用铅丝检验，保证侧隙不小于0.157。铅丝直径不得大于最小侧隙的两倍。
2. 用涂色法检验齿轮接触斑点，要求齿高接触斑点不少于40%，齿宽接触斑点不少于50%。
3. 应调整轴承的轴向间隙，为0.25～0.4。
4. 箱内装全损耗系统用油L-AN68至规定高度。
5. 箱座、箱盖及其他零件未加工的内表面，齿轮的未加工表面涂底漆并涂红色耐油油漆，箱盖、箱座及其他零件未加工的外表面涂底漆并涂浅灰色油漆。
6. 运转过程中应平稳、无冲击、无异常振动和噪声。各密封处、接合处均不得渗油、漏油。剖分面允许涂密封胶或水玻璃。
7. 按试验规程进行试验。

齿轮减速器装配图

序号	名称	数量	材料	标准	备注
38	封油圈30×20	1	耐油橡胶		
37	螺塞M20×1.5	1			
36	油标尺	1			
35	圆锥销6×40	2	35	GB/T 117—2000	
34	弹簧垫圈10	2	65Mn	GB/T 93—1987	
33	螺母M10	2		GB/T 6170—2015	
32	螺栓M10×40	2		GB/T 5782—2016	
31	弹簧垫圈12	6	65Mn	GB/T 93—1987	
30	螺母M12	6		GB/T 6170—2015	
29	螺栓M12×130	6		GB/T 5782—2016	
28	垫片	1	衬垫石棉板		
27	通气器	1			
26	窥视孔盖	1	HT200		
25	螺栓M6×15	6		GB/T 5782—2016	
24	箱盖	1	HT200		
23	起盖螺钉	1		GB/T 5783—2016	
22	键10×70	1	45	GB/T 1096—2003	
21	毡圈40	1		FZ/T 92010—1991	
20	轴承端盖	1	HT200		
19	挡油环	1	HT200		
18	键20×70	1	45	GB/T 1096—2003	
17	齿轮	1	45		
16	输出轴	1	45		
15	挡油环	1	HT200		
14	调整垫片	2组	08F		
13	滚动轴承6213	2		GB/T 276—2013	
12	键14×90	1	45	GB/T 1096—2003	
11	毡圈60	1		FZ/T 92010—1991	
10	轴承端盖	1	HT200		
9	弹簧垫圈10	20	65Mn	GB/T 93—1987	
8	螺栓M10×30	20		GB/T 5783—2016	
7	轴承端盖	1	HT200		
6	调整垫片	2组	08F		
5	箱座	1	HT200		
4	滚动轴承6209	2		GB/T 276—2013	
3	挡油环	2	HT200		
2	齿轮轴	1	45		
1	轴承端盖	1	HT200		

一级圆柱齿轮减速器　比例 1:2　图号
数量　　　　　　重量
设计　　　　　机械基础综合实训　——职业技术学院
审图　　　　　　　　　　　　　　——班级

第三节　装配图设计拓展

一、减速器装配精度设计

产品几何精度设计是否正确、合理，对机械的使用性能和制造成本都有重要影响。当装配视图绘制完成以后，即可着手产品几何精度的设计工作。减速器装配精度设计的主要任务，就是确定各配合部位的配合代号和其他技术要求，并将结果标注在装配图上。

1. 配合制的选择

配合制应优先选用基孔制，这是因为加工中、小孔时，一般都采用钻头、铰刀、拉刀等定尺寸刀具，测量和检验中、小孔时，亦多使用塞规等定尺寸量具。采用基孔制可以使它们的类型和数量减少，具有良好的经济效益。大尺寸孔的加工虽然不存在上述问题，但是，为了同中、小尺寸孔保持一致，也采用基孔制。

与标准件或标准部件相配合的孔或轴，必须以标准件或标准部件为基准件来选基准制。例如，滚动轴承是标准件，所以滚动轴承内圈与轴颈的配合必须采用基孔制，外圈与轴承座孔的配合必须选基轴制。而且，在装配图中标准件的公差要求省略不标，所以，在装配图上滚动轴承配合处只标出轴和箱体孔的尺寸及偏差代号。

2. 公差等级的选择

选择公差等级时，要正确处理使用要求、制造工艺和成本之间的关系。基本原则是：在满足使用要求的前提下，尽量选取低的公差等级。

滚动轴承按尺寸公差与旋转精度的不同分为六个等级，向心轴承分别表示为普通（N）、6、6x、5、4 和 2，普通级最低，2 级精度最高。普通级应用最广泛。

3. 配合类型的选择

配合类型的选择原则是：相对运动速度越高或次数越频繁，拆装频率越高，定心精度要求越低，间隙越大；定心要求越高，传递转矩越大，过盈量越大。

间隙配合主要用于相互配合的孔和轴有相对运动或需要经常拆装的场合；过渡配合的定位精度比间隙配合的定位精度高，拆装又比过盈配合方便，因此，过渡配合广泛应用于有对中性要求，靠紧固件传递转矩又经常拆装的场合；过盈配合主要用于传递转矩和实现牢固结合，定位精度很高，通常不拆卸。

选择与轴承配合的轴颈和轴承座孔径公差带时，应考虑内、外圈的工作条件、轴承类型、轴承的精度等级和尺寸大小等因素。公差代号确定见表 6-4 和表 6-5。

表 6-4　向心轴承和轴的配合的轴公差带代号（摘自 GB/T 275—2015）

运转状态		载荷情况	圆柱孔轴承			公差带
			深沟球轴承、调心球轴承、角接触球轴承	圆柱滚子轴承、圆锥滚子轴承	调心滚子轴承	
说明	举例		轴承公称内径/mm			
内圈承受旋转载荷或方向不定载荷	输送机、轻载齿轮箱	轻负荷	≤18 >18～100 >100～200 —	— ≤40 >40～140 >140～200	— ≤40 >40～100 >100～200	h5 j6[①] k6[①] m6[①]

(续)

圆柱孔轴承						
运转状态		载荷情况	深沟球轴承、调心球轴承、角接触球轴承	圆柱滚子轴承、圆锥滚子轴承	调心滚子轴承	公差带
说明	举例		轴承公称内径/mm			
内圈承受旋转载荷或方向不定载荷	一般通用机械、电动机、泵、内燃机、正齿轮传动装置	正常负荷	≤18 >18~100 >100~140 >140~200 >200~280 — —	— ≤40 >40~100 >100~140 >140~200 >200~240 —	— ≤40 >40~65 >65~100 >100~140 >140~280 >280~500	j5、js5 k5[2] m5[2] m6 n6 p6 r6
	铁路机车车辆轴箱……	重负荷	—	>50~140 >140~200 >200 —	>50~100 >100~140 >140~200 >200	n6[3] p6[3] r6[3] r7[3]
内圈承受固定载荷	内圈需在轴向易移动	非旋转轴上的各种轮子	所有负荷	所有尺寸			f6 g6
	内圈不需在轴向易移动	张紧轮、绳轮					h6 j6
仅有轴向负荷			所有尺寸				j6、js6

① 凡对精度有较高要求的场合，应用 j5、k5、m5 代替 j6、k6、m6。
② 圆锥滚子轴承、角接触球轴承配合对游隙影响不大，可用 k6、m6 代替 k5、m5。
③ 重负荷下轴承游隙应选大于 N 组。

表 6-5 向心轴承和轴承座孔配合的孔公差带（摘自 GB/T 275—2015）

运转状态		载荷情况	其他状况	公差带[1]	
说明	举例			球轴承	滚子轴承
外圈承受固定载荷	一般机械、铁路机车车辆轴箱	轻、正常、重	轴向易移动，可采用剖分式轴承座	H7、G7[2]	
		冲击	轴向能移动，可采用整体或剖分式轴承座	J7、JS7	
方向不定载荷	电动机、泵、曲轴主轴	轻、正常		K7	
		正常、重		K7	
		重、冲击		M7	
外圈承受旋转载荷	皮带张紧轮	轻	轴向不移动，采用整体式轴承座	J7	K7
	轮毂轴承	正确		M7	N7
		重		—	N7、P7

① 并列公差带随尺寸的增大从左至右选择，对旋转精度有较高要求时，可相应提高一个公差等级。
② 不适用于剖分式轴承座。

下面以范例装配图中低速轴系为例说明装配精度设计的具体过程。

步骤1，齿轮安装面。

$\phi 70$ 柱面安装齿轮，所以它的尺寸精度需要参照齿坯公差要求。从第三章齿轮传动设计中已知齿轮精度等级为8级，由表6-1确定齿轮内孔尺寸精度为H7，按工艺等价原则，选择轴精度为6级，考虑到齿轮定心要求较高，选择过盈定位配合r6（见表6-1）。

步骤2，轴承安装面。

$\phi 65$ 柱面安装滚动轴承，根据装配图可知轴承代号为6213。由第四章轴承寿命计算可知，它的额定动载荷 $C = 57.2$ kN，当量径向负荷 $F_P = 2.12$ kN，于是 $F_P/C < 0.07$ 属于轻负荷（$F_P/C \leqslant 0.07$ 为轻负荷，$0.07 < F_P/C \leqslant 0.15$ 为正常负荷，$F_P/C > 0.15$ 为重负荷），内圈承受旋转载荷，查表6-4选择公差代号j6。

轴承座孔尺寸公差，见表6-5。本例轴承座孔承受固定的外圈负荷，基本没有冲击负荷，剖分式轴承座，所以选择H7。

步骤3，联轴器安装面。

$\phi 55$ 柱面安装联轴器，定心精度要求比齿轮低些，所以可以选的略松一点。公差等级可以等同齿轮安装面，所以选择公差带m6（见表6-1）。

二、基于实体建模的减速器装配图标注与注释

通过三维模型生成了减速器装配视图后，还必须进一步的处理才能成为满足工程要求的装配图。其主要内容与二维作图相同，包括标注尺寸及配合，给零件编号及列出明细表，填写技术特性及技术要求等。为了方便高效地完成上述工作，软件中提供有相应的工具支持，包括公差与配合标准、零件自动编号与列表、技术要求库的引用等。要充分发挥这些工具的效能，不仅需要在前期做好大量的基础性工作，包括每个零件各类属性的设置与定义等，而且要求使用者对软件的操作有足够的积累。图6-16所示为基于完成实训任务并结合NX软件特点所完成的减速器装配图。二维码链接所提供的是一种NX软件环境中装配图标注与注释的简化操作方法。其软件工具的使用过程可作为实训中的参考。

细心的读者会发现图6-15与图6-16两张装配图中在一些结构与尺寸上存在细小差别，这是由于不同的设计者、不同的日期、不同的思考侧重所表现出来的结果差异，针对各自的设计背景而言都是合理的。这在设计工作中是极为正常的现象，每个设计者应该在吸收消化先进经验的基础上，科学分析、独立思考、精益求精，把自己的聪明才智全面体现在设计结果中。

三、计算机辅助设计在减速器设计中的应用

减速器是典型的通用部件之一，一般的人工设计流程是：根据客户提供的初始参数（如功率、转矩和转速）以及安装方面的要求，根据齿轮接触强度进行初步的设计计算，确定传动的基本参数（如齿轮的模数和分度圆直径等），然后校核齿轮的抗弯强度，计算详细数据，最后画出图样。这一过程需要耗费工程师大量的时间和精力，尤其是当后面的步骤出现问题再回到前面步骤时，需要推翻前面的设计，从而造成设计周期的延长。

第三节 装配图设计拓展

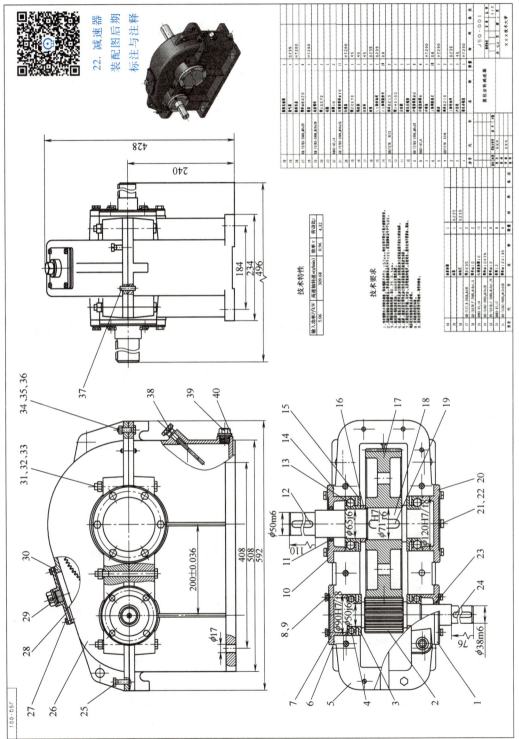

图 6-16 基于建模的减速器装配图

采用专用计算机辅助设计软件可有效减轻工程师的劳动，缩短产品设计周期。以下为某技术学院教师开发的减速器设计系统。该系统分为参数计算、设计优化、结构设计等模块，其设计流程如图 6-17 所示。该系统与 AutoCAD 软件结合，可将结构设计输出为 AutoCAD 图样。该系统的典型工作界面如图 6-18 ~ 图 6-22 所示。

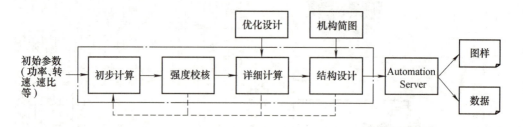

图 6-17　减速器设计系统的计算机辅助设计流程图

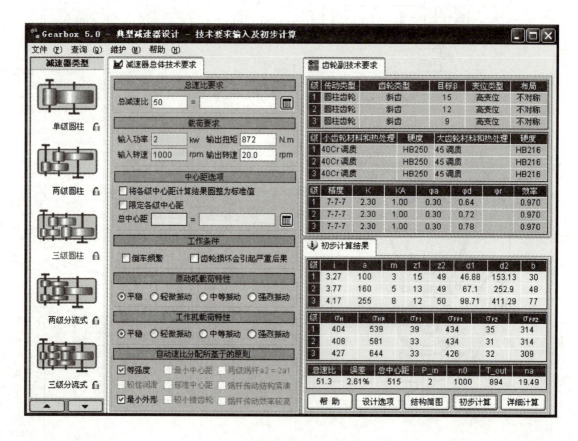

图 6-18　计算机辅助设计的初步计算界面

第三节 装配图设计拓展

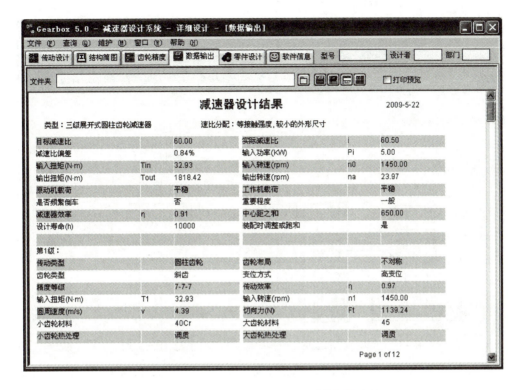

图 6-19 计算机辅助设计的详细设计数据输出界面

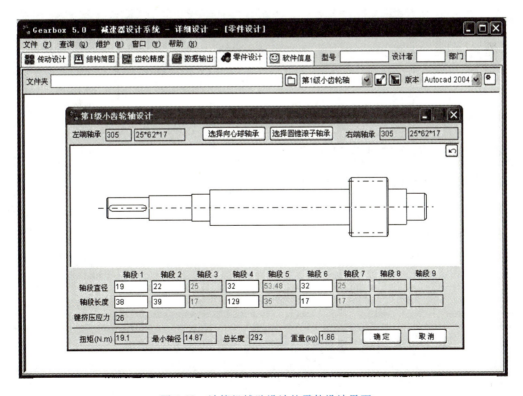

图 6-20 计算机辅助设计的零件设计界面

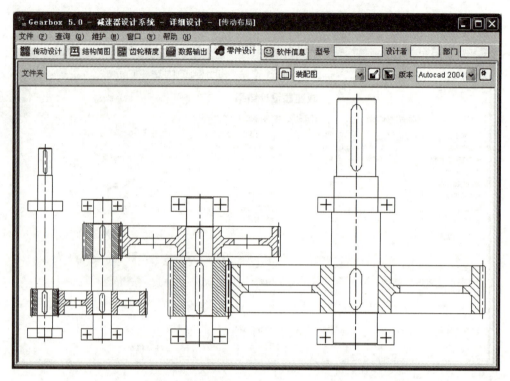

图 6-21 计算机辅助设计的三级圆柱齿轮减速器的传动布局

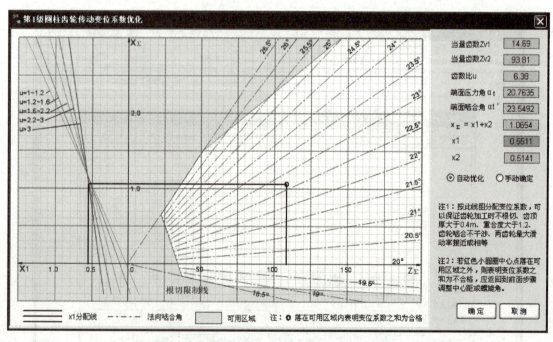

图 6-22 计算机辅助设计的齿轮传动变位系数优化界面

第七章 零件图的设计和绘制

能力要求
1. 能选用合适的视图、比例，完成零件图的布图。
2. 能熟练运用尺规和计算机软件绘制轴、齿轮、带轮等零件图。
3. 能对零件的几何公差作出正确的选择与计算。
4. 能合理地选择零件的表面粗糙度。
5. 能正确标注尺寸、公差、技术要求和标题栏。

第一节 零件图设计概述

装配图只是确定了减速器中各个部件或零件之间的相对位置关系、配合要求和总体尺寸，每个零件的结构形状、尺寸及精度并没有得到完整的反映。可见，装配图不能直接作为加工零件的依据。因此，合理设计和正确绘制零件图是机械设计过程中的一个重要环节，只有绘制完成全部零件图，产品生产所需的设计图样才算齐备。

零件图作为零件制造、检验和制订工艺规程的基本技术文件，它既要反映出设计意图，又要考虑到制造的合理性。因此，零件图应包括制造和检验零件所需的全部内容，如图样、尺寸及其公差、表面粗糙度、几何公差、材料及热处理说明及其他技术要求、标题栏等。各项内容合理布置，直观明了。

一、正确选择视图

零件图的视图选择，就是选择适当的表达方法（视图、剖视、断面等），将零件的结构形状正确、完整、清晰地表达出来。在便于看图的前提下，力求画图简便。要达到这个要求，首先必须选好主视图，然后选配其他视图。

主视图应较好地反映零件的形状特征，即能较好地将零件各功能部分的形状及相对位置表达出来。如图 7-1 所示的轴，箭头 A 所指的投影方向，能够较多地反映出零件的结构形状，而箭头 B 所指的投影方向，反映出的零件结构形状较少，因此，应以 A 向作为主视图的投影方向。

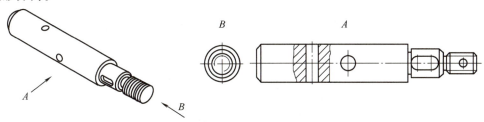

图 7-1 轴主视图的选择

主视图选定后，以完整、清晰、准确地确定零件结构形状为线索，按其自然结构逐个分析所需视图及其表达方法，最后综合、调整，以获得该零件最佳表达方案。零件的主要结构形状，要选用基本视图或在基本视图上取剖视图来表达；在基本视图上没有表达或表达不清楚的部位，可采用局部视图、局部放大图、断面图等方法表达。在布置各视图时，有关的视图应尽可能保持直接的投影关系，同时要注意充分利用图纸幅面。在所选择的一组视图中，每一个视图都应有表达的侧重点，各个视图要互相配合、补充而不重复。在准确、清晰表达出零件结构形状的前提下，尽量减少视图数量，以方便画图和看图。

为了便于比较，主视图尽量采用1∶1比例。对于细部结构（如环形槽、圆角等）如有必要可用局部放大图表示。零件的基本结构应与装配图一致，不应随意更改。如必须更改，应对装配图作相应的修改。零件图的绘制通常先用细实线完成全部图样表达，最后经仔细检查修改后再加深。当采用计算机绘图时，应事先对图层、线型等做好设置，不同类型的图线画在指定的图层上。

二、合理确定和标注尺寸

（一）合理确定零件尺寸基准

要求认真分析设计要求和零件的制造工艺，正确选择尺寸基准，做到尺寸齐全，标注合理，不遗漏，不重复，更不能有差错，尽可能避免加工时再做任何计算。

零件在设计、制造和检验时用以确定尺寸位置的几何元素（面、线或点）称尺寸基准。根据作用不同，一般将基准分为设计基准和工艺基准两类。根据零件结构特点和设计要求而选定的基准，称为设计基准。一般零件有长、宽、高三个方向，每个方向都要有一个设计基准。对于叉架类零件的设计基准的选择如图7-2a所示。对于轴套类和轮盘类零件，实际设计中经常采用的是轴向基准和径向基准，如图7-2b所示。

在加工时，确定零件装夹位置和刀具位置的一些基准以及检测时所使用的基准，称为工艺基准。零件同一方向有多个尺寸基准时，主要基准只有一个，其余均为辅助基准，辅助基准必有一个尺寸与主要基准相联系，该尺寸称为联系尺寸。图7-2a中的40、11、10、图7-2b中的30、90等都是联系尺寸。

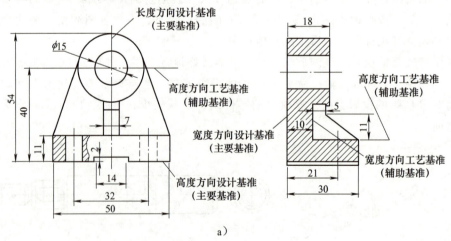

图7-2 零件的尺寸基准的确定与标注
a）叉架类零件

第一节　零件图设计概述

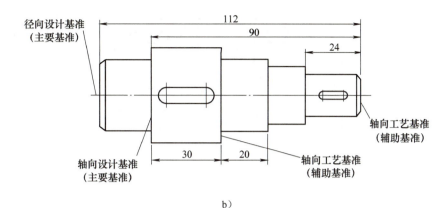

b)

图 7-2　零件的尺寸基准的确定与标注（续）

b）轴类零件

选择基准的原则是：尽可能使设计基准与工艺基准一致，以减少两个基准不重合而引起的尺寸误差。当设计基准与工艺基准不一致时，应以保证设计要求为主，将重要尺寸从设计基准标注出，次要尺寸从工艺基准标注出，以便加工和测量。

（二）合理标注尺寸应注意的问题

1. 重要尺寸直接标注

重要尺寸是指零件上与机器的使用性能和装配质量有关的尺寸，这类尺寸应从设计基准直接标注出。图 7-3a 所示的高度尺寸 32±0.08 为重要尺寸，应直接从高度方向主要基准直接标注出，以保证精度要求。同理，安装时，为保证轴承上两个 φ6 孔与机座上的孔准确装配，两孔的定位尺寸应该如图 7-3a 所示，直接标注出中心距 40。

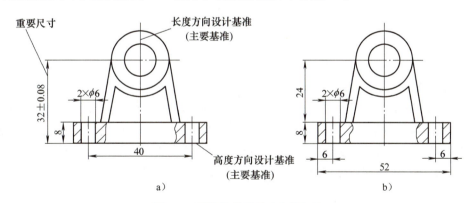

图 7-3　零件的重要尺寸直接标注

a）合理　b）不合理

2. 符合加工顺序

按加工顺序标注尺寸，便于看图、测量，且容易保证加工精度，如图 7-4a 所示。图 7-4b 中的尺寸标注方法不符合加工顺序，是不合理的。

3. 便于测量

如图 7-5 所示，在加工内孔时，一般分别从两端进刀加工。因此，在标注轴向尺寸时，应从两端面注出孔的深度，以便于测量。同样，键槽深度尺寸应以外圆柱面作为测量基准。

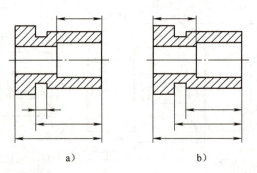

图 7-4　零件的尺寸标注符合加工顺序
a）合理　b）不合理

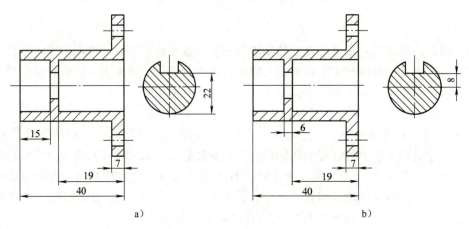

图 7-5　便于测量的尺寸标注
a）合理　b）不合理

4. 加工面和非加工面各选基准

对于铸造或锻造零件，同一方向上的加工面和非加工面应各选择一个基准分别标注有关尺寸，并且两个基准之间只允许有一个联系尺寸。如图 7-6a 所示，零件的非加工面由一组尺寸 M_1、M_2、M_3、M_4 相联系，加工面由另一组尺寸 L_1、L_2 相联系。加工基准面与非加工基准面之间只用一个尺寸 A 相联系。图 7-6b 中加工面间与非加工面有 A、B、C 三个联系尺寸，在加工底面时，要同时保证 A、B、C 三个尺寸是不可能的。

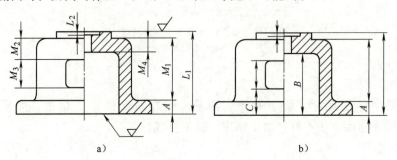

图 7-6　加工面和非加工面各选基准标注尺寸
a）合理　b）不合理

第一节 零件图设计概述

5. 应避免尺寸链封闭

零件上某一方向尺寸首尾相接，就形成封闭尺寸链。如图 7-7a 所示，a、b、c、d 组成了封闭尺寸链，应予以避免。为了保证每个尺寸的精度要求，通常对尺寸精度要求最低的一环不标注尺寸，这样既保证设计要求，又可降低加工成本，如图 7-7b 所示。

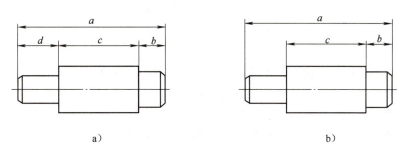

图 7-7 应避免形成封闭尺寸链
a) 封闭尺寸链 b) 有开口环的尺寸注法

6. 相关尺寸的基准和注法应一致

图 7-8 所示为尾座和导板，它们的凸台和凹槽（尺寸 40）是相互配合的。装配后要求尾座和导板的右端面对齐，为此，在尾座和导板的零件图上，均应以右端面为基准，尺寸标注方法应相同，如图 7-8a 所示；若分别以右、左端面为基准，且尺寸注法不一致，如图 7-8b 所示，装配后两零件右端面可能会出现较大偏移。

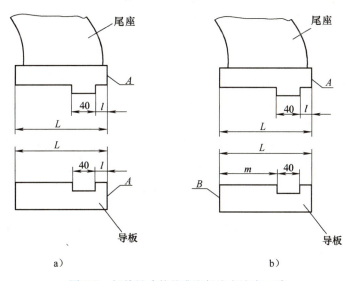

图 7-8 相关尺寸的基准和标注方法应一致
a) 合理（基准一致） b) 不合理（基准不同）

另外，为了看图方便，大部分尺寸最好集中标注在最能反映零件特征的视图上。零件的结构尺寸从装配图中得到并与装配图一致，不得任意更改，以防发生矛盾。只有当零件的结构从制造和装配的合理性角度考虑，认为不十分合适时，才可在保持零件工作性能的前提下，修改零件的结构，但是在修改零件结构的同时，也要对装配图做相应的改动。对装配图中未曾标明的一些细小结构的尺寸，如退刀槽、圆角、倒角和铸件壁厚的过渡尺寸等，在零件图中都应完整、正确地表达出来。零件图上的自由尺寸应加以圆整。当然，有一些尺寸不从装配图上推定，而是以设计计算为准，如齿轮的齿顶圆直径等。

三、合理设计和标注零件的几何技术规范要求

零件的几何技术规范要求包含了尺寸公差、几何公差、表面结构要求（表面粗糙度）以及标准件、通用件（齿轮等）的精度设计等多项内容。只有对上述规范要求进行了正确的选择和标注，才能保证设计产品的互换性。

（一）尺寸公差

零件图上所有的配合部位和精度要求较高的地方都应根据装配图中已完成的精度设计，按照极限与配合标准确定并标注公称尺寸及其极限偏差。对于没有配合关系，或者精度要求不高的尺寸，其极限偏差值按未注公差尺寸要求确定。为了简化图样，突出重要尺寸，未注公差尺寸只需要标注公称尺寸，不必标注极限偏差，在技术要求里统一说明。

（二）几何公差

几何公差包括形状公差、位置公差、方向公差和跳动公差，零件图上应标注必要的几何公差。零件的工作性能要求不同，需要标注的几何公差项目和精度等级也不同。

1. 几何公差项目的选择

几何公差项目的选用主要根据零件的功能要求而定，如影响回转精度和工作精度的要控制圆柱度和同轴度误差；如齿轮箱两轴孔的中心线不平行，将影响齿轮啮合，降低承载能力。

在考虑几何公差项目时，还应考虑检测实施的可能性。如轴肩端面有安装定位要求时，应控制端面和轴线的垂直度要求，但是考虑到轴肩面垂直度误差较难检测，可以用端面圆跳动要求替代。再如对圆度和圆柱度要求缺乏检测设备时，可用圆跳动和全跳动替代。

2. 几何公差值的确定

几何公差值用类比法或计算法确定，但要注意公差值的协调。应遵守下列普遍原则：$T_{形}<T_{位}<T_{尺}$。一般而言，可以先确定与平键、滚动轴承、齿轮等标准件和通用件相配合部位的几何公差要求（几何公差要求可直接从标准件和通用件使用手册中查取），再类比确定其余部位的几何公差要求。其中 6 级与 7 级为基本级，能够满足一般精度的功能要求，可以作为公差等级选择时的依据。几何公差也分注出公差和未注公差，对于要求比较高的（0）1~8 级几何公差，应注明几何公差值。9 级开始即无须标注，只在零件的技术要求中加以说明。

对于下列情况，考虑到加工的难易程度和除主参数外的其他参数的影响，在满足零件功能的要求下，应适当降低 1~2 级选用。

1）孔相对于轴。
2）长径比较大的轴或孔。
3）相隔距离较大的轴或孔。
4）宽度较大（一般大于 1/2 长度）的零件表面。
5）线对线和线对面相对于面对面的平行度公差。
6）线对线和线对面相对于面对面的垂直度公差。

3. 位置基准的选择

在标注位置公差时，必须选择位置基准。首先，应根据零件的功能要求及要素间的几何

关系选择基准。例如，旋转轴通常都以安装轴承的轴颈轴线作为基准；其次，还应选择在夹具、量具中定位的相应要素作基准。例如，加工齿轮用心轴定位，应以齿轮齿坯的中心孔轴线作为基准；另外，还应选择相互配合或相互接触的表面为基准，以保证零件的正确装配，如箱体装配底面、盘类零件的端面等。采用多基准时，通常选择对被测要素影响大的表面或定位最稳的表面作为第一基准。为了提高产品的精度，设计、加工、测量和装配的基准尽可能选择同一要素，即遵守基准统一原则。

（三）表面结构要求

表面结构包括在有限区域上的表面粗糙度、表面波纹度、表面缺陷、表面几何形状等表面特性。目前表面结构要求主要采用的参数是表面粗糙度参数，包括幅度参数、横向间距参数和形状参数等。其中幅度参数是所有表面都必须标注的参数；只有当零件表面轮廓的细密度和实际接触面积等有较高要求时才标注其他参数。对于较多表面具有同样的粗糙度要求时，可集中在标题栏附近标注。

表面粗糙度的评定参数值已经标准化，设计时应按《产品几何技术规范（GPS）表面结构　轮廓法　表面粗糙度参数及其数值》（GB/T 1031—2009）规定的参数值系列选取（见表9-28）。幅度特征参数值 Ra 分为系列值和补充系列，选用时应优先采用系列值的参数。

在实际工作中，由于表面粗糙度和零件的功能关系十分复杂，很难全面而精细地按零件表面功能要求来准确地确定表面粗糙度的参数值，而是多用类比法确定。对于某些标准件、通用件的相关表面，有关标准已对表面粗糙度要求作出规定，其参数值可以直接查取。其余表面的参数选择可按以下原则进行：

1）同一零件上，工作表面的表面粗糙度值应比非工作表面的小。

2）摩擦表面的表面粗糙度值应比非摩擦表面的小，滚动摩擦表面的表面粗糙度值应比滑动摩擦表面的小。

3）运动速度高、单位面积压力大的表面以及受交变应力作用的重要零件圆角、沟槽的表面粗糙度值都要小些。

4）配合性质要求越稳定，其配合表面的表面粗糙度值应越小。配合性质相同时，小尺寸结合面的表面粗糙度值应比大尺寸结合面的表面粗糙度值小。同一公差等级时，轴的表面粗糙度值应比孔的小。

5）表面粗糙度参数值应与尺寸公差及几何公差协调。

四、编写技术要求

技术要求是指在图样上不便用图形或符号表示，而在制造时又必须保证的条件和要求。它的内容随不同零件、不同要求及不同加工方法而异。主要有：

1）对零件毛坯或材料的热处理要求。

2）表面处理要求。

3）对加工的要求。

4）指出图中未注尺寸公差和几何公差。

5）其他特殊要求。

技术要求中，文字应简练、明确、完整，不应含混，以免引起误会。

五、填写标题栏

根据国家标准对图样格式的要求，图样上必须用粗实线画出图框，其格式分为不留装订边和留有装订边两种，但同一产品的图样只能采用一种格式，具体内容见表 9-1。机械基础综合实训所画图样建议采用不留装订边格式，其中 A0、A1 幅面图纸周边留空 20mm，A2～A4 幅面图纸周边留空 10mm。标题栏格式及相关尺寸如图 7-9 所示。

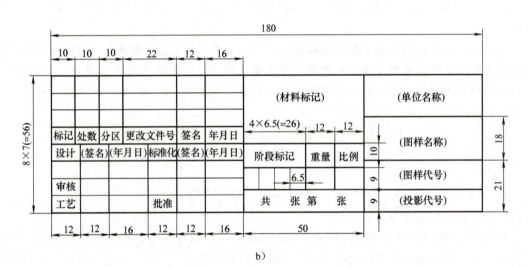

图 7-9　零件图标题栏

a) 用于教学的简化格式标题栏　b) 国家标准推荐的标题栏（摘自 GB/T 10609.1—2008）

对不同类型的零件，其零件图的具体内容也各有特点，现分述于后面的章节。

第二节　轴类零件图设计教学范例

一、视图

轴类零件结构的主体部分大多是同轴回转体，它们一般起支承转动零件、传递动力的作用，因此，常带有键槽、轴肩、螺纹及退刀槽或砂轮越程槽等。

根据轴类零件的结构特点，一般只需一个按轴线水平布置的视图，在有键槽和孔的地方增加必要的剖视图或断面图。对于不易表达清楚的局部，如退刀槽、中心孔等，必要时应绘

第二节　轴类零件图设计教学范例

制局部放大图。

二、标注尺寸

轴类零件主要是标注直径尺寸和长度尺寸。标注直径尺寸时，凡有配合处的直径，都应标出其极限偏差。几个轴段直径相同时，应都逐一标出。

标注轴向尺寸时，首先应选好基准面，并尽量使尺寸的标注反映加工工艺的要求，不允许出现封闭的尺寸链（但必要时可以标注带有括号的参考尺寸）。

图 7-10 所示是轴向尺寸标注示例，图中两齿轮用弹性挡圈固定其轴向位置，轴向尺寸要求精确，应从基准面一次标出，加工时一次测量，以减少误差。$\phi 32$ 轴段长度是次要尺寸，误差大小不影响装配精度，取它作为封闭环，在图上不标注尺寸，加工时的误差积累在该轴段上。

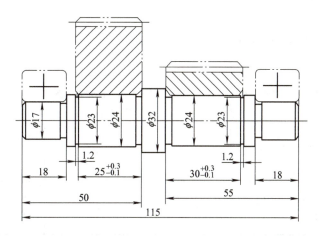

图 7-10　轴类零件的轴向尺寸标注

除了直径和长度尺寸外，零件图上还应对所有倒角、圆角等细部结构尺寸进行标注，或在技术要求中说明。

三、标注几何技术规范要求

1. 尺寸公差

配合轴段以及有密封装置处的直径极限偏差值，按照装配图中选定的配合代号从表 9-13 标准公差数值表和表 9-14 基本偏差数值表中查出。键槽的宽度和深度极限偏差可查表 9-50，为了方便检测，键槽深度一般改注成 $(d-t_1)_{-IT}^{0}$ 的形式。轴的长度尺寸通常按未注公差处理，无须标注其极限偏差值，选择表 9-16 所规定的精度等级，在技术要求里统一说明。例如，当未注公差选用中等级时，可在技术要求中说明："线性尺寸未注公差按 GB/T 1804—m"。

2. 几何公差

减速器工作轴需要标注的几何公差包括：轴颈、轴头配合表面的圆柱度和径向圆跳动、轴肩的端面圆跳动、键槽两侧面的对称度等公差。表 7-1 列出了轴的几何公差及对工作性能的影响。各项几何公差标准数值可按推荐的精度等级，查表 9-19～表 9-23 获取。对于 9 级及以下的几何公差无须标注，按未注公差处理。查表 9-24～表 9-27 确定精度等级在零件技术要求中加以说明，例如，"未注几何公差按 GB/T 1184—K"。

表 7-1 轴的几何公差项目及推荐精度等级

内容	项目	符号	精度等级	对工作性能影响
形状公差	与轴承相配合的直径的圆柱度	⌭	表 9-58 "轴和轴承座孔的几何公差"	影响轴承与轴配合松紧及对中性
	与齿轮（蜗轮）相配合直径的圆度、圆柱度	○	6~7	影响传动零件与轴配合的松紧及对中性
	与带轮、联轴器等相配合直径的圆度、圆柱度	⌭	7~8	
位置和跳动公差	与轴承相配合的轴颈相对于轴线的径向圆跳动	↗	6~7	影响轴和轴承的运转同心度
	与传动零件配合的轴颈相对于轴线的径向圆跳动		6~8	影响传动件的运转同心度
	轴承的定位端面相对轴线的轴向圆跳动		表 9-58 "轴和轴承座孔的几何公差"	影响齿轮和轴承的定位及其受载均匀性
	齿轮的定位端面相对轴线的轴向圆跳动		6~8	
	键槽侧面对轴线的对称度（要求不高时不注）	═	7~9	影响键受载的均匀性及装拆的难易

3. 表面粗糙度

轴的各个表面都要加工，其表面粗糙度值可查表 7-2 的推荐值确定。

表 7-2 轴加工表面粗糙度值的推荐值

加工表面	表面粗糙度 Ra 值/μm			
与普通级滚动轴承相配合的表面、轴肩端面	表 9-59 "滚动轴承配合表面的表面粗糙度"			
与传动件及联轴器等轮毂相配合的表面	3.2, 1.6, 0.8			
与传动件及联轴器相配合的轴肩端面	6.3, 3.2, 1.6			
平键键槽	工作面:3.2~1.6；非工作面:12.5~6.3			
密封处的表面	毡封油圈	橡胶油封		间隙或迷宫式
	与轴接触处的圆周速度/(m/s)			
	≤3	>3~5	5~10	3.2~1.6
	3.2~1.6	0.8~0.4	0.4~0.2	
螺纹牙工作面	0.8(精密螺纹),1.6(中等精度螺纹)			
其他表面	6.3~3.2(工作面),12.5~6.3(非工作面)			

图 7-11 所示为轴的图样表达和几何技术规范数据的标注,常用项目,相关数据可按本节推荐并查指引的各有关表格获取。

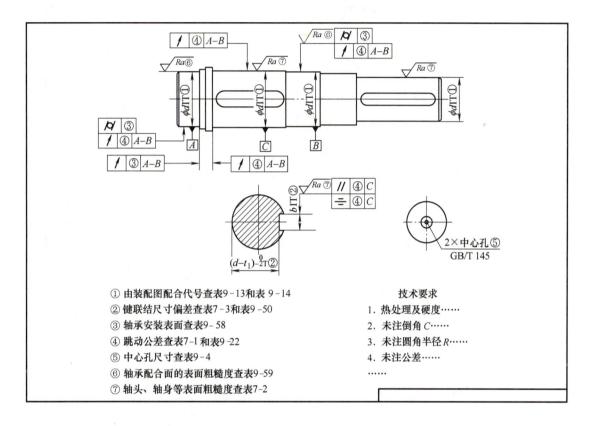

图 7-11　轴的图样表达和几何技术规范数据的标注

四、编写技术要求

轴类零件图的技术要求包括:

1)对材料的力学性能和化学成分的要求,允许的代用材料等。

2)对材料表面力学性能的要求,如热处理方法、热处理后的硬度、渗碳深度及淬火深度等。

3)对机械加工的要求,如是否要保留中心孔,若要保留中心孔,应在零件图上画出或按国家标准加以说明。与其他零件一起配合加工的(如配钻或配铰等)也应说明。

4)对于未注明的圆角、倒角、未注公差的说明,个别部位的修饰加工要求,以及对较长的轴要求毛坯校直等。

五、低速轴零件图教学范例

根据装配图所完成的低速轴结构设计,即可以着手进行低速轴零件图的设计和绘制。图 7-12 所示是与本书减速器装配图设计范例相对应的低速轴零件图。对于使用计算机绘图软件完成的减速器装配图,可以使用复制与粘贴等功能很方便地将轴的主要结构图线复制到新建的计算机绘图文件中,这样可大大加快绘图的速度。

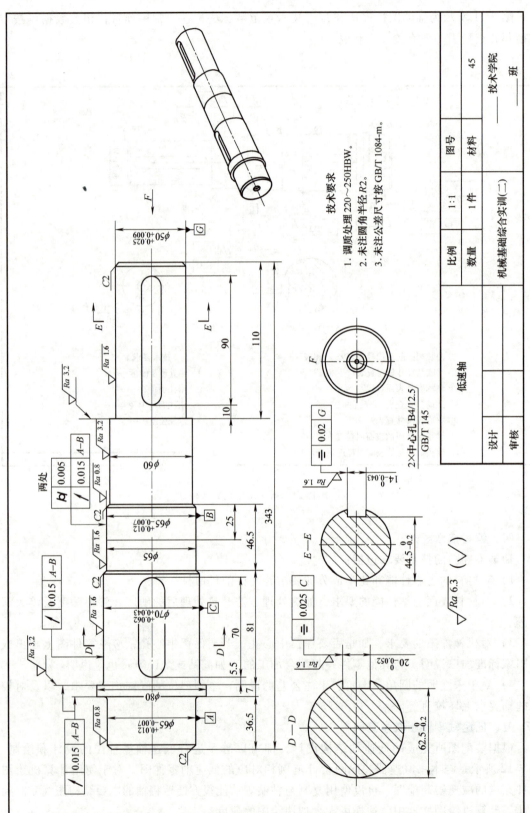

图 7-12 低速轴零件图设计范例

（一）设计几何精度

1. 尺寸公差确定

φ70 柱面安装齿轮，装配精度设计代号为 r6。查表 9-13 和表 9-14，尺寸及极限偏差为 $\phi70^{+0.062}_{+0.043}$mm。

φ65 柱面安装滚动轴承，根据装配图分析，公差代号 j6。查表 9-13 和表 9-14，尺寸及极限偏差为 $\phi65^{+0.012}_{-0.007}$mm。

φ50 柱面安装联轴器，根据装配图分析，选择公差代号 m6。查表 9-13 和表 9-14，尺寸及极限偏差为 $\phi50^{+0.025}_{+0.009}$mm。

键槽（此处为轴槽）的尺寸要求已经标准化，参见表 7-3 和表 9-50。这里选择正常联接。轴槽深度 t_1 为了测量方便，标注时公称尺寸要标 $d-t_1$，公差也要变成 $es = 0$，$ei = -IT$。对于安装齿轮 φ70mm 柱面，查表 9-50 可确定槽宽尺寸及极限偏差为 $20^{\ 0}_{-0.052}$mm；槽深尺寸及极限偏差为 $62.5^{\ 0}_{-0.2}$mm。同样，可确定 φ50mm 柱面键槽槽宽及极限偏差为 $14^{\ 0}_{-0.043}$mm，槽深尺寸及极限偏差为 $44.5^{\ 0}_{-0.2}$mm。

表 7-3　平键联结的三组配合及其应用

轴槽公差带	H9	N9	P9
轮毂槽公差带	D10	JS9	P9
配合类型	松	正常	紧密
适用场合	导向转接	定位传递转矩	传递重载、承受冲击载荷及双向扭矩

图 7-12 中轴的长度尺寸、φ80mm 直径尺寸，均为未注公差尺寸。φ60mm 柱面穿过轴承端盖，端盖孔和轴之间间隙较大，主要靠密封元件实现密封，所以也选择未注公差尺寸。以上尺寸仅标注公称尺寸。

2. 确定几何公差

（1）轴承安装面　轴上 φ65j6 两处轴颈有圆柱度要求，这是因为滚动轴承容易变形，内圈的变形必须靠轴颈的形状精度来校正，具体公差值查阅表 9-58 可知，轴段直径为 65mm，轴承公差等级为 0 级，圆柱度为 0.005mm。滚动轴承安装端面应该有端面圆跳动要求，这主要是为了滚动轴承的轴向定位，查表 9-58，当轴肩直径为 80mm 时公差值为 0.015mm（本例中轴承端面定位还涉及挡油环、轴套和齿轮等的端面，因此，后面确定这些零件几何公差时也应考虑端面圆跳动）。此外，因为低速轴完全靠两轴承支承在箱体上，为了保证同轴度要求，同时兼顾检测实施的方便性，对两支承轴的颈面提出了相对两轴承支承公共轴线的径向圆跳动要求，由表 7-1 选择比基本级 7 级高一级的 6 级精度，按直径为 65mm 查表 9-22 可知其公差值为 0.015mm。

（2）齿轮安装面　为了满足齿轮和轴的定心要求，对 φ70r6 表面提出了径向圆跳动要求，由表 7-1 考虑到此处尺寸公差为 6 级精度，属于较高精度要求，圆跳动公差也选择比基本级 7 级高一级的 6 级，查表 9-22 可知公差值为 0.015mm，基准选择两轴承公共轴线（安装支承轴线）。φ70r6 轴肩端面为齿轮的轴向定位，类比滚动轴承，也提出了端面圆跳动要求，也选择比基本级 7 级高一级的 6 级，按直径为 80mm 查表 9-22 可知公差值为 0.015mm。

（3）平键键槽　为了承载均匀，对平键提出了对称度要求。查表 7-1 公差数值可按 7~9 级精度确定，查表时以键宽为主参数，一般选择 8 级精度。本例两处键槽宽度分别为 14mm

和 20mm，对称度公差值查表 9-22 取为 0.020mm 和 0.025mm。

3. 确定表面粗糙度

（1）轴承安装面　根据表 7-2 的推荐值，轴承安装面的表面粗糙度要求可以参照表 9-59 确定，本例配合表面直径为 65mm，公差为 6 级，按磨削加工，查表结果为柱面 $Ra0.8\mu m$，端面 $Ra6.3\mu m$。

（2）齿轮安装面、联轴器安装面　由表 7-2 的推荐值，参照轴承安装柱面，考虑到尺寸精度相同，但齿轮安装柱面公称尺寸略大了一点，所以选择 $Ra0.8 \sim 3.2\mu m$，取 $Ra1.6\mu m$ 均可。联轴器安装柱面考虑到定心精度，要求比齿轮安装柱面略低，所以选择 $Ra1.6\mu m$ 即可。参考轴承安装端面，联轴器和齿轮安装端面（轴肩）均取 $Ra3.2\mu m$。

（3）键槽面　国家标准推荐，由表 7-2 知轴槽宽度 b 两侧表面粗糙度 Ra 值取 $1.6 \sim 3.2\mu m$，轴槽底面的表面粗糙度 Ra 值为 $6.3 \sim 12.5\mu m$。

（4）其余表面　由表 7-2 知 $\phi 60mm$ 柱面虽然是非配合表面，但该表面为旋转表面，其接触面（密封元件）为静止表面，有一定摩擦，所以选择值略高点，其表面粗糙度 Ra 值为 $3.2\mu m$。其余非工作表面的表面粗糙度 Ra 值选取 $6.3\mu m$ 即可。

（二）轴的机械加工工艺路线

本例低速轴采用碳钢型材毛坯，在小批量生产条件下可选的加工工艺路线为：

下料—粗车—调质—半精车—精车—铣键槽—磨外圆。

第三节　传动件零件图设计教学范例

传动件包括齿轮、带轮、链轮和蜗轮等。这类零件的结构一般可分为轮缘、轮毂和轮辐三个组成部分，根据直径的不同其结构有些变化。零件图一般需要有两个基本视图。主视图轴线水平放置，左视图反映轮辐、辐板及键槽等结构。也可采用一个视图，附加轴孔和键槽的局部视图来表示。

传动件零件图上的尺寸可按回转件的尺寸标注方式进行标注，径向尺寸可标注在垂直轴线的视图上，也可标注在轮宽方向的视图上。轮缘作为工作表面，其结构尺寸应符合相关标准要求。对于采用铸造、锻造或焊接方法获取的零件毛坯，其轮缘厚度、辐板厚度、轮毂及辐板开孔等尺寸均应圆整，便于工艺实现。对于倒角、圆角和铸（锻）造斜度等都应逐一标注在图上或写在技术要求中。

传动件的尺寸公差、几何公差及表面粗糙度的具体数值的确定与传动类型、零件的精度、工作条件等有关。

传动零件图的一般技术要求内容有：

1）对毛坯件（铸件、锻件）的要求。

2）对热处理及材料力学性能的要求，如渗碳深度、处理后的硬度等。

3）对未注明倒角、圆角的说明。

4）对机械加工未注公差尺寸的公差等级的要求。

5）对大型或高速传动轮平衡检验的要求。

下面是 V 带轮工作图设计的教学范例。

V 带轮一般为铸铁件，其结构按照直径的大小有实心式、辐板式、孔板式和轮辐式等。

第三节 传动件零件图设计教学范例

带轮轮缘的结构及尺寸经车削加工获得，相关尺寸必须全部标出。如图 7-13 所示为 V 带轮（以下简称带轮）基本结构图样表达和几何技术规范数据的标注，其主要尺寸及极限偏差见表 7-4，普通 V 带轮圆跳动公差见表 7-5。

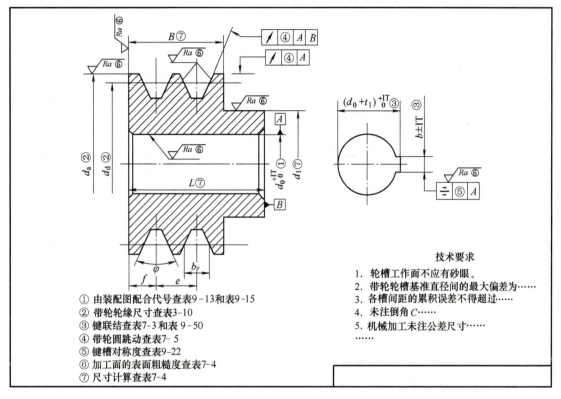

图 7-13 V 带轮基本结构图样表达和几何技术规范数据的标注

表 7-4 V 带轮主要尺寸及极限偏差、表面粗糙度的确定

尺寸	确定方法	极限偏差
基准直径 d_d	按传动设计计算取系列值	$±0.8\%d_d$ GB/T 10412
带轮顶圆外径 d_a	由表 3-10 计算	按 h11
带轮槽形尺寸	由表 3-10 计算	其中 e 及累积极限偏差按表 3-10 确定，轮槽角按 ±0.5°，其余按未注公差，GB/T 10412
任意两个轮槽基准直径间的最大偏差		Y 型：0.3mm；Z、A、B 型：0.4mm；C、D、E 型：0.6mm；GB/T 10412
轮缘宽度 B	由表 3-10 计算	按未注公差
轮毂孔径 d_0	决定于安装轴的直径。其中，电动机转子轴轴伸直径 D 见表 2-3	基准孔 H7~H8

(续)

尺寸	确 定 方 法	极 限 偏 差
轮毂外径 d_1	取 $(1.8~2)d_0$,并圆整	按未注公差
轮毂长度 L	决定于装配图设计 $L=E+(2~5)$,E 为装配轴段长;电动机 E 值见表 2-3	按未注公差
键槽宽度 b 和尺寸 $(d-t_1)$	由表 9-50 确定	极限偏差查表 9-50,对称度公差查表 9-22

注:加工表面粗糙度 Ra 值:轮槽工作面、轴孔表面 3.2μm (GB/T 11357)、键槽工作面及轴孔端面为 6.3μm;其余为 12.5μm。

表 7-5 普通 V 带轮圆跳动公差(摘自 GB/T 10412—2002)   (单位:mm)

基 准 直 径	圆跳动公差 t
≥20~100	0.2
≥106~160	0.3
≥170~250	0.4
≥265~400	0.5
≥425~630	0.6
≥670~1000	0.8

带轮的技术要求除一般传动轮的技术要求外,GB/T 11357 还提出平衡要求。带轮平衡的目的在于改善它的质量分布,以减少它在旋转时产生的不平衡力,经校正平衡的带轮,其残余不平衡量应不大于允许值。当带轮转速已知时应确定是否需要进行动平衡。

可以通过下列公式计算确定带轮极限速度 n_1

$$n_1 = \sqrt{1.58 \times 10^{11}/Bd}$$

式中 B——带轮轮缘宽度 (mm);

d——带轮基准直径 (mm)。

当带轮转速,$n \leq n_1$ 时,进行静平衡;$n > n_1$ 时,进行动平衡。

静平衡应使带轮在工作直径(由带轮类型确定为基准直径或有效直径)上的偏心残留量不大于下列二值中较大的值。

1) 0.005kg。

2) 带轮及附件的当量质量的 0.2%(当量质量是指几何形状与被检带轮相同的铸铁带轮的质量)。

动平衡按 GB/T 9239.1—2006 和 GB/T 9239.14—2017 的要求进行,动平衡质量等级由下列二值中选取较大值:

1) 当 $G_1 = 6.3$mm/s 时。

2) 当 $G_2 = 5v/M$mm/s 时。

式中 v——带轮的圆周速度 (m/s);

M——带轮的当量质量 (kg)。

根据带传动数据计算和装配结构的设计,即可以着手进行带轮零件图的设计和绘制。图 7-14 所示是本书教学范例相对应的小带轮零件图。

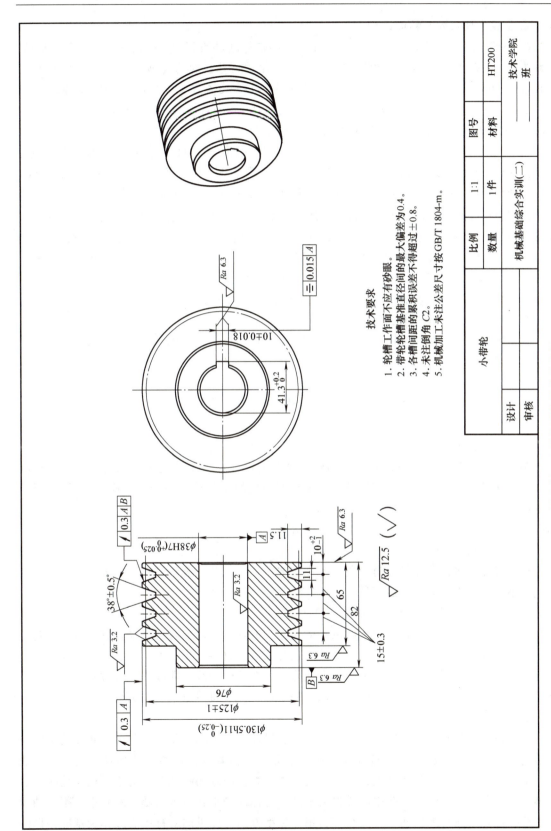

图 7-14 小带轮零件图设计范例

1. 带轮主要尺寸及精度设计

(1) 带轮主要尺寸确定　由带传动计算，小带轮基准直径 d_d 为 125mm，A 型带轮槽，槽数为 4。由表 3-11 选定小带轮为实心式结构，轮槽尺寸及轮缘宽按表 3-10 计算。带轮轴孔直径 d_0 由安装电动机转子确定，由电动机型号 Y132M2-6 查表 2-3 可知，其转子轴轴伸直径为 38mm，长度为 80mm，故小带轮轴孔直径 d_0 取 38mm，毂长比转子轴轴伸大 2mm 取 82mm，轮毂外径按（1.8~2）d_0 取整后为 76mm。

(2) 几何精度确定　根据表 2-3，轮毂孔装配电动机转子轴直径为 $\phi 38k6$，按基孔制确定带轮孔的尺寸标注应为 $\phi 38H7$。查表 9-13 和表 9-15 确定孔的尺寸及极限偏差为 $\phi 38^{+0.025}_{0}$ mm。带轮基准直径极限偏差按 $\pm 0.8\% d_d$ 计算，确定为 $\phi(125\pm 1)$mm。顶圆直径基本偏差按 h11，查表 9-13 和表 9-14 确定为 $\phi 130.5^{0}_{-0.25}$ mm。轮槽间距偏差及累积偏差按表 3-10 确定为（15±0.3）mm，轮槽角按 ±0.5°。键槽按正常联结，查表 9-50 可确定槽宽尺寸及偏差为 10±0.018；槽深尺寸及偏差为 $41.3^{+0.2}_{0}$ mm。圆跳动公差值按基准直径为 125mm 查表 7-5 确定为 0.3mm，键槽对称度公差按 8 级精度宽度尺寸 10mm 查表 9-22 取为 0.015mm。

带轮主要表面粗糙度 Ra 取值根据表 7-4 确定。

2. 带轮机械加工工艺路线

本例的带轮采用灰铸铁铸件毛坯，在小批量生产条件下可选的加工工艺路线为：

铸造—退火—粗车—切槽—半精车—键槽加工

第四节　箱体零件图设计教学范例

一、选择视图

箱体（箱盖和箱座）是机器中结构较为复杂的零件，为了清楚地表明各部分的结构和尺寸，除通常采用的三个主要视图外，还要根据结构的复杂程度增加一些必要的局部视图、向视图及局部放大图。当两孔不在一条轴线上时，可采用阶梯剖视图表示；对于排油孔、油标孔、检查孔等细部结构可采用局部剖视图表示。

二、标注尺寸

箱体尺寸繁多，标注尺寸时，既要考虑铸造、加工工艺、测量和检验的要求，又要多而不乱，不重复，不遗漏，一目了然。为此，必须注意以下几点：

1. 机体尺寸可分为形状尺寸和定位尺寸

形状尺寸是表达机体各部位形状大小的尺寸，如箱体壁厚、各种孔径及其深度、圆角半径、槽的深度、螺纹尺寸及机体长高宽等。这类尺寸应直接标出，而不应有任何运算。定位尺寸是确定机体各部位相对于基准的位置尺寸，如孔的中心线、曲线的中心位置及其他有关部位的平面等与基准的距离。定位尺寸都应从基准（或辅助基准）直接标注。

2. 要选好基准

最好采用加工基准作为标注尺寸的基准，这样便于加工和测量。如剖分式箱体的箱座和箱盖高度方向的相对位置尺寸最好以底面和剖分面作为基准，这些尺寸如箱座高度，排油孔、油标孔位置高度、底座厚度、凸缘厚度、轴承螺栓凸缘的高度等；对于圆柱齿轮减速器箱体长度方向，选择轴承座孔中心线作为基准，可标注轴承孔位置、轴承座孔中心距、轴承座螺栓孔位置、地脚螺栓孔位置尺寸等；箱体宽度方向可以纵向对称中心线作为基准，标注箱体宽度、螺栓孔沿宽度方向的位置尺寸以及地脚螺栓孔位置尺寸等。

3. 功能尺寸直接标出

对影响机器工作性能及零部件装配性能的尺寸应直接标出，如轴孔中心距及其极限偏差按齿轮中心距极限偏差 f_a 标注；直接标注减速器中心高尺寸等。

4. 考虑铸造工艺特点

箱体大多为铸件，木模多由基本形体拼接而成，故应在基本形体的定位尺寸标出后，再标注各部分形体自身的形状尺寸，便于制作木模。

标注尺寸时应避免出现封闭尺寸链，所有圆角、倒角、起模斜度等都必须标注或在技术要求中说明。

三、标注几何技术规范要求

1. 标注尺寸公差

箱体零件图上应标注的尺寸公差有：

1) 轴承座孔的尺寸及其极限偏差，按装配图上选定的配合要求进行标注。
2) 轴承座孔中心距的极限偏差 f'_a

$$f'_a = 0.8 f_a$$

式中，f_a 为齿轮副中心距极限偏差，可查表 6-2；式中系数是考虑滚动轴承误差和因配合间隙而引起轴线偏移的补偿。

3) 箱座底面至剖分面高度的偏差。加工剖分式箱体时，先用刨削或铣削将剖分面加工至规定的高度，然后再将箱盖与箱座合上，镗出轴承座孔。由于制造上的误差，轴承座孔中心线可能与剖分面不重合，以致底面与轴承座孔中心的高度不等于箱座高度。一般要求高度的公差按 h11 确定。

2. 标注几何公差

箱体座上的几何公差主要有轴承座孔的圆柱度公差和两平行轴线的平行度公差。前者是为了矫正轴承的变形，后者是为了保证齿轮啮合载荷分布的均匀性。

(1) 轴承座孔的圆柱度公差　　轴承座孔的圆柱度公差参见表 9-58，表中还对轴承座孔定位端面提出了端面圆跳动要求，当轴承座孔没有端面参与轴承轴向定位时，该项要求则在箱座上以轴承座孔轴线与端面的垂直度公差体现。

(2) 箱体两平行孔轴线的平行度偏差的计算　　如图 7-15 所示，为了确保齿轮副啮合的接触精度，对齿轮副轴线平行度偏差提出了要求。其中，L 为轴承支承跨距，b 为齿轮宽度。在两轴线平面上的平行度为 $f_x = (L/b)F_\beta$；垂直面上的平行度为 $f_y = 0.5(L/b)F_\beta$。F_β 值可查表 9-61 确定。由此确定了箱体两平行孔轴线的平行度要求，其平行度偏差的计算式为

$$f'_x = 0.8 f_x; f'_y = 0.8 f_y$$

此外，为了保证装配时齿轮相对箱体的正确位置，还对同一轴上的两个支承孔轴线提出了同轴度要求，对公共轴线提出了相对端面的垂直度要求。

圆柱齿轮减速器箱座结构的图样表达和几何公差的标注，如图 7-16 所示。

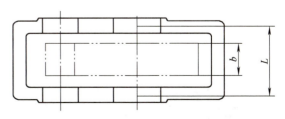

图 7-15　箱体两平行孔轴线平行度偏差的计算

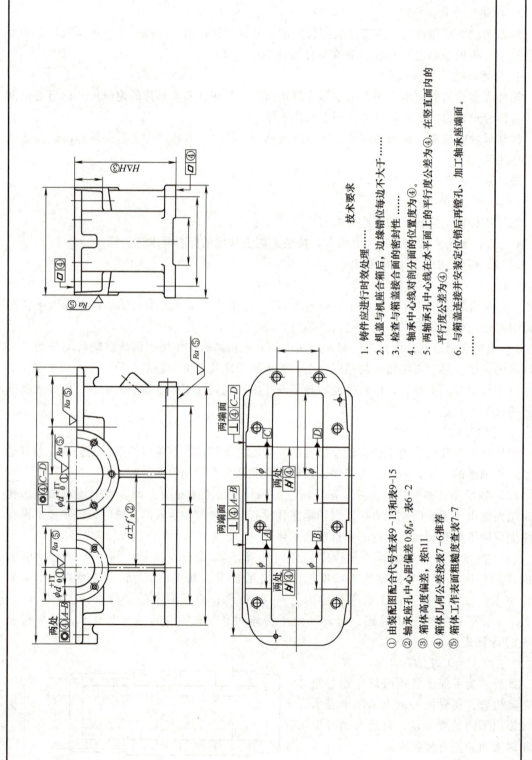

图 7-16 圆柱齿轮减速器箱座结构的图样表达和几何公差的标注

第四节 箱体零件图设计教学范例

减速器箱体的几何公差项目及公差等级可参考表 7-6 确定。先按表中的推荐确定公差等级，再查表 9-19～表 9-22 确定具体公差值。其中，7 级公差为几何公差的基本级。

表 7-6 箱体的几何公差等级

类别	项目	等级	作用
几何公差	轴承座孔的圆柱度	表 9-58	影响箱体与轴承的配合性能及对中性
	剖分面的平面度	7～8	影响剖分面的密合性能
位置公差	轴承座孔轴线间的平行度	见 f_x'、f_y' 计算	影响齿面接触斑点及载荷分布的均匀性
	两轴承座孔轴线的同轴度	6～8	影响轴系安装及齿面载荷分布的均匀性
	轴承座孔轴线与端面的垂直度	7～8	影响轴承固定及轴向载荷的均匀性
	轴承座孔轴线对剖分面的位置度	<0.3mm	影响孔系精度及轴系装配

3. 标注表面粗糙度

箱体座上表面粗糙度的分析应该首先确定轴承座孔的表面粗糙度要求，然后类比确定其他表面。箱体零件的加工表面粗糙度的推荐用值见表 7-7。

表 7-7 箱体零件的加工表面粗糙度的推荐用值　　　　　　　　　　（单位：μm）

加工表面	Ra	加工表面	Ra
减速器剖分面	3.2～1.6	减速器底面	12.5～6.3
轴承座孔面	查表 9-59	轴承座孔外端面	查表 9-59
圆锥销孔面	1.6～0.8	螺栓孔座面	12.5～6.3
嵌入式端盖凸缘槽面	6.3～3.2	油塞孔座面	12.5～6.3
窥视孔盖接触面	12.5～6.3	其他非配合表面	12.5～6.3

四、编写技术要求

箱体的技术要求包括下列几个方面：

1）未注铸造圆角和铸造斜度。
2）对铸件质量要求的说明，如铸件不能有裂纹和超过规定的缩孔等。
3）箱体应进行时效处理，以消除内应力。
4）箱盖与箱座的定位销孔，应一起配钻、配铰。
5）加工箱盖与箱座轴承孔时，应先安装好定位销，拧紧联接螺栓，然后进行镗孔。
6）未注公差尺寸的公差等级。
7）接合面的密封性检查。
8）箱体加工好后须经清洗和涂漆。

以上技术要求不一定全部列出，设计者应根据具体情况选择其中重要的项目列出即可。

五、箱体零件图范例

根据装配图完成减速器箱体结构设计后，即可以着手进行箱体零件图的设计和绘制。图 7-17 为与本书减速器装配图设计范例相对应的箱座零件图。对于使用计算机绘图软件完成的减速器装配图，可以借助复制与粘贴功能将箱体主要结构图线提取到新建文件中，以此为基础可加快绘图速度。

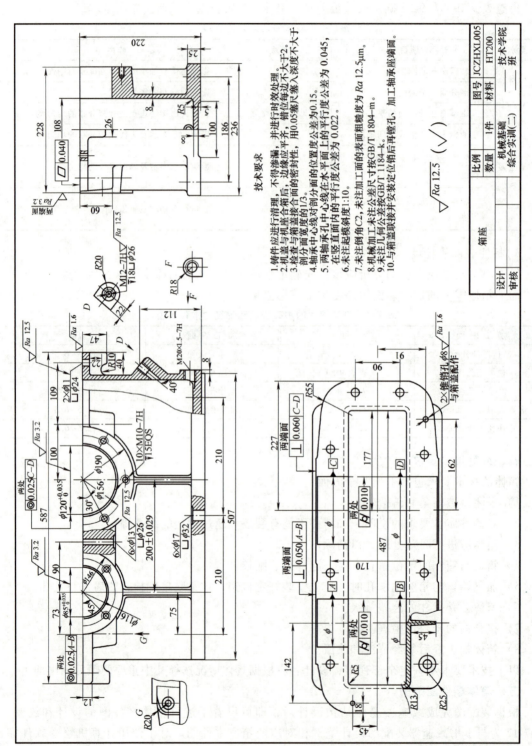

图 7-17 圆柱齿轮减速器箱座工作图设计范例

第四节 箱体零件图设计教学范例

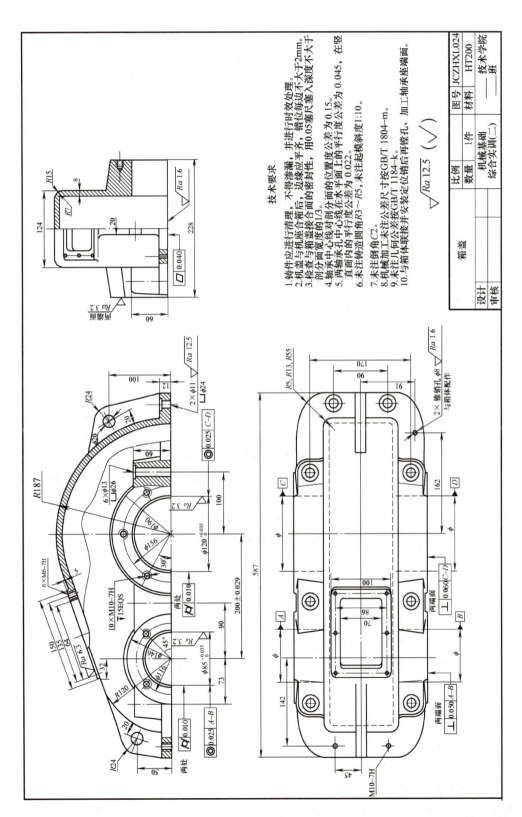

图 7-18 圆柱齿轮减速器箱盖零件图设计范例

1. 箱座几何精度设计

（1）尺寸公差 轴承座孔 $\phi 85$mm 和 $\phi 120$mm，根据装配图设计它们的尺寸公差选择 H7。由公称尺寸查表 9-13 和表 9-15，得两孔的尺寸及极限偏差分别为 $\phi 85^{+0.035}_{0}$mm 和 $\phi 120^{+0.035}_{0}$mm。

轴承座孔中心距尺寸 200mm，按齿轮 8 级精度查表 6-2，f_a 标准公差值为 0.036mm，所以 $f'_a = 0.8 \times 0.036$mm $= 0.0288$mm，取整为 0.029mm。

（2）几何公差

1）箱体剖分面的平面度。根据表 7-6 取 7 级精度，查表 9-20，箱座剖分面长×宽尺寸为 587mm×224mm，7 级公差用 587mm 为主要参数查得平面度公差为 0.040mm。

2）轴承座孔的圆柱度。轴承座孔的圆柱度参见表 9-58，以孔直径为主参数，轴承 6213 外壳孔（主参数 120mm）的圆柱度公差为 0.010mm，轴承 6209 外壳孔（主参数 85mm）的圆柱度公差为 0.010mm。

3）同轴度。同轴度以孔直径为主参数，根据表 7-6 按基本级 7 级公差值确定，具体公差值见表 9-22，结果分别为 0.025mm。

4）垂直度。根据表 7-6 垂直度亦按基本级 7 级确定公差值。以两孔接触端面直径为 190mm（$\phi 120$mm 孔端面）和 146mm（$\phi 85$mm 孔端面）为主参数，查表 9-21，分别为 0.060mm 和 0.050mm。

5）箱体两平行孔轴线的平行度。由装配图可以得出，齿轮宽度 $b = 83$mm，轴承支承跨度 $L = 150$mm，$F_\beta = 0.036$mm，所以 $f'_x = 0.8 f_x = 0.045$mm，$f'_y = 0.8 f_y = 0.022$mm。

（3）表面粗糙度 首先，确定轴承座孔的表面粗糙度要求。轴承座孔的表面粗糙度查表 9-59，结果均为 $Ra3.2\mu m$。其余加工表面查表 7-7 确定。为了保证上下箱体贴合，剖分面表面粗糙度取 $Ra1.6\mu m$；轴承座孔端面表面粗糙度取 $Ra3.2\mu m$；定位销孔面取 $Ra1.6\mu m$；螺栓联接孔、减速器底面等其他表面的表面粗糙度取 $Ra12.5\mu m$。

参照箱座零件图绘制过程，可以绘制圆柱齿轮减速器箱盖零件图，如图 7-18 所示。

2. 箱座（盖）机械加工工艺路线

本例箱体采用灰铸铁铸件毛坯，在小批量生产条件下可选的加工工艺路线为：

铸造—退火—划线—铣（刨）削平面—联接孔加工—合箱铣端面—镗孔—端面孔加工。

第五节 零件图设计拓展

齿轮类零件的零件图虽然视图表达方式相对固定，图形也有规定的画法，但其几何精度设计的内容比较丰富，所要考虑的问题也较复杂。

齿轮图形应按照国家标准的有关规定绘制，要求完整地表示出零件的几何形状及齿轮坯各部分尺寸和加工要求。齿轮的零件图中除了零件图形和技术要求外，还应有包括齿轮基本参数及误差检验项目的啮合特性表。

齿轮零件的几何技术规范要求包括齿轮精度、检验项目、啮合侧隙和齿坯公差等。下面介绍圆柱齿轮的精度设计。

一、圆柱齿轮传动精度设计

1. 齿轮精度等级的确定

根据国家标准的推荐，圆柱齿轮精度分为 13 个等级，0、1、2 级为超精度级；3、4、5

级为高精度级；6、7、8 级为常用精度级；9 级为较低精度级；10、11、12 级为低精度级。

选择齿轮精度的方法主要有计算法和类比法两种。通常采用类比法确定齿轮精度等级。类比法是查阅类似机构的设计方案，再根据经实际验证的已有结果来确定齿轮的精度等级的方法。表 7-8 给出了部分产品或机构齿轮精度等级的应用情况，一般（通用）减速器中的齿轮精度等级为 6~9 级。对于既传递运动又传递动力的齿轮，其精度等级与圆周速度密切相关，根据齿轮最高圆周速度按表 7-9 可确定相应的精度等级。需要说明，齿轮精度的评定指标有多个项目，每个项目对齿轮传动的影响也不同，所以各项目也可以取不同的精度等级。

表 7-8　部分产品或机构齿轮精度等级的应用情况

产品或机构	精度等级	产品或机构	精度等级
精密仪器、测量齿轮	2~5	内燃机车	6~7
汽轮机、透平齿轮	3~6	一般（通用）减速器	6~9
航空发动机	3~7	拖拉机、载重汽车	6~9
金属切削机床	3~8	轧钢机	6~10
航空发动机	4~8	农用机械、起重机械	7~10
轻型汽车、汽车底盘、机车	5~8	起重机械、矿用绞车	8~10

表 7-9　齿轮精度等级与圆周速度的应用情况

工作条件	圆周速度（m/s）		应用情况	精度等级
	直齿	斜齿		
动力传动		>70	用于很高速度的透平传动齿轮	4
		>30	用于高速度的透平传动齿轮、重型机械进给机构、高速重载齿轮	5
		30	高速传动齿轮、有高可靠性要求的工业机器齿轮、重型机械的功率传动齿轮、作业率很高的起重运输机械齿轮	6
	≤15	≤25	高速和适度功率或大功率和适度速度条件下的齿轮；冶金、矿山、林业、石油、轻工、工程机械和小型工业齿轮箱（通用减速器）有可靠性要求的齿轮	7
	≤10	≤15	中等速度较平稳传动的齿轮、冶金、矿山、林业、石油、轻工、工程机械和小型工业齿轮箱（通用减速器）的齿轮	8
	≤4	≤6	一般性工作和噪声要求不高的齿轮、受载低于计算载荷的齿轮、速度大于 1m/s 的开式齿轮传动和转盘的齿轮	9

2. 齿轮精度检验项目与评定指标的确定

齿轮精度的评定指标有许多项目，根据齿轮工作要求将评定指标进行分类，见表 7-10。

表 7-10 齿轮精度评定指标

序号	齿轮工作要求	主要影响因素	齿轮精度评定指标
1	传递运动准确性	齿距分布不均匀（径向误差，切向误差）	切向综合总偏差 F_i' 径向综合总偏差 F_i'' 径向跳动 F_r 齿距累积总偏差 F_p 齿距累积偏差 F_{Pk}（偏重局部控制） 公法线长度变动 F_w
2	运动平稳性	齿形轮廓的变形（齿形误差、齿距误差、基带误差）	一齿切向综合偏差 f_i' 一齿径向综合偏差 f_i'' 轮廓总偏差 F_α 轮廓形状偏差 $f_{f\alpha}$ 轮廓偏斜偏差 $f_{H\alpha}$ 单个齿距偏差 f_{Pt} 基圆齿距偏差 f_{Pb}
3	载荷分布均匀性	齿形轮廓误差（沿齿高） 齿向误差（沿齿长）	轮廓总偏差 F_α 轮廓形状偏差 $f_{f\alpha}$ 轮廓偏斜偏差 $f_{H\alpha}$ 螺旋线总偏差 F_β 螺旋线形状偏差 $F_{f\beta}$ 螺旋线倾斜偏差 $F_{H\beta}$
4	侧隙合理性	中心距偏差、齿厚偏差、公法线长度变动偏差	①单个齿轮： 齿厚偏差 E_{sn} 公法线长度偏差 E_{bn} ②齿轮副： 接触斑点 轴线平面内的轴线平行度误差 $f_{\Sigma\delta}$ 垂直平面上的轴线平行度误差 $f_{\Sigma\beta}$ 中心距偏差 Δf_a

上述评定指标并不是全部要作为齿轮加工的检验项目，通常将 F_P、f_{pt}、F_α、F_β 及齿厚偏差等作为必检项目，其余可协商确定。检验项目的选择主要考虑齿轮的精度等级、生产批量、尺寸规格、检验的目的以及检验的设备等因素。在选择检验项目时，可以从表 7-11 推荐的检验组中选取一组。检验项目的公差值可查表 9-60～表 9-62 齿轮精度标准确定。

表 7-11 齿轮检验组

检验组	检验项目	适用等级
1	F_p、F_α、F_r、F_β、E_{sn} 或 E_{bn}	5～8
2	F_{pk}、F_α、f_{pt}、F_r、F_β、E_{sn} 或 E_{bn}	3～6
3	F_p、F_α、f_{pt}、F_r、F_β、E_{sn} 或 E_{bn}	5～8
4	F_i''、f_i''、F_β、E_{sn} 或 E_{bn}	5～9
5	F_i'、f_i'、F_β、E_{sn} 或 E_{bn}	3～8
6	f_{pt}、F_r、E_{sn} 或 E_{bn}	10～12

3. 齿轮副最小侧隙 j_{bnmin} 及齿厚偏差

对于用黑色金属齿轮和黑色金属箱体制造的传动装置，当其箱体、轴和轴承都采用常用的制造公差时，最小侧隙计算式为

$$j_{bnmin} = \frac{2}{3}(0.06+0.0005a+0.03m_n)$$

齿厚偏差分为齿厚上极限偏差 E_{sns} 和齿厚下极限偏差 E_{sni}，齿厚上极限偏差 E_{sns} 即齿厚的最小减薄量。在中心距确定的情况下，齿厚上极限偏差决定齿轮副的最小侧隙。齿厚上极限偏差有经验法、计算法和简易计算法三种确定方法，下面介绍简易计算法。

根据已确定的最小法向侧隙 j_{bnmin}，用简易公式计算

$$E_{sns1}+E_{sns2} = -j_{bnmin}/\cos\alpha_n$$

式中，E_{sns1} 和 E_{sns2} 分别为小齿轮和大齿轮的齿厚上极限偏差。若大、小齿轮齿数相差不大，可取两者相等，即

$$E_{sns1} = E_{sns2} = -j_{bnmin}/2\cos\alpha_n$$

若大、小齿轮齿数相差较大，一般使大齿轮的齿厚减薄量大一些，小齿轮的齿厚减薄量小一些，以使大、小齿轮的强度匹配。

齿厚下极限偏差 E_{sni} 影响最大侧隙。除精密读数机构或对最大侧隙有特殊要求的齿轮外，一般情况下最大侧隙并不影响传递运动的性能。因此，在很多场合允许较大的齿厚公差，以求获得经济制造成本。

齿厚下极限偏差可用下面的公式计算

$$E_{sni} = E_{sns} - T_{sn}$$

式中，T_{sn} 为齿厚公差，计算式为

$$T_{sn} = 2\tan\alpha_n\sqrt{F_r^2+b_r^2}$$

式中，F_r 为径向跳动公差，查表 9-60；b_r 为切齿径向进刀公差，查表 7-12 后，再按分度圆直径查取标准公差值。

表 7-12 切齿径向进刀公差 b_r

齿轮精度等级	4	5	6	7	8	9
b_r	1.26IT7	IT8	1.26IT8	IT9	1.26IT9	IT10

当通过齿厚来控制侧隙时，齿轮零件图上的参数表中标出齿厚的上、下极限偏差 E_{sns} 和 E_{sni} 即可。为了方便测量，国家标准规定可以通过公法线长度来控制侧隙。这时，需要在零件图上标出公法线长度及其偏差值。对于标准外啮合直齿圆柱齿轮其公法线长度可由下式确定

$$W_k = m[2.9521(k-0.5)+0.014z]$$

式中，m 为齿轮模数，z 为齿轮齿数，k 为跨数（$k \approx z/9+0.5$，四舍五入取整数）。

公法线长度偏差计算式为

$$E_{bns} = E_{sns}\cos\alpha_n - 0.72F_r\sin\alpha_n$$
$$E_{bni} = E_{sni}\cos\alpha_n + 0.72F_r\sin\alpha_n$$

4. 齿坯公差

齿轮类零件切齿前应先加工好齿轮齿坯，齿坯的几何精度是轮齿加工和工作精度的重要

保证。圆柱齿轮的基准主要是轮毂孔、轮毂端面和齿顶圆柱面;齿轮轴一般以两端中心孔为基准,当零件刚度较低或轴较长时,就要以轴颈为基准。带孔齿轮的齿坯基准 S_i、S_r 及公差项目如图 7-19 所示,齿轮轴齿坯的基准 S_i、S_r 及公差项目如图 7-20 所示。

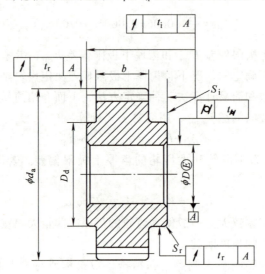

图 7-19　带孔齿轮的齿坯基准 S_i、S_r 及公差项目

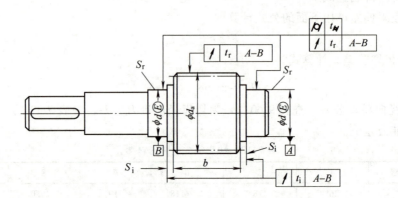

图 7-20　齿轮轴的齿坯基准 S_i、S_r 及公差项目

带孔齿轮轮毂孔不仅是齿轮的装配基准,也是切齿和检测的基准,孔的加工质量直接影响到零件的旋转精度,所以,应标出孔直径的尺寸极限偏差和圆柱度公差。轮毂端面是装配定位基准,也是切齿时的定位基准,它将影响安装和切齿精度,应标出基准端面对孔中心线的圆跳动公差。齿轮的齿顶圆作为测量基准时有两种情况:一种是加工时用齿顶圆定位或找正,此时需要控制齿顶圆的径向圆跳动误差;另一种情况是用齿顶圆定位检验齿厚偏差,因此,应标注出尺寸偏差和径向圆跳动公差。

齿轮零件所有表面都应注明表面粗糙度,对于不同精度、不同加工方法的齿轮齿廓表面有相应的粗糙度数值要求,处理不当将影响齿面的工作能力和齿轮加工的工艺性。

圆柱齿轮的参数表、尺寸公差、几何公差和表面粗糙度图样标注及数据标注如图 7-21 所示。

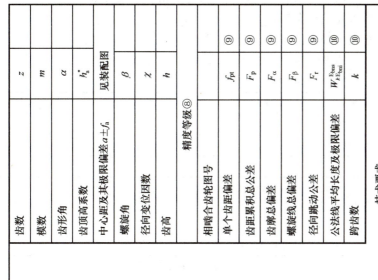
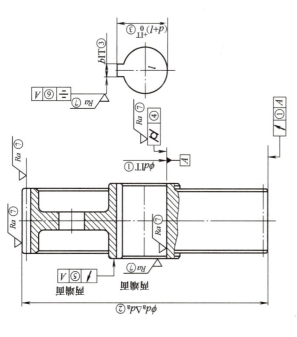

图 7-21 圆柱齿轮的参数表、尺寸公差、几何公差和表面粗糙度图样标注及数据标注

齿轮轴孔、齿轮轴轴颈和齿顶圆直径的尺寸公差按齿轮的精度等级可参考表 7-13。

齿坯基准面和安装面的形状公差查表 7-14。

齿坯安装面的跳动公差查表 7-15。

键槽宽度 b 和尺寸 $(d-t_1)$ 的极限偏差查表 9-50，对称度公差查表 9-22。

表 7-13 齿轮轴孔、齿轮轴轴颈和齿顶圆直径的尺寸公差

齿轮精度等级		6	7	8	9	10
孔	尺寸公差	IT6	IT7		IT8	
轴	尺寸公差	IT5	IT6		IT7	
齿顶圆直径		IT8			IT9	

注：1. 当齿顶圆柱面不作测量基准时，其尺寸公差按 IT11 给定，但不大于 $0.1m_n$。
2. 齿顶圆的尺寸公差带基本偏差通常采用 h。
3. IT 标准公差值见表 9-13。

表 7-14 齿坯基准面和安装面的形状公差（摘自 GB/Z 18620.3—2008）

确定基准轴线的方法	基准面的公差项目及要求		
	圆度	圆柱度	平面度
用两个"短的"圆柱或圆锥形基准面	$0.04\dfrac{L}{b}F_\beta$ 或 $0.1F_p$ 取两者中之小值		
一个"长的"圆柱或圆锥形基准面		$0.04\dfrac{L}{b}F_\beta$ 或 $0.1F_p$ 取两者中之小值	
一个"短的"圆柱基准面和一个相垂直的基准端面	$0.06F_p$		$0.06\dfrac{D_d}{b}F_\beta$

注：1. 齿坯的公差应减至能经济制造的最小值。
2. L 为较大的轴承跨距（mm），D_d 为基准面直径（mm），b 为齿宽（mm）。
3. 偏差 F_β（μm）见表 9-61、偏差 F_p（μm）见表 9-60。

表 7-15 齿坯安装面的跳动公差（摘自 GB/Z 18620.3—2008）

确定轴线的基准面	跳动量	
	径向	轴向
仅指圆柱或圆锥形基准面	$0.15(L/b)F_\beta$ 或 $0.3F_p$ 取两者中之大值	
一个圆柱基准面和一个端面基准	$0.3F_p$	$0.2(D_d/b)F_\beta$

注：1. 齿坯的公差应减至能经济制造的最小值。
    2. L 为较大的轴承跨距（mm），D_d 为基准面直径（mm），b 为齿宽（mm）。
    3. 偏差 F_β（μm）见表 9-61、偏差 F_p（μm）见表 9-60。

圆柱齿轮主要表面的表面粗糙度 Ra 值可按表 7-16 的推荐值选取。

表 7-16 圆柱齿轮主要表面的表面粗糙度 Ra 值　　　　　（单位：μm）

齿轮精度等级		6	7	8	9	10
轮齿工作面 (GB/Z 18620.4—2008)	模数 $m\leqslant 6$	0.8	1.25	2.0	3.2	5
	模数 $6<m\leqslant 25$	1.0	1.6	2.6	4.0	6.3
齿坯表面	基准孔	1.25	1.25~2.5			5
	基准轴颈	0.63	1.25			2.5
	基准端面	2.5~5			3.2~5	
	顶圆柱面	3.2~5				
平键键槽		工作面：3.2；非工作面：12.5~6.3				

二、齿轮零件图教学范例

根据装配图完成齿轮结构设计，即可以着手进行齿轮零件图的设计和绘制。图 7-22 所示为与减速器装配图设计范例相对应的大齿轮零件图。对于使用计算机绘图软件完成的减速器装配图，可以使用复制与粘贴等功能很方便地将齿轮零件的主要结构廓线复制到新建的计算机绘图文件中，这样可大大加快绘图的速度。

1. 齿轮几何精度设计

（1）齿轮精度等级确定　本例中已知直齿圆柱齿轮的模数 $m=2.5$mm，直径 $d_1=75$mm，$d_2=325$mm，小轮转速 $n_1=309.68$r/min，则齿轮圆周速度为

$$v_1=\frac{\pi d_1 n_1}{60\times 1000}=\frac{3.14\times 75\times 309.68}{60\times 1000}\text{m/s}=1.22\text{m/s}$$

按表 7-8，通用减速器齿轮精度为 6~9 级，按表 7-9，该齿轮按圆周速度选用 9 级即可，综合考虑减速器齿轮加工方法（滚齿、插齿为主要加工方法，其经济精度可达 8 级），最后选择齿轮精度等级为 8 级。

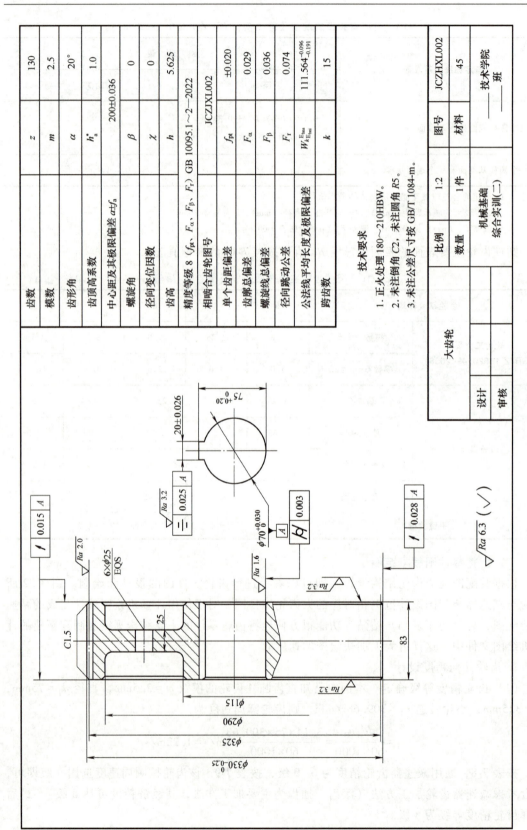

图 7-22 大齿轮零件图设计范例

第五节 零件图设计拓展

（2）检验组确定　由表 7-11，本例齿轮选择第三组检验组，查表 9-60、表 9-61 结果为

$$f_{pt} = \pm 0.020\text{mm}$$
$$F_p = 0.092\text{mm}$$
$$F_\alpha = 0.029\text{mm}$$
$$F_\beta = 0.036\text{mm}$$
$$F_r = 0.074\text{mm}$$

（3）确定齿轮副最小侧隙 j_{bnmin} 及齿厚偏差　本例传动装置采用钢制齿轮和铸铁箱体制造，箱体、轴和轴承都采用常用的制造公差，最小侧隙计算式为

$$j_{bnmin} = \frac{2}{3}(0.06 + 0.0005a + 0.03m_n)$$

将有关数据带入上式，则

$$j_{bnmin} = \frac{2}{3}(0.06 + 0.0005 \times 200 + 0.03 \times 2.5) = 0.1566\text{mm}$$

考虑到大小齿轮齿厚相差有限，所以两齿轮取相同的齿厚上极限偏差，按简明算法

$$E_{sns} = -j_{bnmin}/(2\cos\alpha_n) = -0.1566\text{mm}/2\cos 20° = -0.0833\text{mm}$$

为了保证最小侧隙，取 $E_{sns1} = E_{sns2} = -0.083$mm（保留 3 位小数）

计算齿厚下极限偏差，查表 9-60，得

$F_{r1} = 0.043$mm，$F_{r2} = 0.074$mm

查表 7-12

$b_{r1} = 1.26\text{IT9} = 1.26 \times 0.074\text{mm} = 0.0932\text{mm}$（其中，IT9 以分度圆直径 ϕ75mm 按 9 级公差查表 9-13 选取）

$b_{r2} = 1.26\text{IT9} = 1.26 \times 0.140\text{mm} = 0.1764\text{mm}$（其中，IT9 以分度圆直径 ϕ325mm 按 9 级公差查表 9-13 选取）

齿厚公差 $T_{sn1} = 2\tan\alpha_n\sqrt{F_r^2 + b_r^2} = 2\tan 20°\sqrt{0.043^2 + 0.0932^2}\text{mm} = 0.075\text{mm}$

$T_{sn2} = 2\tan\alpha_n\sqrt{F_r^2 + b_r^2} = 2\tan 20°\sqrt{0.074^2 + 0.1764^2}\text{mm} = 0.139\text{mm}$

因此，齿厚下极限偏差　$E_{sni1} = E_{sns} - T_{sn} = -0.083\text{mm} - 0.075\text{mm} = -0.158\text{mm}$

$$E_{sni2} = E_{sns} - T_{sn} = -0.083\text{mm} - 0.139\text{mm} = -0.222\text{mm}$$

当通过齿厚来控制侧隙时，在齿轮参数表中直接标注 Esns 和 Esni 即可。若要通过公法线长度来控制侧隙，则在齿轮参数表中应标注公法线长度及偏差。计算式为

小齿轮公法线长度的上下极限偏差

$E_{bns1} = E_{sns1}\cos\alpha_n - 0.72F_r\sin\alpha_n = (-0.083\cos 20° - 0.72 \times 0.043\sin 20°)\text{mm} = -0.088\text{mm}$

$E_{bni1} = E_{sni1}\cos\alpha_n + 0.72F_r\sin\alpha_n = (-0.158\cos 20° + 0.72 \times 0.043\sin 20°)\text{mm} = -0.137\text{mm}$

大齿轮公法线长度的上下偏差

$E_{bns2} = E_{sns2}\cos\alpha_n - 0.72F_r\sin\alpha_n = (-0.083\cos 20° - 0.72 \times 0.074\sin 20°)\text{mm} = -0.096\text{mm}$

$E_{bni2} = E_{sni2}\cos\alpha_n + 0.72F_r\sin\alpha_n = (-0.222\cos 20° + 0.72 \times 0.074\sin 20°)\text{mm} = -0.191\text{mm}$

两齿轮的公法线长度计算如下（标准外啮合直齿圆柱齿轮）

小齿轮　　　　　$k_1 \approx \dfrac{z_1}{9} + 0.5\text{mm} = \left(\dfrac{30}{9} + 0.5\right)\text{mm} = 3.8\text{mm}$ 取 4mm

$W_{K1} = m[2.9521(k_1-0.5)+0.014z_1] = 2.5[2.9521(4-0.5)+0.014\times30]\text{mm} = 26.881\text{mm}$

大齿轮 $\quad k_2 \approx \dfrac{z_2}{9}+0.5\text{mm} = \left(\dfrac{130}{9}+0.5\right)\text{mm} = 14.9\text{mm}$ 取 15mm

$W_{K2} = m[2.9521(k_2-0.5)+0.014z_2] = 2.5[2.9521(15-0.5)+0.014\times130]\text{mm} = 111.564\text{mm}$

于是小齿轮 $W_{k1}{}_{E_{\text{bni}}}^{E_{\text{bns}}} = 26.881_{-0.137}^{-0.088}\text{mm}$；大齿轮 $W_{k2}{}_{E_{\text{bni}}}^{E_{\text{bns}}} = 111.564_{-0.191}^{-0.096}\text{mm}$

最后，将以上数据填入齿轮零件图右上角的参数表中即可。参见表 7-17。

表 7-17 齿轮零件图中的参数表

法向模数	m_n	2.5
齿数	z	130
齿形角	α	20°
齿顶高系数	h_a^*	1.0
径向变位系数	x	0
配对齿轮	图号	JCZJXL002
	齿数	30
中心距及其极限偏差	f_a	200±0.036
精度等级		8GB/T 10095.1~2—2022
单个齿距偏差	f_{pt}	±0.020
齿距累积总偏差	F_p	0.092
齿廓总偏差	F_α	0.029
螺旋线总偏差	F_β	0.036
径向跳动公差	F_r	0.074
公法线长度及其偏差	$W_k{}_{E_{\text{bni}}}^{E_{\text{bns}}}$	$111.564_{-0.191}^{-0.096}$
跨齿数	k	15

（4）齿坯公差设计

1）尺寸公差。ϕ70mm 齿轮基准孔，根据装配图设计基准孔尺寸精度为 H7。查表 9-15，尺寸及极限偏差为 $\phi 70_{0}^{+0.030}\text{mm}$。

齿顶圆尺寸偏差，与齿轮测量是否需要齿顶圆作为基准有关。本例齿轮测量公法线长度不需要齿顶圆作为测量基准，由表 7-13 可知其尺寸公差按 IT11 给定，但不大于 $0.1m_n$。直径为 ϕ330mm 时，查表 9-13 确定尺寸公差为 0.36mm，而由 $0.1m_n$ 确定应为 0.25mm，故齿顶圆尺寸及极限偏差按 $\phi 330_{-0.25}^{0}\text{mm}$ 标注。

键槽（此处为毂槽）的尺寸要求见表 9-50，这里选择正常联接。对于齿轮 ϕ70mm 孔表面，查表 9-50 可确定槽宽尺寸及极限偏差为 (20±0.026)mm；槽深尺寸及极限偏差为 $75_{0}^{+0.2}\text{mm}$。

其余尺寸为未注公差尺寸。

2）几何公差。国家标准将齿坯分为三种情形，基准面和安装面的几何公差要求见表 7-14。基准面是指用来确定基准轴线的表面，本例属于带孔齿轮，符合表中的第二种情况。ϕ70mm 孔柱面是基准面，应该标注圆柱度。由装配图知道本例低速轴支承轴承跨距 $L =$

150mm，齿轮齿宽 $b=83$mm，按照 $d_{a2}=330$mm，$m_n=2.5$mm，精度等级取 8 级，查表 9-61 确定齿距累积公差 $F_\beta=0.036$mm，查表 9-60，$F_p=0.092$mm。于是，基准孔的圆柱度公差值计算式为

$$0.04(L/b)F_\beta=0.04\times150\text{mm}\div83\times0.036\text{mm}=0.0026\text{mm}$$

或

$$0.1F_p=0.1\times0.092\text{mm}=0.009\text{mm}$$

最后，取基准孔的圆柱度公差两者中的小值，即为 0.003mm。

安装面是指齿轮制造或检测时用来安装齿轮的表面。安装面的跳动公差要求参见表 7-15。本例的带孔齿轮考虑到加工过程中，往往要用齿顶圆相对基准面轴线的径向圆跳动量来判断安装是否到位（基准孔和心轴之间有间隙），所以，对齿顶圆提出了径向圆跳动要求。按表 7-15 的第二种情况，公差值为

$$t_r=0.3F_p=0.3\times0.092\text{mm}=0.0276\text{mm}，取整为 0.028\text{mm}。$$

同样的道理，如果基准孔和心轴之间有间隙，为了避免夹紧时齿坯倾斜，还应对齿坯端面提出端面圆跳动要求。按表 7-15，齿轮基准面直径 $D_d=330$ 时，公差值为

$$t_i=0.2\left(\frac{D_d}{b}\right)F_\beta=0.2\times\left(\frac{330}{83}\right)\times0.036\text{mm}=0.029\text{mm}$$

同时，在前面轴的几何公差分析中已经知道，安装时要求齿轮安装轴肩的端面圆跳动为 0.015mm，齿轮端面的端面圆跳动应该与之匹配，所以取较小者 0.015mm。

键槽表面几何公差的确定过程，与前面轴标注中的分析是相同的。8 级精度由宽度 $b=22$mm，查表 9-4 对称度公差值取为 0.025mm。

（5）表面粗糙度值的选择　国家标准对齿轮的表面粗糙度推荐了许用值，查表 7-16 可以确定圆柱齿轮主要表面的表面粗糙度值。基准孔为 1.6μm，端面为 3.2μm，齿顶圆为 6.3μm，齿面为 6.3μm。

平键键槽各表面按表 7-16 确定，键槽两侧面表面粗糙度 Ra 值一般取 1.6~3.2μm，键槽底面的表面粗糙度 Ra 值为 6.3~12.5μm。

其余非工作表面的 Ra 值为 6.3~12.5μm 即可。

2. 齿轮毛坯的选择与加工工艺路线

由于本例齿轮传动所用齿轮材料为 45 钢、正火或调质，由中等规模机械厂小批量生产，故两齿轮都采用自由锻造毛坯制造。中等精度齿轮可选的加工工艺路线为：

1）小齿轮：

下料—锻造—正火—粗车—调质—半精车、精车—滚齿—插键槽。

2）大齿轮：

下料—锻造—正火—粗车—半精车、精车—滚齿—插键槽。

第八章　设计计算说明书的编写

> **能力要求**
> 1. 知道机械设计计算说明书的功用、内容、格式、书写要求。
> 2. 能对工作过程中的分析、计算等进行书面总结、整理和说明。
> 3. 能够进行设计计算说明书的编写。

第一节　设计计算说明书编写概述

设计计算说明书是机械基础综合实训的整理和总结、是图样设计的理论根据，而且是审核设计的技术文件之一。因此，编写设计计算说明书是设计工作的一个重要组成部分。

一、设计计算说明书的内容

根据机械传动部件设计训练的实际，设计计算说明书内容与装订顺序推荐如下。

（一）首页

（1）设计题目　包括必需的简图。
（2）提要　原始数据、工作条件。

（二）前言

对本次综合训练的背景、目的、形式，以及对整个设计的组织、时间安排、所完成的内容等做大致介绍；对本设计计算说明书的内容作简介。

（三）综合训练任务书

由指导教师下发。

（四）目录

根据说明书完成内容再进行编目。

（五）正文

1. 总体设计

总体设计包括传动方案选择、分析，电动机的选择，传动比的分配，各轴的转速、功率和转矩计算，总体设计结果列表。

2. 传动综合设计

（1）带传动

1）确定计算功率。
2）选择 V 带的型号。
3）确定带轮的基准直径。
4）验算带速。
5）确定中心距与带的基准长度。

6）验算小带轮包角。
7）确定带的根数 Z。
8）计算单根 V 带的初拉力及带对轴的压力。
9）带传动计算结果。
10）确定 V 带轮的材料、尺寸和结构。
（2）齿轮传动
1）齿轮传动的特点。
2）服役条件：
① 工作环境条件。
② 工作载荷条件。
3）齿轮材料的选择：
① 基本性能要求。
② 适用材料及热处理工艺性能。
4）传动设计计算：
① 许用应力的设计计算。
② 设计准则：a. 失效形式及原因；b. 传动的设计准则。
③ 强度计算：a. 选择精度等级；b. 按设计准则进行强度设计；c. 确定主要参数；d. 强度校核。
5）齿轮的主要尺寸及结构：
① 主要尺寸，包括分度圆直径、中心距、齿宽。
② 齿轮的结构及轮缘截面尺寸。
6）毛坯的选择与加工工艺路线分析，包括毛坯选择，加工工艺路线的确定。
3. 减速器工作能力校核
（1）轴　选材分析，最小直径估算，结构设计，强度校核，加工路线。
（2）轴承　轴承类型的选择，型号确定，结构尺寸确定，寿命校核。
（3）键　型号选择，结构尺寸确定，强度校核。
（4）联轴器　类型选择、型号确定，结构尺寸确定，能力计算。
4. 箱体设计
（1）主要结构尺寸确定说明　包括箱体壁厚的确定，地脚螺钉、轴承旁螺钉、边缘螺钉等的计算确定及必要的说明。
（2）选材分析（略）
（3）加工工艺路线（略）
5. 减速器的润滑与密封
减速器的润滑与密封包括齿轮的润滑方式、轴承的润滑方式、减速器的密封。
6. 减速器附件的选用
包括油标、油塞、窥视孔盖……的选用及结构与主要尺寸的确定说明。
7. 几何精度设计
（1）齿轮精度设计
1）齿轮精度等级确定。

2）检验组及控制指标的确定。

3）最小啮合侧隙和公法线长度及偏差计算。

4）齿坯公差的计算。

（2）轴系配合精度设计　包括带轮与轴、齿轮与轴、轴承与轴、轴承与箱体、齿轮副中心距、键的配合……

（3）重要表面精度设计　包括重要表面的几何公差及表面粗糙度的分析确定。

（六）实训小结

简要说明实训的体会、收获，对设计作业的自我评价及进一步改进的意见。

（七）参考资料

注明参考资料的编号、作者、书名、出版社和出版时间。

二、设计计算说明书的要求和注意事项

设计计算说明书除系统的说明设计过程中所考虑的问题和全部的计算项目外，还应阐明设计的合理性、经济性以及装拆方面的有关问题。同时，还要注意下列事项：

1）说明书须用设计专用纸按上述推荐的顺序及规定格式用水笔等撰写，标出页次，编好目录，然后装订成册。说明书封面采用统一格式。设计计算说明书内容要求正确，计算准确，论述清楚，文字精练，插图简明，书写整洁。

2）计算部分的书写，首先列出用文字符号表达的计算公式，再代入有关数值，最后写下计算结果（不必写出中间的演算过程，标明单位，注意单位的统一，并且写法应一致，即全用汉字或全用符号，不要混用）。

3）对所引用的重要计算公式和数据，应注明来源——参考资料的编号和页次。对所得的计算结果应有简要的结论，例如，关于强度计算中应力计算的结论"低于许用应力""在规定范围内"等，也可用不等式表示。如计算结果与实际所取值相差较大，则应做简短的解释，说明原因。

4）为了清楚地说明设计计算内容，应附有必要的插图，例如传动方案简图、轴的结构简图、受力图、弯矩和转矩图等。在传动方案简图中对齿轮、轴等零件应统一编号，以便在计算中称呼或作注脚之用（注意，在全部计算中所使用的符号和注脚，必须前后一致，不要混乱）。

5）对每一些自成单元的内容，都应有大小标题，使其醒目突出。

6）所选的主要参数、尺寸和规格以及主要的计算结果等，可写在右侧留出的约30mm宽的长框内或集中采用表格形式表示。例如，各轴的运动和动力参数等数据可列表写出。

三、设计计算说明书的书写格式

设计计算说明书正文的书写格式见表8-1。

四、答辩准备

答辩是综合实训的最后一个重要环节。通过答辩的准备过程和答辩，可以系统地分析所做设计的优缺点，发现问题，总结机械传动装置设计的方法和步骤，提高机械设计的实践能力。也可以使教师更全面、深层次地检查学生掌握设计技巧、设计程序的情况。通过系统全面地总结和回顾，把还不懂、不清楚、考虑不周的问题进一步弄懂、弄清楚，以取得更大的收获。

答辩准备主要围绕下列问题进行：

第一节 设计计算说明书编写概述

1) 机械设计的一般方法和步骤。
2) 传动方案的分析。
3) 电动机的选择、传动比的分配。
4) 传动零件设计计算的主要内容及步骤。
5) 选择的材料和热处理方法。
6) 零件主要参数、结构形状及尺寸的确定。
7) 各装配零件间的相互关系。
8) 运用技术规范进行几何精度设计。
9) 设计资料、标准和规范的应用。
10) 减速器各零件的装配、调整、维护和润滑的方法等。

表 8-1 设计计算说明书正文的书写格式

设 计 内 容	计 算 及 说 明	主 要 结 果
一、总体设计 (一)传动方案 (二)选择电动机 1. 电动机类型 2. 电动机功率 ……	本装置工作载荷不大,布局和尺寸没有严格限制,采用如下图所示的 V 带传动与一级齿轮减速器组合的传动方案。并将 V 带传动放在高速级,既可缓冲吸振又能减小传动装置的尺寸 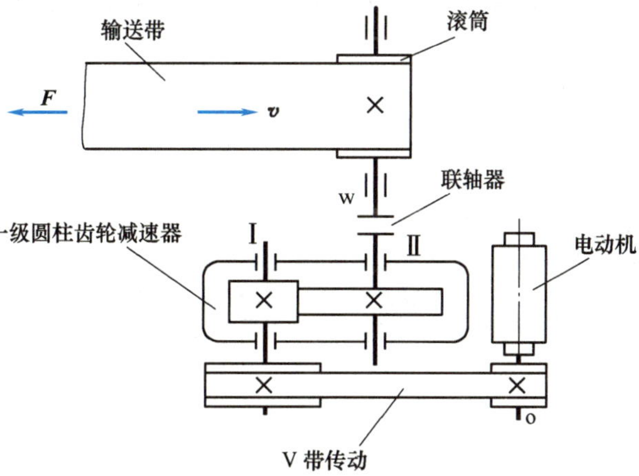 按照工作要求和使用条件,选用 Y 系列一般用途的全封闭自扇冷笼型三相异步电动机 1) 工作机所需功率为 $$P_w = \frac{Fv}{1000\eta_w}$$ $= 6000 \times 1.2/(1000 \times 0.94)$ kW $= 7.66$ kW …… 3) 选取电动机的额定功率: 按照 $P_m = (1 \sim 1.3)P_0$,并查表 2-1,选取电动机的额定功率 $P_m = 11$ kW ……	$P_w = 7.66$ kW 电动机额定功率 $P_m = 11$ kW

注:1. 表中设计内容栏和主要结果栏宽各为 30mm。
    2. 指导参考书目要求编号。

第二节　大学生机械设计竞赛理论方案说明书格式

XXX 采摘机器人设计方案书

设计者：_____，_____，_____

(_____技术学院，_____工程系)

作品内容简介

设计并制作了一套采摘机器人。通过拥有转向功能的三节履带传动方式，实现前行、后退、上台阶、下坡、站立等功能……（400~600 字以内。）

一、本作品的创新与特色

采摘机器人采用了特有的伸缩升降机构；双向电动机驱动，带动绕线滑轮实现钢丝绳的收紧，实现机构的灵活上升与下降；合理地利用了机械的自锁功能，可做到在任意位置停留。本机构稳定性好，具有较好的刚性。

利用电动机输出轴的旋转带动上下拨板采摘不同树枝上的果实；采摘受力平衡，减少了主体机械在采摘时的移动频率，提高了高层采摘的可靠性和效率。同时，在放果机构中采用弹性自定位装置，使得机器人放果机构简单、灵活，能快速准确地完成放果动作，减少了定位操作的难度……

二、主要功能和性能指标

1. 行走、转身、爬坡

……

2. 举升、采摘、收集

……

3. 下坡、投放

……

三、方案设计

1. 设计任务分析

提出本机器人设计方案要解决的主要问题；机械装置主要应由几个部分组成；各机械装置的工作要求及相互间的协调。

2. 各机械装置的原理方案

1）行走机构：

选用机构、基本组成、动作的实现过程、优缺点。

2）举升机构：

……

3）采摘机构：

……

3. 各机构工作协调性要求

……

四、机械结构设计

1. 行走机构

1）主要参数确定：
确定三节履带的带轮中心距，确定带轮直径，确定宽度间距。
2）布置三节带轮的位置、电动机的位置。
3）零件结构设计：
同步带、带轮、轴及支承的理论设计计算。
2. 举升机构
1）主要参数确定：
如举升高度、单节升杆长度的确定，升杆横截面尺寸的确定等。
2）举升杆的驱动连接，滑轮的布置，电动机位置的布置。
3）零件结构设计：
如升杆结构、滑轮、与本体的连接及理论设计计算等。
3. 采摘机构
1）主要参数确定：
如机构的垂直伸出长度、水平伸出长度的确定，果斗开口截面尺寸确定等。
2）齿条连接、齿轮的布置、电动机的位置等。
3）零件结构设计：
如齿轮、齿条连接结构、齿条与本体的连接及理论设计计算。
……

五、样机及试验数据

1. 作品实物外形
提供作品实物外形照片式注明实物照片，如图××-××所示。
2. 外廓尺寸
如注明机构收缩状态时，其长、宽、高之和为995mm。
3. 整机质量
如注明整机质量为12kg。
4. 样机运行试验数据
注明样机运行试验数据，如：
爬坡时间　30s。
采摘个数与时间　采摘20个（全部），平均每个20s。
下坡时间　30s。
放果时间　30s。
……
全部动作完成时间480s。
……

六、设计总结
……

七、附录及参考文献
如有附录材料和参考文献，可注明。格式如下：

附 录

（装配图、零件图和实物模型照片若干张）

参 考 文 献

［1］ ×××，×××. 可重构模块化机器人现状和发展［J］. 机器人，2001，23（3）：275~279.
［2］ ×××. 机器人技术基础［M］. 出版地：××××××出版社，1996：15~47.
［3］ ×××××，××××. 机器人机构学［M］. 出版地：××××出版社，1991：11~67.

第九章　机械设计常用标准和规范

第一节　一般标准

机械设计一般标准见表 9-1～表 9-12。

表 9-1　技术制图图纸幅面和格式（摘自 GB/T 14689—2008）

		基本幅面				（单位：mm）
幅面代号		A0	A1	A2	A3	A4
宽（B）×长（L）		841×1189	594×841	420×594	297×420	210×297
周边尺寸	e	20		10		
	c	10			5	
	a	25				

在图纸上必须用粗实线画出图框，其格式分为不留装订边和留有装订边两种，但同一产品的图样只能采用一种格式。

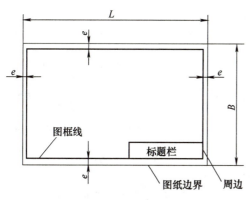

无装订边图纸(X 型)图框格式

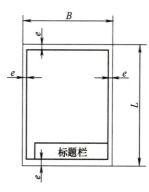

无装订边图纸(Y 型)图框格式

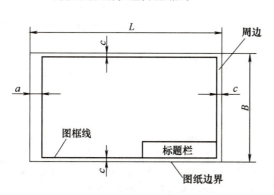

有装订边图纸(X 型)图框格式

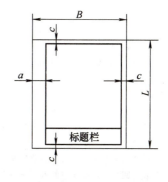

有装订边图纸(Y 型)图框格式

表 9-2 技术制图标准比例系列（摘自 GB/T 14690—1993）

原值比例	$1:1$
缩小比例	$(1:1.5)\ 1:2\ (1:2.5)\ (1:3)\ (1:4)\ 1:5\ (1:6)\ 1:1\times10^n\ \ 1:2\times10^n\ (1:2.5\times10^n)\ (1:3\times10^n)$ $(1:4\times10^n)\ 1:5\times10^n\ (1:6\times10^n)$
放大比例	$2:1\ (2.5:1)\ (4:1)\ 5:1\ \ 1\times10^n:1\ \ 2\times10^n:1\ \ (2.5\times10^n:1)\ (4\times10^n:1)\ (5\times10^n:1)$

注：括号中的比例尽量不用。

表 9-3 标准尺寸（直径、长度、高度等，摘自 GB/T 2822—2005）（单位：mm）

R			R'			R			R'			R			R'		
R10	R20	R40	R'10	R'20	R'40	R10	R20	R40	R'10	R'20	R'40	R10	R20	R40	R'10	R'20	R'40
2.50	2.50		2.5	2.5		40.0	40.0	40.0	40	40	40		280	280		280	280
	2.80			2.8				42.5			42			300			300
3.15	3.15		3.0	3.0			45.0	45.0		45	45	315	315	315	320	320	320
	3.55			3.5				47.5			48			335			340
4.00	4.00		4.0	4.0		50.0	50.0	50.0	50	50	50			355		360	360
	4.50			4.5				53.0			53			375			380
5.00	5.00		5.0	5.0			56.0	56.0		56	56	400	400	400	400	400	400
	5.60			5.5				60.0			60			425			420
6.30	6.30		6.0	6.0		63.0	63.0	63.0	63	63	63			450		450	450
	7.10			7.0				67.0			67			475			480
8.00	8.00		8.0	8.0			71.0	71.0		71	71	500	500	500	500	500	500
	9.00			9.0				75.0			75			530			530
10.0	10.0		10.0	10.0		80.0	80.0	80.0	80	80	80			560		560	560
	11.2			11				85.0			85			600			600
12.5	12.5	12.5	12	12	12		90.0	90.0		90	90	630	630	630	630	630	630
		13.2			13			95.0			95			670			670
	14.0	14.0		14	14	100	100	100	100	100	100			710		710	710
		15.0			15			106			105			750			750
16.0	16.0	16.0	16	16	16		112	112		110	110	800	800	800	800	800	800
		17.0			17			118			120			850			850
	18.0	18.0		18	18	125	125	125	125	125	125			900		900	900
		19.0			19			132			130			950			950
20.0	20.0	20.0	20	20	20		140	140		140	140	1000	1000	1000	1000	1000	1000
		21.2			21			150			150			1060			
	22.4	22.4		22	22	160	160	160	160	160	160		1120	1120			
		23.6			24			170			170			1180			
25.0	25.0	25.0	25	25	25		180	180		180	180	1250	1250	1250			
		26.5			26			190			190			1320			
	28.0	28.0		28	28	200	200	200	200	200	200		1400	1400			
		30.0			30			212			210			1500			
31.5	31.5	31.5	32	32	32		224	224		220	220	1600	1600	1600			
		33.5			34			236			240			1700			
	35.5	35.5		36	36	250	250	250	250	250	250		1800	1800			
		37.5			38			265			260			1900			

注：1. 选择系列及单个尺寸时，应首先在优先数系 R 系列中选用标准尺寸，选用顺序为 R10、R20、R40。如果必须将数值圆整，可在相应的 R' 系列中选用标准尺寸，选用顺序为 R'10、R'20、R'40。
　　2. 本标准适用于有互换性或系列化要求的主要尺寸，其他结构尺寸也应尽可能采用。本标准不适用于由主要尺寸导出的因变量尺寸和工艺上工序间的尺寸和已有专用标准规定的尺寸。

第一节 一般标准

表 9-4 中心孔（摘自 GB/T 145—2001）　　　　（单位：mm）

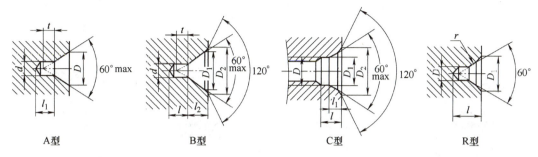

A型　　　　　　B型　　　　　　C型　　　　　　R型

d	D	D_2	l_2(参考)	t(参考)	l_{min}	r_{max}	r_{min}	D	D_1	D_2	l	l_1(参考)	选择中心孔的参考数据		
A、B、R型	A、R型	B型	A型	B型	A、B型	R型				C型			原料端部最小直径 D_0	轴状原料最大直径 D_c	工件最大质量 m
1.60	3.35	5.00	1.52	1.99	1.4	3.5	5.00	4.00							
2.00	4.25	6.30	1.95	2.54	1.8	4.4	6.30	5.00					8	>10~18	0.12
2.50	5.30	8.00	2.42	3.20	2.2	5.5	8.00	6.30					10	>18~30	0.2
3.15	6.70	10.00	3.07	4.03	2.8	7.0	10.00	8.00	M3	3.2	5.8	2.6	1.8	12	>30~50	0.5
4.00	8.50	12.50	3.90	5.05	3.5	8.9	12.50	10.00	M4	4.3	7.4	3.2	2.1	15	>50~80	0.8
(5.00)	10.60	16.00	4.85	6.41	4.4	11.2	16.00	12.50	M5	5.3	8.8	4.0	2.4	20	>80~120	1
6.30	13.20	18.00	5.98	7.36	5.5	14.0	20.00	16.00	M6	6.4	10.5	5.0	2.8	25	>120~180	1.5
(8.00)	17.00	22.40	7.79	9.36	7.0	17.9	25.00	20.00	M8	8.4	13.2	6.0	3.3	30	>180~220	2
10.00	21.20	28.00	9.70	11.66	8.7	22.5	31.50	25.00	M10	10.5	16.3	7.5	3.8	35	>180~220	2.5
									M12	13.0	19.8	9.5	4.4	42	>220~260	3

注：1. A型和B型中心孔的尺寸 l 取决于中心钻的长度，此值不应小于 t 值。
2. 括号内的尺寸尽量不采用。
3. 选择中心孔的参考数据不属 GB/T 145—2001 内容，仅供参考。

表 9-5 圆柱形轴伸（摘自 GB/T 1569—2005）　　　　（单位：mm）

d	L		d	L	
	长系列	短系列		长系列	短系列
6,7	16	—	80,85,90,95	170	130
8,9	20	—	100,110,120,125	210	165
10,11	23	20	130,140,150	250	200
12,14	30	25	160,170,180	300	240
16,18,19	40	28	190,200,220	350	280
20,22,24	50	36	240,250,260	410	330
25,28	60	42	280,300,320	470	380
30,32,35,38	80	58	340,360,380	550	450
40,42,45,48,50,55,56	110	82	400,420,440,450,460,480,500	650	540
60,63,65,70,71,75	140	105	530,560,600,630	800	680

d 的极限偏差

d	6~30	32~50	55~630
极限偏差	j6	k6	m6

表 9-6　配合表面的倒角和圆角（摘自 GB 6403.4—2008）　　　　（单位：mm）

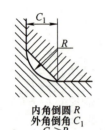 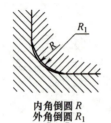 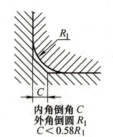 

内角倒圆 R　　　　　　内角倒圆 R　　　　　　内角倒角 C　　　　　　内角倒角 C
外角倒角 C_1　　　　　外角倒圆 R_1　　　　　外角倒圆 R_1　　　　　外角倒角 C_1
$C_1 > R$　　　　　　　$R_1 > R$　　　　　　　$C < 0.58 R_1$　　　　　$C_1 > C$

与直径 d 相应的倒角倒圆推荐值											
d	~3	>3~6	>6~10	>10~18	>18~30	>30~50	>50~80	>80~120	>120~180	>180~250	>250~320
$R、C、R_1$	0.2	0.4	0.6	0.8	1.0	1.6	2.0	2.5	3.0	4.0	5.0
C_{max}	0.1	0.2	0.3	0.4	0.5	0.8	1.0	1.2	1.6	2.0	2.5

注：C_{max} 是外角倒圆为 R_1 时，内角倒角 C 的最大允许值。

表 9-7　回转面及端面砂轮越程槽（GB 6403.5—2008）　　　　（单位：mm）

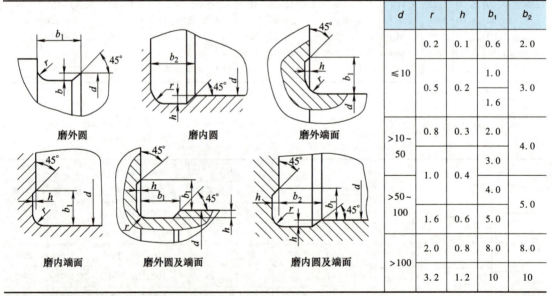

d	r	h	b_1	b_2
≤10	0.2	0.1	0.6	2.0
	0.5	0.2	1.0	3.0
			1.6	
>10~50	0.8	0.3	2.0	4.0
	1.0	0.4	3.0	
>50~100			4.0	5.0
	1.6	0.6	5.0	
>100	2.0	0.8	8.0	8.0
	3.2	1.2	10	10

注：1. 越程槽内两直线相交处不许产生尖角。
　　2. 越程槽深度 h 与圆弧半径 r 要满足 $r \leq 3h$。

表 9-8　铸件最小壁厚　　　　（单位：mm）

铸造方法	铸件尺寸	铸钢	灰铸铁	球墨铸铁	可锻铸铁	铝合金	铜合金
砂型	~200×200	8	~6	6	5	3	3~5
	>200×200~500×500	>10~12	>6~10	12	8	4	6~8
	>500×500	15~20	15~20			6	

第一节 一般标准

表 9-9 铸造内圆角（摘自 JB/ZQ 4255—2006）

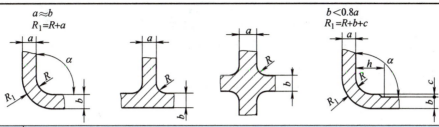

$\frac{a+b}{2}$/mm	R/mm 内圆角 α											
	<50°		51°~75°		76°~105°		106°~135°		136°~165°		>165°	
	钢	铁	钢	铁	钢	铁	钢	铁	钢	铁	钢	铁
≤8	4	4	4	4	6	4	8	6	16	10	20	16
9~12	4	4	4	4	6	6	10	8	16	12	25	20
13~16	4	4	6	4	8	6	12	10	20	16	30	25
17~20	6	4	8	6	10	8	16	12	25	20	40	30
21~27	6	6	10	8	12	10	20	16	30	25	50	40
28~35	8	6	12	10	16	12	25	20	40	30	60	50

		c/mm 和 h/mm		
b/a	<0.4	0.5~0.65	0.66~0.8	>0.8
c≈	0.7(a-b)	0.8(a-b)	a-b	—
h≈ 钢	8c			
h≈ 铁	9c			

表 9-10 铸造外圆角

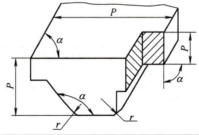

表面的最小边尺寸 P/mm	r/mm 外圆角 α					
	<50°	51°~75°	76°~105°	106°~135°	136°~165°	>165°
≤25	2	2	2	4	6	8
>25~60	2	4	4	6	10	16
>60~160	4	4	6	8	16	25
>160~250	4	6	8	12	20	30
>250~400	6	8	10	16	25	40
>400~600	6	8	12	20	30	50

表 9-11 铸造斜度

斜度 $a:h$	角度 β	使用范围
1:5	11°18′	$h<25mm$ 的钢和铁铸件
1:10	5°42′	h 在 25~500mm 时的钢和铁铸件
1:20	3°	
1:50	1°8′	$h>500mm$ 时的钢和铁铸件
1:100	34′	有色金属铸件

注：当设计不同壁厚的铸件时，在转折点处的斜角最大还可增大到 30°~45°。

表 9-12 铸造过渡斜度 （单位：mm）

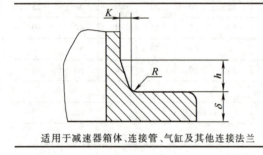

适用于减速器箱体、连接管、气缸及其他连接法兰

铸铁和铸钢件的壁厚 δ	K	h	R
10~15	3	15	5
>15~20	4	20	5
>20~25	5	25	5
>25~30	6	30	8
>30~35	7	35	8
>35~40	8	40	10
>40~45	9	45	10
>45~50	10	50	10

第二节 极限配合、几何公差和表面粗糙度

机械设计极限配合、几何公差和表面粗糙度标准，见表 9-13~表 9-29。

表 9-13 公称尺寸大于 6~1000mm 标准公差数值（摘自 GB/T 1800.1—2020）（单位：μm）

公称尺寸 mm	公差等级							
	IT5	IT6	IT7	IT8	IT9	IT10	IT11	IT12
>6~10	6	9	15	22	36	58	90	150
>10~18	8	11	18	27	43	70	110	180
>18~30	9	13	21	33	52	84	130	210
>30~50	11	16	25	39	62	100	160	250
>50~80	13	19	30	46	74	120	190	300
>80~120	15	22	35	54	87	140	220	350
>120~180	18	25	40	63	100	160	250	400
>180~250	20	29	46	72	115	185	290	460
>250~315	23	32	52	81	130	210	320	520
>315~400	25	36	57	89	140	230	360	570
>400~500	27	40	63	97	155	250	400	630
>500~630	32	44	70	110	175	280	440	700
>630~800	36	50	80	125	200	320	500	800
>800~1000	40	56	90	140	230	360	560	900

第二节 极限配合、几何公差和表面粗糙度

表 9-14 轴的基本偏差数值（摘自 GB/T 1800.1—2020） （单位：μm）

公称尺寸/mm 大于	至	基本偏差数值（上极限偏差 es）											
		所有标准公差等级										js
		a	b	c	cd	d	e	ef	f	fg	g	h	
—	3	-270	-140	-60	-34	-20	-14	-10	-6	-4	-2	0	偏差 =±$\frac{IT_n}{2}$，式中 n 为标准公差等级数
3	6	-270	-140	-70	-46	-30	-20	-14	-10	-6	-4	0	
6	10	-280	-150	-80	-56	-40	-25	-18	-13	-8	-5	0	
10	14	-290	-150	-95	-70	-50	-32	-23	-16	-10	-6	0	
14	18	-290	-150	-95	-70	-50	-32	-23	-16	-10	-6	0	
18	24	-300	-160	-110	-85	-65	-40	-25	-20	-12	-7	0	
24	30	-300	-160	-110	-85	-65	-40	-25	-20	-12	-7	0	
30	40	-310	-170	-120	-100	-80	-50	-35	-25	-15	-9	0	
40	50	-320	-180	-130	-100	-80	-50	-35	-25	-15	-9	0	
50	65	-340	-190	-140		-100	-60		-30		-10	0	
65	80	-360	-200	-150		-100	-60		-30		-10	0	
80	100	-380	-220	-170		-120	-72		-36		-12	0	
100	120	-410	-240	-180		-120	-72		-36		-12	0	
120	140	-460	-260	-200		-145	-85		-43		-14	0	
140	160	-520	-280	-210		-145	-85		-43		-14	0	
160	180	-580	-310	-230		-145	-85		-43		-14	0	
180	200	-660	-340	-240		-170	-100		-50		-15	0	
200	225	-740	-380	-260		-170	-100		-50		-15	0	
225	250	-820	-420	-280		-170	-100		-50		-15	0	
250	280	-920	-480	-300		-190	-110		-56		-17	0	
280	315	-1050	-540	-330		-190	-110		-56		-17	0	
315	355	-1200	-600	-360		-210	-125		-62		-18	0	
355	400	-1350	-680	-400		-210	-125		-62		-18	0	
400	450	-1500	-760	-440		-230	-135		-68		-20	0	
450	500	-1650	-840	-480		-230	-135		-68		-20	0	
500	560					-260	-145		-76		-22	0	
560	630					-260	-145		-76		-22	0	
630	710					-290	-160		-80		-24	0	
710	800					-290	-160		-80		-24	0	
800	900					-320	-170		-86		-26	0	
900	1000					-320	-170		-86		-26	0	

(续)

公称尺寸/mm		基本偏差数值（下极限偏差 ei）																			
		IT5和IT6	IT7	IT8	IT4~IT7	≤IT3 >IT7	所有标准公差等级														
大于	至	j	j	j	k	k	m	n	p	r	s	t	u	v	x	y	z	za	zb	zc
—	3	−2	−4	−6	0	0	+2	+4	+6	+10	+14		+18		+20		+26	+32	+40	+60
3	6	−2	−4		+1	0	+4	+8	+12	+15	+19		+23		+28		+35	+42	+50	+80
6	10	−2	−5		+1	0	+6	+10	+15	+19	+23		+28		+34		+42	+52	+67	+97
10	14	−3	−6		+1	0	+7	+12	+18	+23	+28		+33		+40		+50	+64	+90	+130
14	18	−3	−6		+1	0	+7	+12	+18	+23	+28		+33	+39	+45		+60	+77	+108	+150
18	24	−4	−8		+2	0	+8	+15	+22	+28	+35		+41	+47	+54	+63	+73	+98	+136	+188
24	30	−4	−8		+2	0	+8	+15	+22	+28	+35	+41	+48	+55	+64	+75	+88	+118	+160	+218
30	40	−5	−10		+2	0	+9	+17	+26	+34	+43	+48	+60	+68	+80	+94	+112	+148	+200	+274
40	50	−5	−10		+2	0	+9	+17	+26	+34	+43	+54	+70	+81	+97	+114	+136	+180	+242	+325
50	65	−7	−12		+2	0	+11	+20	+32	+41	+53	+66	+87	+102	+122	+144	+172	+226	+300	+405
65	80	−7	−12		+2	0	+11	+20	+32	+43	+59	+75	+102	+120	+146	+174	+210	+274	+360	+480
80	100	−9	−15		+3	0	+13	+23	+37	+51	+71	+91	+124	+146	+178	+214	+258	+335	+445	585
100	120	−9	−15		+3	0	+13	+23	+37	+54	+79	+104	+144	+172	+210	+254	+310	+400	+525	+690
120	140	−11	−18		+3	0	+15	+27	+43	+63	+92	+122	+170	+202	+248	+300	+365	+470	+620	+800
140	160	−11	−18		+3	0	+15	+27	+43	+65	+100	+134	+190	+228	+280	+340	+415	+535	+700	+900
160	180	−11	−18		+3	0	+15	+27	+43	+68	+108	+146	+210	+252	+310	+380	+465	+600	+780	+1000
180	200	−13	−21		+4	0	+17	+31	+50	+77	+122	+166	+236	+284	+350	+425	+520	+670	+880	+1150
200	225	−13	−21		+4	0	+17	+31	+50	+80	+130	+180	+258	+310	+385	+470	+575	+740	+960	+1250
225	250	−13	−21		+4	0	+17	+31	+50	+84	+140	+196	+284	+340	+425	+520	+640	+820	+1050	+1350
250	280	−16	−26		+4	0	+20	+34	+56	+94	+158	+218	+315	+385	+475	+580	+710	+920	+1200	+1550
280	315	−16	−26		+4	0	+20	+34	+56	+98	+170	+240	+350	+425	+525	+650	+790	+1000	+1300	+1700
315	355	−18	−28		+4	0	+21	+37	+62	+108	+190	+268	+390	+475	+590	+730	+900	+1150	+1500	+1900
355	400	−18	−28		+4	0	+21	+37	+62	+114	+208	+294	+435	+530	+660	+820	+1000	+1300	+1650	+2100
400	450	−20	−32		+5	0	+23	+40	+68	+126	+232	+330	+490	+595	+740	+920	+1100	+1450	+1850	+2400
450	500	−20	−32		+5	0	+23	+40	+68	+132	+252	+360	+540	+660	+820	+1000	+1250	1600	+2100	+2600
500	560				0	0	+26	+44	+78	+150	+280	+400	+600							
560	630				0	0	+26	+44	+78	+155	+310	+450	+660							
630	710				0	0	+30	+50	+88	+175	+340	+500	+740							
710	800				0	0	+30	+50	+88	+185	+380	+560	+840							
800	900				0	0	+34	+56	+100	+210	+430	+620	+940							
900	1000				0	0	+34	+56	+100	+220	+470	+680	+1050							

注：公称尺寸小于或等于 1mm 时，基本偏差 a 和 b 均不采用。

第二节 极限配合、几何公差和表面粗糙度

表 9-15 孔的基本偏差数值（摘自 GB/T 1800.1—2020） （单位：μm）

公称尺寸/mm		基本偏差数值																						
		下极限偏差 EI														上极限偏差 ES								
		所有标准公差等级												JS		IT6	IT7	IT8	K		M		N		P 至 ZC
大于	至	A	B	C	CD	D	E	EF	F	FG	G	H				J			≤IT8	>IT8	≤IT8	>IT8	≤IT8	>IT8	≤IT7
—	3	+270	+140	+60	+34	+20	+14	+10	+6	+4	+2	0				+2	+4	+6	0	0	−2	−2	−4	−4	在大于 IT7 的标准公差等级的基本偏差数值上增加一个Δ值
3	6	+270	+140	+70	+46	+30	+20	+14	+10	+6	+4	0				+5	+6	+10	−1+Δ		−4+Δ	−4	−8+Δ	0	
6	10	+280	+150	+80	+56	+40	+25	+18	+13	+8	+5	0				+5	+8	+12	−1+Δ		−6+Δ	−6	−10+Δ	0	
10	14	+290	+150	+95	+70	+50	+32	+23	+16	+10	+6	0				+6	+10	+15	−1+Δ		−7+Δ	−7	−12+Δ	0	
14	18	+290	+150	+95	+70	+50	+32	+23	+16	+10	+6	0				+6	+10	+15	−1+Δ		−7+Δ	−7	−12+Δ	0	
18	24	+300	+160	+110	+85	+65	+40	+28	+20	+12	+7	0				+8	+12	+20	−2+Δ		−8+Δ	−8	−15+Δ	0	
24	30	+300	+160	+110	+85	+65	+40	+28	+20	+12	+7	0				+8	+12	+20	−2+Δ		−8+Δ	−8	−15+Δ	0	
30	40	+310	+170	+120	+100	+80	+50	+35	+25	+15	+9	0				+10	+14	+24	−2+Δ		−9+Δ	−9	−17+Δ	0	
40	50	+320	+180	+130	+100	+80	+50	+35	+25	+15	+9	0		偏差 $=\pm\dfrac{IT_n}{2}$，式中 n 为标准公差等级数		+10	+14	+24	−2+Δ		−9+Δ	−9	−17+Δ	0	
50	65	+340	+190	+140		+100	+60		+30		+10	0				+13	+18	+28	−2+Δ		−11+Δ	−11	−20+Δ	0	
65	80	+360	+200	+150		+100	+60		+30		+10	0				+13	+18	+28	−2+Δ		−11+Δ	−11	−20+Δ	0	
80	100	+380	+220	+170		+120	+72		+36		+12	0				+16	+22	+34	−3+Δ		−13+Δ	−13	−23+Δ	0	
100	120	+410	+240	+180		+120	+72		+36		+12	0				+16	+22	+34	−3+Δ		−13+Δ	−13	−23+Δ	0	
120	140	+460	+260	+200		+145	+85		+43		+14	0				+18	+26	+41	−3+Δ		−15+Δ	−15	−27+Δ	0	
140	160	+520	+280	+210		+145	+85		+43		+14	0				+18	+26	+41	−3+Δ		−15+Δ	−15	−27+Δ	0	
160	180	+580	+310	+230		+145	+85		+43		+14	0				+18	+26	+41	−3+Δ		−15+Δ	−15	−27+Δ	0	
180	200	+660	+340	+240		+170	+100		+50		+15	0				+22	+30	+47	−4+Δ		−17+Δ	−17	−31+Δ	0	
200	225	+740	+380	+260		+170	+100		+50		+15	0				+22	+30	+47	−4+Δ		−17+Δ	−17	−31+Δ	0	
225	250	+820	+420	+280		+170	+100		+50		+15	0				+22	+30	+47	−4+Δ		−17+Δ	−17	−31+Δ	0	
250	280	+920	+480	+300		+190	+110		+56		+17	0				+25	+36	+55	−4+Δ		−20+Δ	−20	−34+Δ	0	
280	315	+1050	+540	+330		+190	+110		+56		+17	0				+25	+36	+55	−4+Δ		−20+Δ	−20	−34+Δ	0	
315	355	+1200	+600	+360		+210	+125		+62		+18	0				+29	+39	+60	−4+Δ		−21+Δ	−21	−37+Δ	0	
355	400	+1350	+680	+400		+210	+125		+62		+18	0				+29	+39	+60	−4+Δ		−21+Δ	−21	−37+Δ	0	
400	450	+1500	+760	+440		+230	+135		+68		+20	0				+33	+43	+66	−5+Δ		−23+Δ	−23	−40+Δ	0	
450	500	+1650	+840	+480		+230	+135		+68		+20	0				+33	+43	+66	−5+Δ		−23+Δ	−23	−40+Δ	0	
500	560					+260	+145		+76		+22	0							0		−26		−44		
560	630					+260	+145		+76		+22	0							0		−26		−44		
630	710					+290	+160		+80		+24	0							0		−30		−50		
710	800					+290	+160		+80		+24	0							0		−30		−50		
800	900					+320	+170		+86		+26	0							0		−34		−56		
900	1000					+320	+170		+86		+26	0							0		−34		−56		

(续)

公称尺寸 /mm		基本偏差数值 上极限偏差 ES												Δ值 标准公差等级						
		标准公差等级大于IT7																		
大于	至	P	R	S	T	U	V	X	Y	Z	ZA	ZB	ZC	IT3	IT4	IT5	IT6	IT7	IT8	
—	3	−6	−10	−14		−18		−20		−26	−32	−40	−60	0	0	0	0	0	0	
3	6	−12	−15	−19		−23		−28		−35	−42	−50	−80	1	1.5	1	3	4	6	
6	10	−15	−19	−23		−28		−34		−42	−52	−67	−97	1	1.5	2	3	6	7	
10	14	−18	−23	−28		−33		−40		−50	−64	−90	−130	1	2	3	3	7	9	
14	18	−18	−23	−28		−33		−45		−60	−77	−108	−150	1	2	3	3	7	9	
18	24	−22	−28	−35		−41	−39	−54	−63	−73	−98	−136	−188	1.5	2	3	4	8	12	
24	30	−22	−28	−35	−41	−48	−47	−64	−75	−88	−118	−160	−218	1.5	2	3	4	8	12	
30	40	−26	−34	−43	−48	−60	−55	−80	−94	−112	−148	−200	−274	1.5	3	4	5	9	14	
40	50	−26	−34	−43	−54	−70	−68	−97	−114	−136	−180	−242	−325	1.5	3	4	5	9	14	
50	65	−32	−41	−53	−66	−87	−81	−122	−144	−172	−226	−300	−405	2	3	5	6	11	16	
65	80	−32	−43	−59	−75	−102	−102	−146	−174	−210	−274	−360	−480	2	3	5	6	11	16	
80	100	−37	−51	−71	−91	−124	−120	−178	−214	−258	−335	−445	−585	2	4	5	7	13	19	
100	120	−37	−54	−79	−104	−144	−146	−210	−254	−310	−400	−525	−690	2	4	5	7	13	19	
120	140	−43	−63	−92	−122	−170	−172	−248	−300	−365	−470	−620	−800	3	4	6	7	15	23	
140	160	−43	−65	−100	−134	−190	−202	−280	−340	−415	−535	−700	−900	3	4	6	7	15	23	
160	180	−43	−68	−108	−146	−210	−228	−310	−380	−465	−600	−780	−1000	3	4	6	7	15	23	
180	200	−50	−77	−122	−166	−236	−252	−350	−425	−520	−670	−880	−1150	3	4	6	9	17	26	
200	225	−50	−80	−130	−180	−258	−284	−385	−470	−575	−740	−960	−1250	3	4	6	9	17	26	
225	250	−50	−84	−140	−196	−284	−310	−425	−520	−640	−820	−1050	−1350	3	4	6	9	17	26	
250	280	−56	−94	−158	−218	−315	−340	−475	−580	−710	−920	−1200	−1550	4	4	7	9	20	29	
280	315	−56	−98	−170	−240	−350	−385	−525	−650	−790	−1000	−1300	−1700	4	4	7	9	20	29	
315	355	−62	−108	−190	−268	−390	−425	−590	−730	−900	−1150	−1500	−1900	4	5	7	11	21	32	
355	400	−62	−114	−208	−294	−435	−475	−660	−820	−1000	−1300	−1650	−2100	4	5	7	11	21	32	
400	450	−68	−126	−232	−330	−490	−530	−740	−920	−1100	−1450	−1850	−2400	5	5	7	13	23	34	
450	500	−68	−132	−252	−360	−540	−595	−820	−1000	−1250	−1600	−2100	−2600	5	5	7	13	23	34	
500	560	−78	−150	−280	−400	−600	−660													
560	630	−78	−155	−310	−450	−660	−740													
630	710	−88	−175	−340	−500	−740	−840													
710	800	−88	−185	−380	−560	−840	−940													
800	900	−100	−210	−430	−620	−940	−1050													
900	1000	−100	−220	−470	−680	−1050														

注：1. 公称尺寸小于或等于1mm时，基本偏差A和B及大于IT8的N均不采用。
2. 对小于或等于IT8的K、M、N和小于或等于IT7的P至ZC，所需Δ值从表内右侧选取。例如：18～30mm段的K7，Δ=8μm，所以，$ES=-2+8\mu m=+6\mu m$；18～30mm段的S6，Δ=4μm，所以，$ES=-35+4\mu m=-31\mu m$。特殊情况：250～315mm的公差带代号M6，$ES=9\mu m$（代替−11μm）。

第二节 极限配合、几何公差和表面粗糙度

表 9-16 未注公差的线性尺寸的极限偏差数值（摘自 GB/T 1804—2000）　　（单位：mm）

公差等级	基本尺寸分段							
	0.5~3	>3~6	>6~30	>30~120	>120~400	>400~1000	>1000~2000	>2000~4000
精密 f	±0.05	±0.05	±0.1	±0.15	±0.2	±0.3	±0.5	—
中等 m	±0.1	±0.1	±0.2	±0.3	±0.5	±0.8	±1.2	±2
粗糙 c	±0.2	±0.3	±0.5	±0.8	±1.2	±2	±3	±4
最粗 v	—	±0.5	±1	±1.5	±2.5	±4	±6	±8

表 9-17 未注公差的倒圆半径和倒角高度尺寸的极限偏差数值（摘自 GB/T 1804—2000）

（单位：mm）

公差等级	基本尺寸分段			
	0.5~3	>3~6	>6~30	>30
精密 f 中等 m	±0.2	±0.5	±1	±2
粗糙 c 最粗 v	±0.4	±1	±2	±4

表 9-18 未注公差的角度尺寸的极限偏差数值（摘自 GB/T 1804—2000）

公差等级	长度分段/mm				
	~10	>10~50	>50~120	>120~400	>400
精密 f 中等 m	±1°	±30′	±20′	±10′	±5′
粗糙 c	±1°30′	±1°	±30′	±15′	±10′
最粗 v	±3°	±2°	±1°	±30′	±20′

表 9-19 圆度和圆柱度公差（摘自 GB/T 1184—1996）　　（单位：μm）

主参数 d(D) 图例

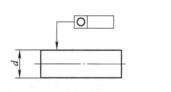
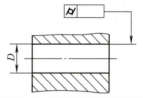

公差等级	主参数 d(D)/mm										应用举例
	>6~10	>10~18	>18~30	>30~50	>50~80	>80~120	>120~180	>180~250	>250~315	>315~400	>400~500	
5	1.5	2	2.5	2.5	3	4	5	7	8	9	10	安装 E、C 级滚动轴承的配合面,通用减速器的轴颈,一般机床的主轴
6	2.5	3	4	4	5	6	8	10	12	13	15	
7	4	5	6	7	8	10	12	14	16	18	20	千斤顶或压力油缸的活塞,水泵及减速器的轴颈,液压传动系统的分配机构
8	6	8	9	11	13	15	18	20	23	25	27	
9	9	11	13	16	19	22	25	29	32	36	40	起重机、卷扬机用滑动轴承等
10	15	18	21	25	30	35	40	46	52	57	63	

表 9-20 直线度和平面度公差（摘自 GB/T 1184—1996） （单位：μm）

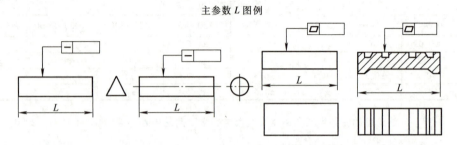

主参数 L 图例

公差等级	主要参数 L/mm									应用举例
	≤10	>10~16	>16~25	>25~40	>40~63	>63~100	>100~160	>160~250	>250~400	>400~630
5	2	2.5	3	4	5	6	8	10	12	15	普通精度的机床导轨
6	3	4	5	6	8	10	12	15	20	25	
7	5	6	8	10	12	15	20	25	30	40	轴承体的支承面，减速器的壳体，轴系支承轴承的接合面
8	8	10	12	15	20	25	30	40	50	60	
9	12	15	20	25	30	40	50	60	80	100	辅助机构及手动机械的支承面，液压管件和法兰的连接面
10	20	25	30	40	50	60	80	100	120	150	

表 9-21 平行度、垂直度和倾斜度公差（摘自 GB/T 1184—1996） （单位：μm）

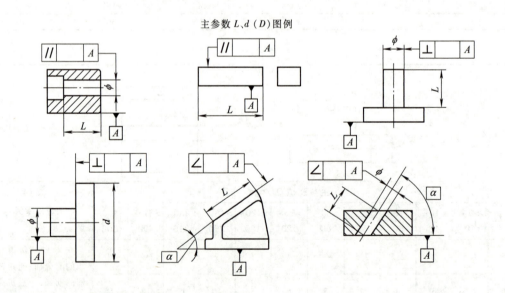

主参数 L、$d(D)$ 图例

公差等级	主参数 L、$d(D)$/mm									应用举例
	≤10	>10~16	>16~25	>25~40	>40~63	>63~100	>100~160	>160~250	>250~400	>400~630
5	5	6	8	10	12	15	20	25	30	40	垂直度用于发动机的轴和离合器的凸缘，装 D、E 级轴承和装 C、D 级轴承之箱体的凸肩

第二节 极限配合、几何公差和表面粗糙度

(续)

公差等级	主参数 L、d(D)/mm									应用举例
	≤10	>10~16	>16~25	>25~40	>40~63	>63~100	>100~160	>160~250	>250~400	>400~630	
6	8	10	12	15	20	25	30	40	50	60	平行度用于中等精度钻模的工作面,7~10级精度齿轮传动壳体孔的中心线
7	12	15	20	25	30	40	50	60	80	100	垂直度用于装 F、G 级轴承之壳体孔的轴线,按 h6 与 g6 连接的锥形轴减速机的机体孔中心线
8	20	25	30	40	50	60	80	100	120	150	平行度用于重型机械轴承盖的端面、手动传动装置中的传动轴

表 9-22 同轴度、对称度、圆跳动和全跳动公差（摘自 GB/T 1184—1996） （单位：μm）

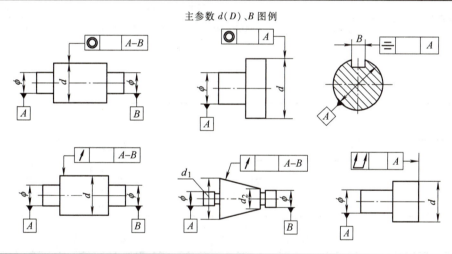

主参数 d(D)、B 图例

公差等级	主参数 d(D)、B/mm								应用举例
	>3~6	>6~10	>10~18	>18~30	>30~50	>50~120	>120~250	>250~500	
5	3	4	5	6	8	10	12	15	6 和 7 级精度齿轮轴的配合面,较高精度的快速轴,较高精度机床的轴套
6	5	6	8	10	12	15	20	25	
7	8	10	12	15	20	25	30	40	8 和 9 级精度齿轮轴的配合面,普通精度高速轴(100r/min 以下),长度在 1m 以下的主传动轴,起重运输机的鼓轮配合孔和导轮的滚动面
8	12	15	20	25	30	40	50	60	

表 9-23 直线度、平面度未注公差值（摘自 GB/T 1184—1996） （单位：mm）

公差等级	基本长度范围					
	≤10	>10~30	>30~100	>100~300	>300~1000	>1000~3000
H	0.02	0.05	0.1	0.2	0.3	0.4
K	0.05	0.1	0.2	0.4	0.6	0.8
L	0.1	0.2	0.4	0.8	1.2	1.6

表 9-24　圆跳动的未注公差值（摘自 GB/T 1184—1996）　　　（单位：mm）

公差等级	圆跳动公差值
H	0.1
K	0.2
L	0.5

表 9-25　垂直度未注公差值（摘自 GB/T 1184—1996）　　　（单位：mm）

公差等级	基本长度范围			
	≤100	>100~300	>300~1000	>1000~3000
H	0.2	0.3	0.4	0.5
K	0.4	0.6	0.8	1
L	0.6	1	1.5	2

表 9-26　对称度未注公差值（摘自 GB/T 1184—1996）　　　（单位：mm）

公差等级	基本长度范围			
	≤100	>100~300	>300~1000	>1000~3000
H	0.5			
K	0.6		0.8	1
L	0.6	1	1.5	2

表 9-27　圆跳动未注公差值（摘自 GB/T 1184—1996）　　　（单位：mm）

公差等级	圆跳动公差值
H	0.1
K	0.2
L	0.5

表 9-28　轮廓算术平均偏差 Ra 的数值（摘自 GB/T 1031—2009）　　　（单位：μm）

系列值	0.012,0.025,0.05,0.1,0.2,0.4,0.8,1.6,3.2,6.3,12.5,25,50,100
补充系列	0.008,0.010,0.016,0.020,0.032,0.040,0.063,0.080,0.125,0.160,0.25,0.32,0.50,0.63,1.0,1.25,2.0,2.5,4.0,5.0,8.0,10.0,16.0,20,32,40,63,80

注：尽量选择系列值。

表 9-29　轮廓最大高度 Rz 的数值（摘自 GB/T 1031—2009）　　　（单位：μm）

系列值	0.025,0.05,0.1,0.2,0.4,0.8,1.6,3.2,6.3,12.5,25,50,100,200,400,800,1600
补充系列	0.032,0.040,0.063,0.080,0.125,0.160,0.25,0.32,0.50,0.63,1.0,1.25,2.0,2.5,4.0,5.0,8.0,10.0,16.0,20,32,40,63,80,125,160,250,320,500,630,1000,1250

注：尽量选择系列值。

第三节　常用材料

常用材料标准见表 9-30~表 9-35。

第三节 常用材料

表 9-30 碳素结构钢（摘自 GB/T 700—2006）

牌号	等级	力学性能						抗拉强度 R_m/MPa	≤40mm 厚度（直径）的断后伸长率/A(%),不小于	应用举例
		屈服强度 R_{eH}/MPa								
		材料厚度（直径）/mm								
		<16	>16~40	>40~60	>60~100	>100~150	>150~200			
Q195	—	195	185	—	—	—	—	315~430	33	塑性好,用于轧制薄板、拉制线衬、钢管等
Q215	A B	215	205	195	185	175	165	335~450	31	用于金属结构构件、拉杆、心轴垫圈、凸轮等
Q235	A B C D	235	225	215	215	195	185	370~500	26	用于金属结构构件、吊环、拉杆、套、螺栓、螺母、楔、盖、焊接件等
Q275	A B C D	275	265	255	245	225	215	410~540	22	用于轴、轴销等强度较高的零件

注：1. Q195 的屈服强度值仅供参考，不作为交货条件。
2. 厚度大于 100mm 的钢材，抗拉强度下限允许降低 20N/mm²，宽带钢（包括剪切钢板）抗拉强度上限不作为交货条件。
3. 厚度小于 25mm 的 Q235B 级钢材，如供货方能保证冲击吸收功值合格，经需方同意，可不做检验。

表 9-31 优质碳素结构钢（摘自 GB/T 699—2015）

牌号	推荐热处理/℃			试样毛坯尺寸/mm	力学性能					交货硬度 HBW 不大于		应用举例
	正火	淬火	回火		抗拉强度 R_m	下屈服强度 R_{eL}	断后伸长率 A	断面收缩率 Z	冲击吸收能量 KU_2	未热处理	退火钢	
					MPa		%		J			
					≥							
08	930	—	—	25	325	195	33	60	—	131	—	用于可塑性好的零件,如管子、垫片、垫圈;心部强度要求不高的渗碳零件和碳氮共渗零件,如套筒、短轴、挡块、支架、靠模、离合器盘
10	930	—	—	25	335	205	31	55	—	137	—	用于制造拉杆、卡头、钢管、垫片、垫圈、铆钉等。这种钢无回火脆性,焊接性好,可用来制造焊接零件
15	920	—	—	25	375	225	27	55	—	143	—	用于受力不大、韧性要求较高的零件、渗碳零件、紧固件、冲模锻件及不需要热处理的低负荷零件,如螺栓、螺钉、拉条、法兰盘及化工贮器
20	910	—	—	25	410	245	25	55	—	156	—	用于受力不大而要求很大韧性的零件,如杠杆、轴套、螺钉、起重钩等。还可用于表面硬度高而心部强度要求不高的渗碳与碳氮共渗零件
25	900	870	600	25	450	275	23	50	71	170	—	用于制造焊接设备,以及经锻造、热冲压和机械加工的不承受高应力的零件,如轴、辊子、联接器、垫圈、螺栓、螺钉及螺母

（续）

牌号	推荐热处理/℃ 正火	推荐热处理/℃ 淬火	推荐热处理/℃ 回火	试样毛坯尺寸/mm	力学性能 抗拉强度 R_m MPa ≥	力学性能 下屈服强度 R_{eL} MPa ≥	力学性能 断后伸长率 A % ≥	力学性能 断面收缩率 Z % ≥	力学性能 冲击吸收能量 KU_2 J ≥	交货硬度 HBW 不大于 未热处理	交货硬度 HBW 不大于 退火钢	应用举例
35	870	850	600	25	530	315	20	45	55	197	—	用于制造曲轴、转轴、轴销、杠杆、连杆、链轮、圆盘、垫圈、螺钉、螺母。多在正火和调质状态下使用
40	860	840	600	25	570	335	19	45	47	217	187	用于制造辊子、轴、曲柄销、活塞杆、圆盘
45	850	840	600	25	600	355	16	40	39	229	197	用作要求综合力学性能高的各种零件，通常在正火或调质状态下使用。用于制造齿轮、齿条、链轮、轴、键、销、蒸汽透平机的叶轮、压缩机及泵的零件、轧辊等
50	830	830	600	25	630	375	14	40	31	241	207	用于制造齿轮、拉杆、轧辊、轴、圆盘
60	810	—	—	25	675	400	12	35	—	255	229	用于制造轧辊、轴、轮箍、弹簧、弹簧垫圈、离合器、凸轮、钢绳等
20Mn	910	—	—	25	450	275	24	50	—	197	—	用于制造凸轮轴、齿轮、联轴器、铰链、拖杆等
30Mn	880	860	600	25	540	315	20	45	63	217	187	用于制造螺栓、螺母、螺钉、杠杆及制动踏板等
40Mn	860	840	600	25	590	355	17	45	47	229	207	用于制造承受疲劳载荷的零件，如轴、万向联轴器、曲轴、连杆及在高应力下工作的螺栓、螺母等
50Mn	830	830	600	25	645	390	13	40	31	255	217	用于制造耐磨性要求很高、在高载荷作用下的热处理零件，如齿轮、齿轮轴、摩擦盘、凸轮等
60Mn	810	—	—	25	690	410	11	35	—	269	229	用于制造弹簧、弹簧垫圈、弹簧环和片以及冷拔钢丝（$\phi \leqslant 7$mm）和发条

表 9-32 合金结构钢（摘自 GB/T 3077—2015）

牌号	热处理 淬火 温度/℃	热处理 淬火 冷却剂	热处理 回火 温度/℃	热处理 回火 冷却剂	试样毛坯尺寸/mm	力学性能 抗拉强度 R_m MPa ≥	力学性能 下屈服强度 R_{eL} MPa ≥	力学性能 断后伸长率 A % ≥	力学性能 断面收缩率 Z % ≥	力学性能 冲击吸收能量 KU_2 J ≥	钢材退火或高温回火供应状态布氏硬度 HBW，不大于	特性及应用举例
20CrMnMo	850	油	200	水、空气	15	1180	885	10	45	55	217	用于要求表面硬度高、耐磨、心部有较高强度、韧性的零件，如传动齿轮和曲轴等，渗碳淬火后硬度 56~62HRC

(续)

牌号	热处理				试样毛坯尺寸/mm	力学性能					钢材退火或高温回火供应状态布氏硬度HBW, 不大于	特性及应用举例
	淬火		回火			抗拉强度 R_m	下屈服强度 R_{eL}	断后伸长率 A	断面收缩率 Z	冲击吸收能量 KU_2		
	温度/℃	冷却剂	温度/℃	冷却剂		MPa		%		J		
						≥						
20Cr	第一次880 第二次780~820	水、油	200	水、空气	15	835	540	10	40	47	179	用于要求心部强度较高,承受磨损、尺寸较大的渗碳零件,如齿轮、齿轮轴、蜗杆、凸轮、活塞销等;也用于速度较大、受中等冲击的调质零件,渗碳淬火后硬度56~62HRC
35Mn2	840	水	500	水	25	835	685	12	45	55	207	用于截面较小的零件时可代替40Cr,可制作直径≤15mm的重要用途的冷镦螺栓及小轴等,表面淬火后硬度40~50HRC
35SiMn	900	水	570	水、油	25	885	735	15	45	47	229	可代替40Cr制作调质钢,亦可部分代替40CrNi,可制作中小型轴类、齿轮等零件以及在430℃以下工作的重要紧固件,表面淬火后硬度45~55HRC
37SiMn2-MoV	870	水、油	650	水、空气	25	980	835	12	50	63	269	可代替34CrNiMo等制作高强度重负荷轴、曲轴、齿轮、蜗杆等零件,表面淬火后硬度50~55HRC
45Mn2	840	油	550	水、油	25	885	735	10	45	47	217	用于制造在较高应力与磨损条件下的零件。可制作万向联轴器、齿轮、齿轮轴、蜗杆、曲轴、连杆、花键轴和摩擦盘等,表面淬火后硬度45~55HRC
40Cr	850	油	520	水、油	25	980	785	9	45	47	207	用于承受交变载荷、中等速度、中等负荷、强烈磨损而无很大冲击的重要零件,如重要的齿轮、轴、曲轴、连杆、螺栓、螺母等零件,表面淬火后硬度48~55HRC

表 9-33 一般工程用铸钢(摘自 GB/T 11352—2009)、铸铁(摘自 GB/T 9439—2010)、球墨铸铁(摘自 GB/T 1348—2019)

类别	牌号	力学性能						应用举例
		抗拉强度 R_m	屈服强度 R_{eL} 或 $R_{p0.2}$	伸长率/A	断面收缩率 Z	冲击吸收能量 KU_2	布氏硬度 HBW	
		MPa		%		J		
铸钢	ZG200-400	400	200	25	40	30		用于机座、变速箱体等
	ZG230-450	450	230	22	32	25	≥131	用于机座、机架、箱体、轴承盖等
	ZG270-500	500	270	18	25	22	≥143	用于机座、飞轮、气缸、轴承座
	ZG310-570	570	310	15	21	15	≥153	用于联轴器、齿轮、轴、齿圈
	ZG340-640	640	340	10	18	10	169~229	用于齿轮、联轴器等重要零件

(续)

类别	牌号	力学性能					布氏硬度 HBW	应用举例
		抗拉强度 R_m MPa	屈服强度 R_{eL} 或 $R_{p0.2}$	伸长率 A %	断面收缩率 Z	冲击吸收能量 KU_2 J		
灰铸铁	HT150	150					125~205	端盖、轴承盖、手轮等
	HT200	200					150~230	机架、机体、中压阀体
	HT250	250					180~250	阀壳、油缸、气缸、联轴器、箱体
	HT300	300					200~275	机架、轴承座、缸体、齿轮等
	HT350	350					220~290	凸轮、齿轮、床身、导板等
球墨铸铁	QT700-2	700	420	2			225~305	曲轴、凸轮轴、齿轮轴、机床主轴、缸体、车轮等
	QT600-3	600	370	3			190~270	
	QT500-7	500	320	7			170~230	油泵齿轮、阀门体、气缸、轴瓦等
	QT450-10	450	310	10			160~210	减速器箱体、阀体盖、中低压阀体、管路
	QT400-15	400	250	15			130~180	

注：1. 铸钢硬度值是非标准内容，系指正火回火的参考值。
2. 灰铸铁的 R_m 为单铸试棒的抗拉强度；球墨铸铁为单铸试块的力学性能。
3. 灰铸铁的硬度是由经验关系式计算得到，只供参考。
4. 表中灰铸铁的力学性能是铸件厚度小于等于30mm时的值。

表 9-34 铸造有色合金

合金牌号	合金名称（或代号）	铸造方法	合金状态	力学性能（≥）			布氏硬度 HBW	应用举例
				抗拉强度 R_m MPa	屈服强度 $R_{p0.2}$	伸长率 A %		
铸造铜合金（摘自 GB/T 1176—2013）								
ZCuSn5Pb5Zn5	5-5-5 锡青铜	S、J、R Li、La		200 250	90 100	13	60 65	较高载荷、中速下工作的耐磨耐蚀件，如轴瓦、衬套、缸套及蜗轮等
ZCuSn10Pb1	10-1 锡青铜	S、R J Li La		220 310 330 360	130 170 170 170	3 2 4 6	80 90 90 90	高载荷（20MPa以下）和高滑动速度（8m/s）下工作的耐磨件，如连杆、衬套、轴瓦、蜗轮等
ZCuSn10Pb5	10-5 锡青铜	S J		195 245		10	70	耐蚀、耐酸件及破碎机衬套、轴瓦等
ZCuPb17Sn4Zn4	17-4-4 铅青铜	S J		150 175		5 7	55 60	一般耐磨件、轴承等
ZCuAl10Fe3	10-3 铝青铜	S J Li、La		490 540 540	180 200 200	13 15 15	100 110 110	要求强度高、耐磨、耐蚀的零件，如轴套、螺母、蜗轮、齿轮等
ZCuAl10Fe3Mn2	10-3-2 铝青铜	S、R J		490 540		15 20	110 120	
ZCuZn38	38黄铜	S J		295	95	30	60 70	一般结构件和耐蚀件，如法兰、阀座、螺母等
ZCuZn40Pb2	40-2 铅黄铜	S、R J		220 280	95 120	15 20	80 90	一般用途的耐磨、耐蚀件，如轴套、齿轮等
ZCuZn38Mn2Pb2	38-2-2 锰黄铜	S J		245 345		10 18	70 80	一般用途的结构件，如套筒、衬套、轴瓦、滑块等
ZCuZn16Si4	16-4 硅黄铜	S、R J		345 390	180	15 20	90 100	接触海水工作的管配件以及水泵、叶轮等

第三节 常用材料

(续)

合金牌号	合金名称（或代号）	铸造方法	合金状态	抗拉强度 R_m MPa	屈服强度 $R_{p0.2}$ MPa	伸长率 A %	布氏硬度 HBW	应用举例
	铸造铝合金（摘自 GB/T 1173—2013）							
ZAlSi12	ZL102 铝硅合金	SB、JB、RB、KB	F	145		4	50	气缸活塞以及高温工作的承受冲击载荷的复杂薄壁零件
			T2	135				
		J	F	155		2		
			T2	145		3		
ZAlSi9Mg	ZL104 铝硅合金	S、R、J、K	F	150		2	50	形状复杂的高温静载荷或承受冲击的大型零件，如扇风机叶片、水冷气缸头
		J	T1	200		1.5	65	
		SB、RB、KB	T6	230		2	70	
		J、JB	T6	240		2	70	
ZAlMg5Si	ZL303 铝镁合金	S、J、R、K	F	143		1	55	高耐蚀性或在高温度下工作的零件
ZAlZn11Si7	ZL401 铝锌合金	S、R、K	T1	195		2	80	铸造性能较好，可不热处理，用于形状复杂的大型薄壁零件，耐蚀性差
		J		245		1.5	90	
	铸造轴承合金（摘自 GB/T 1174—2022）							
ZSnSb12Pb10Cu4	锡基轴承合金	J					29	汽轮机、压缩机、机车、发电机、球磨机、轧机减速器、发动机等各种机器的滑动轴承衬
ZSnSb11Cu6		J					27	
ZSnSb8Cu4		J					24	
ZPbSb16Sn16Cu2	铅基轴承合金	J					30	
ZPbSb15Sn10		J					24	
ZPbSb15Sn5		J					20	

注：1. 铸造方法代号：S—砂型铸造；J—金属型铸造；Li—离心铸造；La—连续铸造；R—熔模铸造；K—壳型铸造；B—变质处理。
2. 合金状态代号：F—铸态；T1—人工时效；T2—退火；T6—固溶处理加完全人工时效。

表 9-35 黑色金属硬度对照表（摘自 GB/T 1172—1999）

洛氏 HRC	维氏 HV	布氏 $F/D^2=30$HBW	洛氏 HRC	维氏 HV	布氏 $F/D^2=30$HBW	洛氏 HRC	维氏 HV	布氏 $F/D^2=30$HBW	洛氏 HRC	维氏 HV	布氏 $F/D^2=30$HBW
68	909	—	55	596	585	42	404	392	29	280	276
67	879	—	54	578	569	41	393	381	28	273	269
66	850	—	53	561	552	40	381	370	27	266	263
65	822	—	52	544	535	39	371	360	26	259	257
64	795	—	51	527	518	38	360	350	25	253	251
63	770	—	50	512	502	37	350	392	24	247	245
62	745	—	49	497	486	36	340	381	23	241	240
61	721	—	48	482	470	35	331	370	22	235	234
60	698	647	47	468	455	34	321	314	21	230	229
59	676	639	46	454	441	33	313	306	20	226	225
58	655	628	45	441	428	32	304	298			
57	635	616	44	428	415	31	296	291			
56	615	601	43	416	403	30	288	283			

注：表中 F 为试验力（kg）；D 为试验用球的直径（mm）。

第四节 联 接

联接标准见表 9-36~表 9-54。

表 9-36 普通螺纹基本尺寸（摘自 GB/T 196—2003） （单位：mm）

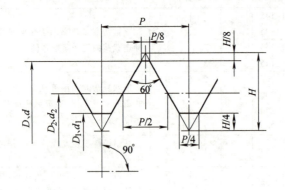

$H = 0.866P$
$d_2 = d - 0.6495P$
$d_1 = d - 1.0825P$
D、d—内、外螺纹基本大径（公称直径）
D_2、d_2—内、外螺纹基本中径
D_1、d_1—内、外螺纹基本小径
P—螺距

公称直径 D、d		螺距 P	中径 D_2、d_2	小径 D_1、d_1	公称直径 D、d		螺距 P	中径 D_2、d_2	小径 D_1、d_1	公称直径 D、d		螺距 P	中径 D_2、d_2	小径 D_1、d_1
第一系列	第二系列				第一系列	第二系列				第一系列	第二系列			
3		0.5	2.675	2.459	10		1	9.350	8.917	20		1	19.350	18.917
		0.35	2.773	2.621			0.75	9.513	9.188			2.5	20.376	19.294
	3.5	0.6	3.110	2.850	12		1.75	10.863	10.106		22	2	20.701	19.835
		0.35	3.273	3.121			1.2	11.026	10.376			1.5	21.026	20.376
4		0.7	3.545	3.242			1.25	11.188	10.647			1	21.350	20.917
		0.5	3.675	3.459			1	11.350	10.917	24		3	22.051	20.752
	4.5	0.75	4.013	3.688			2	12.701	11.835			2	22.701	21.835
		0.5	4.175	3.959		14	1.5	13.026	12.376			1.5	23.026	22.376
5		0.8	4.480	4.134			1	13.350	12.917			1	23.350	22.917
		0.5	4.675	4.459			2	14.701	13.835		27	3	25.051	23.752
6		1	5.350	4.917	16		1.5	15.026	14.376			2	25.701	24.835
		0.75	5.513	5.188			1	15.350	14.917			1.5	26.026	25.376
7		1	6.350	5.917			2.5	16.376	15.294			1	26.350	25.917
		0.75	6.513	6.188		18	2	16.701	15.835	30		3.5	27.727	26.211
8		1.25	7.188	6.647			1.5	17.026	16.376			3	28.051	26.752
		1	7.350	6.917			1	17.350	16.917			2	28.701	27.835
		0.75	7.513	7.188			2.5	18.376	17.294			1.5	29.026	28.376
10		1.5	9.026	8.376	20		2	18.701	17.835			1	29.350	28.917
		1.25	9.188	8.647			1.5	19.026	18.376		33	3.5	30.727	29.211

注：表中黑体字为粗牙螺纹的螺距。

第四节 联　接

表 9-37　螺栓和螺钉通孔及沉孔尺寸　　　　　　　　　　　　　　　（单位：mm）

螺纹规格	螺栓和螺钉通孔直径 d_h（摘自 GB/T 5277—1985）			沉头螺钉用沉孔（摘自 GB/T 152.2—2014）				圆柱头用沉孔（摘自 GB/T 152.3—1988）				六角头螺栓和六角螺母用沉孔（摘自 GB/T 152.4—1988）			
d	精装配	中等装配	粗装配	D_c	$t\approx$	d_h min	α	d_2	t	d_3	d_1	d_2	d_3	d_1	t
				min											
M3	3.2	3.4	3.6	6.3	1.55	3.4		6.0	3.4		3.4	9		3.4	
M4	4.3	4.5	4.8	9.4	2.55	4.5		8.0	4.6		4.5	10		4.5	
M5	5.3	5.5	5.8	10.4	2.58	5.5		10.0	5.7		5.5	11		5.5	
M6	6.4	6.6	7	12.6	3.13	6.6		11.0	6.8		6.6	13		6.6	
M8	8.4	9	10	17.3	4.28	9		15.0	9.0		9.0	18		9.0	
M10	10.5	11	12	20	4.65	11		18.0	11.0		11.0	22		11.0	只要能制出与通孔轴线垂直的圆平面即可
M12	13	13.5	14.5					20.0	13.0	16	13.5	26	16	13.5	
M14	15	15.5	16.5					24.0	15.0	18	15.5	30	18	15.5	
M16	17	17.5	18.5				90°±1°	26.0	17.5	20	17.5	33	20	17.5	
M18	19	20	21									36	22	20.0	
M20	21	22	24					33.0	21.5	24	22.0	40	24	22.0	
M22	23	24	26									43	26	24	
M24	25	26	28					40.0	25.5	28	26.0	48	28	26	
M27	28	30	32									53	33	30	
M30	31	33	35					48.0	32.0	26	33.0	61	36	33	
M33	34	36	38									66	39	36	
M36	37	39	42					57.0	38.0	42	39.0	71	42	39	

表 9-38　普通粗牙螺纹的余留长度、钻孔余留深度（摘自 JB/ZQ 4247—2006）

（单位：mm）

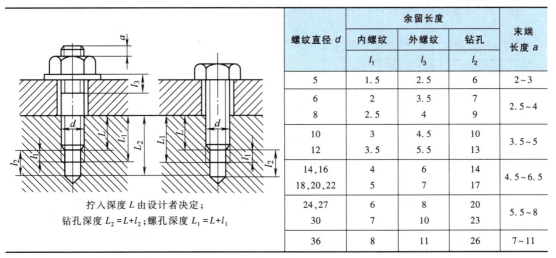

拧入深度 L 由设计者决定；
钻孔深度 $L_2 = L + l_2$；螺孔深度 $L_1 = L + l_1$

螺纹直径 d	余留长度			末端长度 a
	内螺纹 l_1	外螺纹 l_3	钻孔 l_2	
5	1.5	2.5	6	2~3
6	2	3.5	7	2.5~4
8	2.5	4	9	
10	3	4.5	10	3.5~5
12	3.5	5.5	13	
14,16	4	6	14	4.5~6.5
18,20,22	5	7	17	
24,27	6	8	20	5.5~8
30	7	10	23	
36	8	11	26	7~11

表 9-39　扳手空间（摘自 JB/ZQ 4005—2006）　　　　　　（单位：mm）

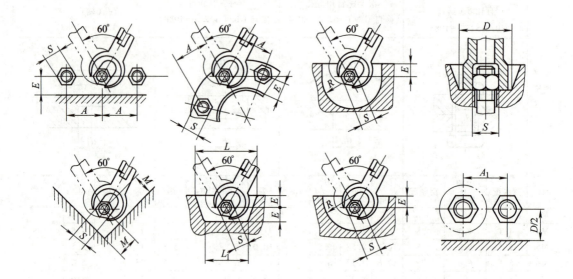

螺纹规格 d	S	A	A₁	E	M	L	L₁	R	D
6	10	26	18	8	15	46	38	20	24
8	13	32	24	11	18	55	44	25	28
10	16	38	28	13	22	62	50	30	30
12	18	42	—	14	24	70	55	32	—
14	21	48	36	15	26	80	65	36	40
16	24	55	38	16	30	85	70	42	45
18	27	62	45	19	32	95	75	46	52
20	30	68	48	20	35	105	85	50	56
22	34	76	55	24	40	120	95	58	60
24	36	80	58	24	42	125	100	60	70
27	41	90	65	26	46	135	110	65	76
30	46	100	72	30	50	155	125	75	82
33	50	108	76	32	55	165	130	80	88
36	55	118	85	36	60	180	145	88	95

第四节 联　接

表 9-40　六角头螺栓（摘自 GB/T 5782—2016）、六角头螺栓-全螺纹（摘自 GB/T 5783—2016）

（单位：mm）

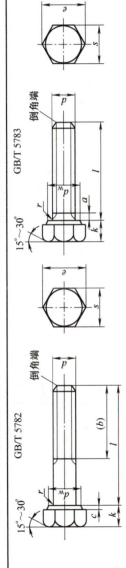

标记示例：

螺纹规格 d =M12、公称长度 l =80、性能等级为 8.8 级、表面不经处理、产品等级为 A 级的六角头螺栓的标记为

　　螺栓 GB/T 5782　M12×80

螺纹规格 d =M12、公称长度 l =80、性能等级为 8.8 级、表面不经处理、全螺纹、产品等级为 A 级的六角头螺栓的标记为

　　螺栓 GB/T 5783　M12×80

螺纹规格 d		M3	M4	M5	M6	M8	M10	M12	(M14)	M16	(M18)	M20	(M22)	M24	(M27)	M30	M36
$b_{参考}$	l≤125	12	14	16	18	22	26	30	34	38	42	46	50	54	60	66	78
	125<l≤200	18	20	22	24	28	32	36	40	44	48	52	56	60	66	72	84
	l>200	31	33	35	37	41	45	49	53	57	61	65	69	73	79	85	97
a	max	1.5	2.1	2.4	3	4	4.5	5.3	6	6	7.5	7.5	7.5	9	9	10.5	12
	min	0.4	0.4	0.5	0.5	0.6	0.6	0.6	0.6	0.8	0.8	0.8	0.8	0.8	0.8	0.8	0.8
c	min	0.15	0.15	0.15	0.15	0.15	0.15	0.15	0.15	0.2	0.2	0.2	0.2	0.2	0.2	0.2	0.2
d_w	min A	4.6	5.9	6.9	8.9	11.6	14.6	16.6	19.6	22.5	25.3	28.2	31.7	33.6	—	—	—
	min B	4.5	5.7	6.7	8.7	11.5	14.5	16.5	19.2	22	24.9	27.7	31.4	33.3	38	42.8	51.1
e	min A	6.01	7.66	8.79	11.05	14.38	17.77	20.03	23.35	26.75	30.14	33.53	37.72	39.98	—	—	—
	min B	5.88	7.50	8.63	10.89	14.20	17.59	19.85	22.78	26.17	29.56	32.95	37.29	39.55	45.2	50.85	60.79
k	公称	2	2.8	3.5	4	5.3	6.4	7.5	8.8	10	11.5	12.5	14	15	17	18.7	22.5
r	min	0.1	0.2	0.2	0.25	0.4	0.4	0.6	0.6	0.6	0.6	0.8	0.8	0.8	1	1	1
s	公称	5.5	7	8	10	13	16	18	21	24	27	30	34	36	41	46	55
l 范围（全螺线）		20~30	25~40	25~50	30~60	40~80	45~100	50~120	60~140	65~160	70~180	80~200	90~220	90~240	100~260	110~300	140~360
l 范围		6~30	8~40	10~50	12~60	16~80	20~100	25~120	30~140	30~150	35~180	40~150	45~200	50~150	55~200	60~200	70~200
l 系列		6,8,10,12,16,20~70(5 进位)，80~160(10 进位)，180~360(20 进位)															
技术条件	材料	钢			螺纹公差	6g			公差产品等级	A 级用于 d≤24 和 l≤10d 或 l≤150 B 级用于 d>24 或 l>10d 或 l>150					表面处理	氧化	
	力学性能等级	5.6、8、8.8、10.9															

注：1. A、B 为产品等级，A 级最精确，C 级最不精确。C 级产品详见 GB/T 5780—2016、GB/T 5781—2016。
　　2. 括号内为非优选的螺纹直径规格，尽量不采用。

表 9-41 吊环螺钉（摘自 GB 825—1988） （单位：mm）

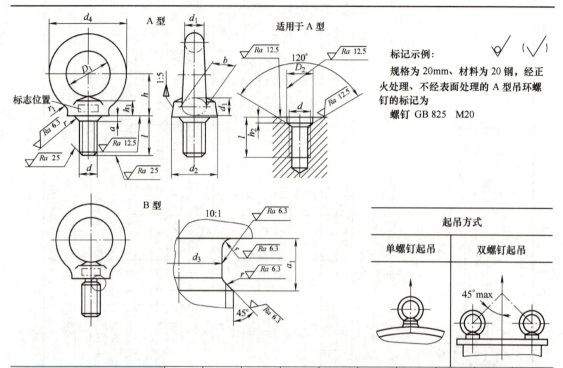

螺纹规格(d)		M8	M10	M12	M16	M20	M24	M30	M36	M42	M48
d_1	max	9.1	11.1	13.1	15.2	17.4	21.4	25.7	30	34.4	40.7
D_1	公称	20	24	28	34	40	48	56	67	80	95
d_2	max	21.1	25.1	29.1	35.2	41.4	49.4	57.7	69	82.4	97.7
h_1	max	7	9	11	13	15.1	19.1	23.2	27.4	31.7	36.9
l	公称	16	20	22	28	35	40	45	55	65	70
d_4	参考	36	44	52	62	72	88	104	123	144	171
h		18	22	26	31	36	44	53	63	74	87
r_1		4	4	6	6	8	12	15	18	20	22
r	min	1	1	1	1	1	2	2	3	3	3
a_1	max	3.75	4.5	5.25	6	7.5	9	10.5	12	13.5	15
d_3	公称(max)	6	7.7	9.4	13	16.4	19.6	25	30.8	35.6	41
a	max	2.5	3	3.5	4	5	6	7	8	9	10
b		10	12	14	16	19	24	28	32	38	46
D_2	公称(min)	13	15	17	22	28	32	38	45	52	60
h_2	公称(min)	2.5	3	3.5	4.5	5	7	8	9.5	10.5	11.5
最大起吊重量/t	单螺钉起吊	0.16	0.25	0.4	0.63	1	1.6	2.5	4	6.3	8
	双螺钉起吊（参见右上图）	0.08	0.125	0.2	0.32	0.5	0.8	1.25	2	3.2	4
减速器类型		一级圆柱齿轮减速器					二级圆柱齿轮减速器				
中心距 a		100	125	160	200	250	315	100×140	140×200	180×250	200×280	250×355
重量 W/kN		0.26	0.52	1.05	2.1	4	8	1	2.6	4.8	6.8	12.5

注：减速器相关内容非 GB/T 825—1988 内容，仅供选用参考。

第四节 联　　接

表 9-42　Ⅰ型六角螺母-A 和 B 级（摘自 GB/T 6170—2015）、六角薄螺母-A 和 B-倒角、（摘自 GB/T 6172.1—2016）　　（单位：mm）

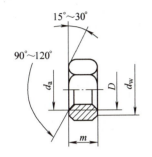
允许制造型式（GB/T 6170）

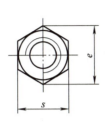

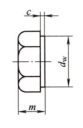

标记示例：
　螺纹规格 D = M12、性能等级为 8 级、不经表面处理、A 级的 1 型六角螺母的标记为
　　螺母 GB/T 6170　M12
　螺纹规格 D = M12、性能等级为 04 级、不经表面处理、A 级倒角的六角薄螺母的标记为
　　螺母 GB/T 6172.1　M12

螺纹规格 D		M3	M4	M5	M6	M8	M10	M12	(M14)	M16	(M18)	M20	(M22)	M24	(M27)	M30	M36
d_a	max	3.45	4.6	5.75	6.75	8.75	10.8	13	15.1	17.3	19.5	21.6	23.7	25.9	29.1	32.4	38.9
d_w	min	4.6	5.9	6.9	8.9	11.6	14.6	16.6	19.6	22.5	24.9	27.7	31.4	33.3	38	42.8	51.1
e	min	6.01	7.66	8.79	11.05	14.38	17.77	20.03	23.36	26.75	29.56	32.95	37.29	39.55	45.2	50.85	60.79
s	max	5.5	7	8	10	13	16	18	21	24	27	30	34	36	41	46	55
c	max	0.4	0.4	0.5	0.5	0.6	0.6	0.6	0.6	0.8	0.8	0.8	0.8	0.8	0.8	0.8	0.8
m (max)	六角螺母	2.4	3.2	4.7	5.2	6.8	8.4	10.8	12.8	14.8	15.8	18	19.4	21.5	23.8	25.6	31
	薄螺母	1.8	2.2	2.7	3.2	4	5	6	7	8	9	10	11	12	13.5	15	18
技术条件	材料	性能等级			螺纹公差			表面处理			公差产品等级						
	钢	六角螺母 6,8,10　薄螺母 04、05			6H			不经处理			A 级用于 $D \leqslant$ M16　B 级用于 $D >$ M16						

注：括号内为非优选的螺纹规格，尽量不采用。

表 9-43　圆螺母（摘自 GB/T 812—1988）、小圆螺母（摘自 GB/T 810—1988）　　（单位：mm）

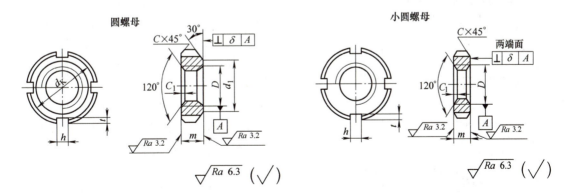

标记示例：螺母　GB/T 812　M16×1.5
　　　　　螺母　GB/T 810　M16×1.5
（螺纹规格 D = M16×1.5，材料为 45 钢、槽或全部热处理硬度 35~45HRC、表面氧化的圆螺母和小圆螺母）

(续)

圆螺母（GB/T 812—1988）										小圆螺母（GB/T 810—1988）							
螺纹规格 $D \times P$	d_K	d_1	m	h		t		C	C_1	螺纹规格 $D \times P$	d_K	m	h		t		C	C_1
				max	min	max	min						max	min	max	min		
M10×1	22	16	8	4.3	4	2.6	2	0.5	0.5	M10×1	20	6	4.3	4	2.6	2	0.5	0.5
M12×1.25	25	19								M12×1.25	22							
M14×1.5	28	20								M14×1.5	25							
M16×1.5	30	22								M16×1.5	28							
M18×1.5	32	24								M18×1.5	30							
M20×1.5	35	27		5.3	5	3.1	2.5			M20×1.5	32							
M22×1.5	38	30								M22×1.5	35		5.3	5	3.1	2.5		
M24×1.5	42	34								M24×1.5	38							
M25×1.5*										M27×1.5	42							
M27×1.5	45	37						1		M30×1.5	45							
M30×1.5	48	40	10							M33×1.5	48	8						
M33×1.5	52	43								M36×1.5	52							
M33×1.5*										M39×1.5	55							
M36×1.5	55	46		6.3	6	3.6	3			M42×1.5	58		6.3	6	3.6	3		
M39×1.5	58	49								M45×1.5	62							
M40×1.5*										M48×1.5	68							
M42×1.5	62	53								M52×1.5	72							
M45×1.5	68	59								M56×2	78						1	
M48×1.5	72	61								M60×2	80	10						
M50×1.5*										M64×2	85		8.36	8	4.25	3.5		
M52×1.5	78	67								M68×2	90							1
M55×2*										M72×2	95							
M56×2	85	74	12	8.36	8	4.25	3.5			M76×2	100							
M60×2	90	79								M80×2	105							
M64×2	95	84						1.5		M85×2	110	12	10.36	10	4.75	4		
M65×2*										M90×2	115							
M68×2	100	88								M95×2	120						1.5	
M72×2	105	93							1	M100×2	125							
M75×2*										M105×2	130	15	12.43	12	5.75	5		
M76×2	110	98	15	10.36	10	4.75	4											
M80×2	115	103																
M85×2	120	108																
M90×2	125	112																
M95×2	130	117	18	12.43	12	5.75	5											
M100×2	135	122																
M105×2	140	127																

注：槽数 n，当 $D \leqslant $ M100×2，$n=4$；当 $D \geqslant $ M105×2，$n=6$。

* 仅用于滚动轴承锁紧装置。

第四节 联 接

表 9-44 小垫圈、平垫圈 （单位：mm）

小垫圈 A 级（摘自 GB/T 848—2002）
平垫圈 A 级（摘自 GB/T 97.1—2002）
平垫圈—倒角型—A 级（摘自 GB/T 97.2—2002）

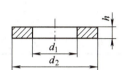
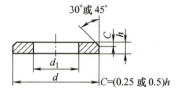

$C=(0.25$ 或 $0.5)h$

标记示例：
　　小系列（或标准系列）、公称规格 8mm、由钢制造的硬度等级为 200HV 级、不经表面处理、产品等级为 A 级的平垫圈的标记为
　　垫圈 GB/T 848　8（或 GB/T 97.1　8 或 GB/T 97.2　8）

公称尺寸（螺纹规格 d）		3	4	5	6	8	10	12	(14)	16	20	24	30	36
d_1	GB/T 848—2002	3.2	4.3	5.3	6.4	8.4	10.5	13	15	17	21	25	31	37
	GB/T 97.1—2002	3.2	4.3	5.3	6.4	8.4	10.5	13	15	17	21	25	31	37
	GB/T 97.2—2002	—	—	5.3	6.4	8.4	10.5	13	15	17	21	25	31	37
d_2	GB/T 848—2002	6	8	9	11	15	18	20	24	28	34	39	50	60
	GB/T 97.1—2002	7	9	10	12	16	20	24	28	30	37	44	56	66
	GB/T 97.2—2002	—	—	10	12	16	20	24	28	30	37	44	56	66
h	GB/T 848—2002	0.5	0.5	1	1.6	1.6	1.6	2	2.5	2.5	3	4	4	5
	GB/T 97.1—2002	0.5	0.8	1	1.6	1.6	2	2.5	2.5	3	3	4	4	5
	GB/T 97.2—2002	—	—	1	1.6	1.6	2	2.5	2.5	3	3	4	4	5

表 9-45 标准型弹簧垫圈（摘自 GB/T 93—1987）、
　　　　　轻型弹簧垫圈（摘自 GB/T 859—1987） （单位：mm）

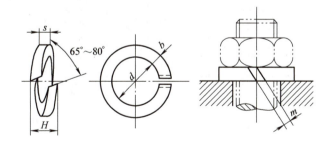

标记示例：
　　规格为 16、材料为 65Mn、表面氧化的标准型（或轻型）弹簧垫圈的标记为
　　垫圈 GB/T 93—16（或 GB/T 859—16）

规格（螺纹大径）			3	4	5	6	8	10	12	(14)	16	(18)	20	(22)	24	(27)	30	(33)	36
GB/T 93—1978	$s(b)$	公称	0.8	1.1	1.3	1.6	2.1	2.6	3.1	3.6	4.1	4.5	5.0	5.5	6.0	6.8	7.5	8.5	9
	H	min	1.6	2.2	2.6	3.2	4.2	5.2	6.2	7.2	8.2	9	10	11	12	13.6	15	17	18
		max	2	2.75	3.25	4	5.25	6.5	7.75	9	10.25	11.25	12.5	13.75	15	17	18.75	21.25	22.5
	m	≤	0.4	0.55	0.65	0.8	1.05	1.3	1.55	1.8	2.05	2.25	2.5	2.75	3	3.4	3.75	4.25	4.5

(续)

规格(螺纹大径)		3	4	5	6	8	10	12	(14)	16	(18)	20	(22)	24	(27)	30	(33)	36
GB/T 859—1987	s 公称	0.6	0.8	1.1	1.3	1.6	2	2.5	3	3.2	3.6	4	4.5	5	5.5	6	—	—
	b 公称	1	1.2	1.5	2	2.5	3	3.5	4	4.5	5	5.5	6	7	8	9	—	—
	H min	1.2	1.6	2.2	2.6	3.2	4	5	6	6.4	7.2	8	9	10	11	12	—	—
	H max	1.5	2	2.75	3.25	4	5	6.25	7.5	8	9	10	11.25	12.5	13.75	15	—	—
	m ≤	0.3	0.4	0.55	0.65	0.8	1.0	1.25	1.5	1.6	1.8	2.0	2.25	2.5	2.75	3.0		

注：尽可能不采用括号内的规格。

表 9-46 圆螺母用止动垫圈（摘自 GB/T 858—1988）　　（单位：mm）

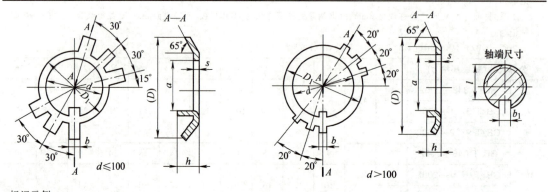

标记示例：

垫圈 GB/T 858 16（规格为 16、材料为 Q235—A、经退火、表面氧化的圆螺母用止动垫圈）

规格(螺纹大径)	d	D (参考)	D_1	s	b	a	h	轴端 b_1	轴端 l	规格(螺纹大径)	d	D (参考)	D_1	s	b	a	h	轴端 b_1	轴端 l
10	10.5	25	16	3.8	8	3	4	7	8	48	48.5	76	61	7.7	45	8	5	6	44
12	12.5	28	19		9			8		50*	50.5				47				
14	14.5	32	20		11			10		52	52.5	82	67		49				48
16	16.5	34	22		13			12		55*	56				52				—
18	18.5	35	24		15			14		56	57	90	74		53				52
20	20.5	38	27	1	17	4	5	16		60	61	94	79		57		6		56
22	22.5	42	30	4.8	19			18		64	65	100	84	1.5	61				60
24	24.5		34		21			20		65*	66				62				—
25*	25.5	45			22					68	69	105	88		65				64
27	27.5	48	37		24			23		72	73	110	93		69				68
30	30.5	52	40		27			26		75*	76				71		10		
33	33.5	56	43		30			29		76	77	115	98	9.6	72				70
35*	35.5				32			—		80	81	120	103		76				74
36	36.5	60	46		33	5		32		85	86	125	108		81		7		79
39	39.5	62	49	1.5	5.7 35		6	35		90	91	130	112		86				84
40*	40.5				37			—		95	96	135	117	2	91	11.6		12	89
42	42.5	66	53		39			38		100	101	140	122		96				94
45	45.5	72	59		42			41		105	106	145	127		101				99

* 仅用于滚动轴承锁紧装置。

第四节 联　接

表 9-47　轴端挡圈　　　　　　（单位：mm）

螺钉紧固轴端挡圈（摘自 GB/T 891—1986）　　螺栓紧固轴端挡圈（摘自 GB/T 892—1986）

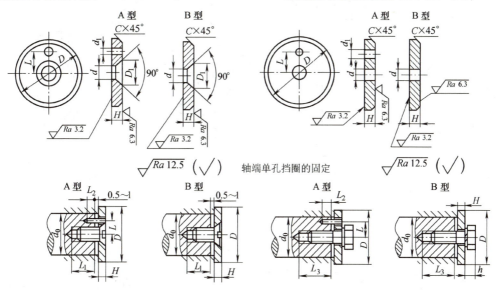

标记示例：

挡圈　GB/T 891　45（公称直径 $D=45$、材料为 Q235-A、不经表面处理的 A 型螺钉紧固轴端挡圈）

挡圈　GB/T 891　B45（公称直径 $D=45$、材料为 Q235-A、不经表面处理的 B 型螺钉紧固轴端挡圈）

轴径 ≤	公称直径 D	H	L	d	d_1	C	D_1	螺钉紧固轴端挡圈			螺栓紧固轴端挡圈				安装尺寸（参考）		
								螺钉 GB/T 819.1—2016（推荐）	圆柱销 GB/T 119.1—2000（推荐）		螺栓 GB/T 5783—2016（推荐）	圆柱销 GB/T 119.1—2000（推荐）	垫圈 GB/T 93—1987（推荐）		L_1	L_2	L_3	h
14	20	4	—														
16	22	4	—														
18	25	4	—	5.5	2.1	0.5	11	M5×12	A2×10	M5×16	A2×10	5	14	6	16	4.8
20	28	4	7.5													
22	30	4	7.5													
25	32	5	10													
28	35	5	10													
30	38	5	10	6.6	3.2	1	13	M6×16	A3×12	M6×20	A3×12	6	18	7	20	5.6
32	40	5	12													
35	45	5	12													
40	50	5	12													
45	55	6	16													
50	60	6	16													
55	65	6	16	9	4.2	1.5	17	M8×20	A4×14	M8×25	A4×14	8	22	8	24	7.4
60	70	6	20													
65	75	6	20													
70	80	6	20													
75	90	8	25	13	5.2	2	25	M12×25	A5×16	M12×30	A5×16	12	26	10	28	10.6
85	100	8	25													

注：1. 当挡圈装在带螺纹孔的轴端时，紧固用螺钉允许加长。

2. 材料：Q235-A、35 钢、45 钢。

3. "轴端单孔挡圈的固定"不属于 GB/T 891—1986、GB/T 892—1986，仅供参考。

表 9-48 孔用弹性挡圈-A 型（摘自 GB/T 893—2017） （单位：mm）

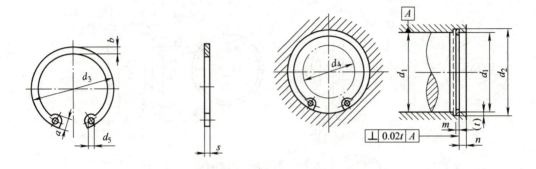

d_4—允许套入的最大轴径

标记示例：

挡圈 GB/T 893—2017 50

（孔径 d_1 = 50、材料 65Mn、热处理硬度 44~51HRC、经表面氧化处理的 A 型孔用弹性挡圈）

公称规格 d_1	挡圈				a max	b ≈	d_5 min	千件质量 ≈ kg	沟槽		m H13	t	n min	最大内轴 d_4
	s		d_3						d_2					
	基本尺寸	极限偏差	基本尺寸	极限偏差					基本尺寸	极限偏差				
18	1.00		19.5		4.1	2.2	2.0	0.74	19		1.1	0.50	1.5	9.4
19	1.00		20.5		4.1	2.2	2.0	0.83	20		1.1	0.50	1.5	10.4
20	1.00		21.5	+0.42 −0.13	4.2	2.3	2.0	0.90	21	+0.13 0	1.1	0.50	1.5	11.2
21	1.00		22.5		4.2	2.4	2.0	1.00	22		1.1	0.50	1.5	12.2
22	1.00		23.5		4.2	2.5	2.0	1.10	23		1.1	0.50	1.5	13.2
24	1.20		25.9		4.4	2.6	2.0	1.42	25.2		1.3	0.60	1.8	14.8
25	1.20		26.9	+0.42 −0.21	4.5	2.7	2.0	1.50	26.2	+0.21 0	1.3	0.60	1.8	15.5
26	1.20		27.9		4.7	2.8	2.0	1.60	27.2		1.3	0.60	1.8	16.1
28	1.20		30.1		4.8	2.9	2.0	1.80	29.4		1.3	0.70	2.1	17.9
30	1.20	0 −0.06	32.1		4.8	3.0	2.0	2.06	31.4		1.3	0.70	2.1	19.9
31	1.20		33.4		5.2	3.2	2.5	2.10	32.7		1.3	0.85	2.6	20.0
32	1.20		34.4		5.4	3.2	2.5	2.21	33.7		1.3	0.85	2.6	20.6
34	1.50		36.5	+0.50 −0.25	5.4	3.3	2.5	3.20	35.7		1.60	0.85	2.6	22.6
35	1.50		37.8		5.4	3.4	2.5	3.54	37.0		1.60	1.00	3.0	23.6
36	1.50		38.8		5.4	3.5	2.5	3.70	38.0	+0.25 0	1.60	1.00	3.0	24.6
37	1.50		39.8		5.5	3.6	2.5	3.74	39		1.60	1.00	3.0	25.4
38	1.50		40.8		5.5	3.7	2.5	3.90	40		1.60	1.00	3.0	26.4
40	1.75		43.5		5.8	3.9	2.5	4.70	42.5		1.85	1.25	3.8	27.8
42	1.75		45.5	+0.90 −0.39	5.9	4.1	2.5	5.40	44.5		1.85	1.25	3.8	29.6
45	1.75		48.5		6.2	4.3	2.5	6.00	47.5		1.85	1.25	3.8	32.0

第四节 联　接

（续）

公称规格 d_1	挡圈							沟槽						最大内轴
	s		d_3		a max	b ≈	d_5 min	千件质量 ≈ kg	d_2		m H13	t	n min	d_4
	基本尺寸	极限偏差	基本尺寸	极限偏差					基本尺寸	极限偏差				
47	1.75	0 -0.06	50.5		6.4	4.4	2.5	6.10	49.5	+0.25 0	1.85	1.25	3.8	33.5
48	1.75		51.5		6.4	4.5	2.5	6.70	50.5		1.85	1.25	3.8	34.5
50	2.00		54.2		6.5	4.6	2.5	7.30	53.0		2.15	1.50	4.5	36.3
52	2.00		56.2		6.7	4.7	2.5	8.20	55.0		2.15	1.50	4.5	37.9
55	2.00		59.2		6.8	5.0	2.5	8.30	58.0		2.15	1.50	4.5	40.7
56	2.00		60.2		6.8	5.1	2.5	8.70	59.0		2.15	1.50	4.5	41.7
58	2.00		62.2	+1.10 -0.46	6.9	5.2	2.5	10.50	61.0		2.15	1.50	4.5	43.5
60	2.00		64.2		7.3	5.4	2.5	11.10	63.0	+0.30 0	2.15	1.50	4.5	44.7
62	2.00		66.2		7.3	5.5	2.5	11.20	65.0		2.15	1.50	4.5	46.7
63	2.00	0 -0.07	67.2		7.3	5.6	2.5	12.40	66.0		2.15	1.50	4.5	47.7
65	2.50		69.5		7.6	5.8	3.0	14.30	68.0		2.65	1.50	4.5	49.0
68	2.50		72.5		7.8	6.1	3.0	16.00	71.0		2.65	1.50	4.5	51.6
70	2.50		74.5		7.8	6.2	3.0	16.50	73.0		2.65	1.50	4.5	53.6
72	2.50		76.5		7.8	6.4	3.0	18.10	75.0		2.65	1.50	4.5	55.6
75	2.50		79.5		7.8	6.6	3.0	18.80	78.0		2.65	1.50	4.5	58.6
78	2.50		82.5		8.5	6.6	3.0	20.4	81.0		2.65	1.50	4.5	60.1
80	2.50		85.5		8.5	6.8	3.0	22.0	83.5		2.65	1.75	5.3	62.1
82	2.50		87.5		8.5	7.0	3.0	24.0	85.5		2.65	1.75	5.3	64.1
85	3.00		90.5		8.6	7.0	3.5	25.3	88.5		3.15	1.75	5.3	66.9
88	3.00		93.5	+1.30 -0.54	8.6	7.2	3.5	28.0	91.5	+0.35 0	3.15	1.75	5.3	69.9
90	3.00	0 -0.08	95.5		8.6	7.6	3.5	31.0	93.5		3.15	1.75	5.3	71.9
92	3.00		97.5		8.7	7.8	3.5	32.0	95.5		3.15	1.75	5.3	73.7
95	3.00		100.5		8.8	8.1	3.5	35.0	98.5		3.15	1.75	5.3	76.5
98	3.00		103.5		9.0	8.3	3.5	37.0	101.5		3.15	1.75	5.3	79.0
100	3.00		105.5		9.2	8.4	3.5	38.0	103.5		3.15	1.75	5.3	80.6

表 9-49　轴用弹性挡圈-A 型（摘自 GB/T 894—2017）　　　　（单位：mm）

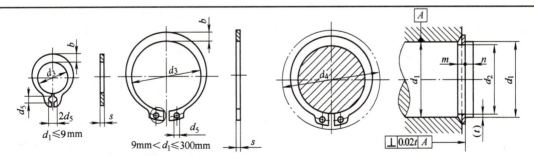

d_3—允许套入的最小孔径

标记示例：

挡圈　GB/T 894—2017　50

（轴径 d_0 = 50、材料 65Mn、热处理 44~51HRC、经表面氧化处理的 A 型轴用弹性挡圈）

(续)

公称规格 d_1	挡圈								沟槽					最小外孔 d_4
	s		d_3		a max	b ≈	d_5 min	千件质量 ≈ kg	d_2		m H13	t	n min	
	基本尺寸	极限偏差	基本尺寸	极限偏差					基本尺寸	极限偏差				
10	1.00		9.3		3.3	1.8	1.5	0.340	9.6		1.1	0.20	0.6	17.0
11	1.00		10.2		3.3	1.8	1.5	0.410	10.5		1.1	0.25	0.8	18.0
12	1.00		11.0		3.3	1.8	1.7	0.500	11.5		1.1	0.25	0.8	19.0
13	1.00		11.9		3.4	2.0	1.7	0.530	12.4		1.1	0.30	0.9	20.2
14	1.00		12.9	+0.10 −0.36	3.5	2.1	1.7	0.640	13.4	0 −0.11	1.1	0.30	0.9	21.4
15	1.00		13.8		3.6	2.2	1.7	0.670	14.3		1.1	0.35	1.1	22.6
16	1.00		14.7		3.7	2.2	1.7	0.700	15.2		1.1	0.40	1.2	23.8
17	1.00		15.7		3.8	2.3	1.7	0.820	16.2		1.1	0.40	1.2	25.0
18	1.20		16.5		3.9	2.4	2.0	1.11	17.0		1.30	0.50	1.5	26.2
19	1.20		17.5		3.9	2.5	2.0	1.22	18.0		1.30	0.50	1.5	27.2
20	1.20		18.5		4.0	2.6	2.0	1.30	19.0		1.30	0.50	1.5	28.4
21	1.20		19.5	+0.13 −0.42	4.1	2.7	2.0	1.42	20.0	0 −0.13	1.30	0.50	1.5	29.6
22	1.20		20.5		4.2	2.8	2.0	1.50	21.0		1.30	0.50	1.5	30.8
24	1.20	0 −0.06	22.2		4.4	3.0	2.0	1.77	22.9		1.30	0.55	1.7	33.2
25	1.20		23.2		4.4	3.0	2.0	1.90	23.9		1.30	0.55	1.7	34.2
26	1.20		24.2	+0.21 −0.42	4.5	3.1	2.0	1.96	24.9	0 −0.21	1.30	0.55	1.7	35.5
28	1.50		25.9		4.7	3.2	2.0	2.92	26.6		1.60	0.70	2.1	37.9
29	1.50		26.9		4.8	3.4	2.0	3.20	27.6		1.60	0.70	2.1	39.1
30	1.50		27.9		5.0	3.5	2.0	3.31	28.6		1.60	0.70	2.1	40.5
32	1.50		29.6		5.2	3.6	2.5	3.54	30.3		1.60	0.85	2.6	43.0
34	1.50		31.5	+0.25 −0.50	5.4	3.8	2.5	3.80	32.3		1.60	0.85	2.6	45.4
35	1.50		32.2		5.6	3.9	2.5	4.00	33.0		1.60	1.00	3.0	46.8
36	1.75		33.2		5.6	4.0	2.5	5.00	34.0		1.85	1.00	3.0	47.8
38	1.75		35.2		5.8	4.2	2.5	5.62	36.0		1.85	1.00	3.0	50.2
40	1.75		36.5		6.0	4.4	2.5	6.03	37.0	0 −0.25	1.85	1.25	3.8	52.6
42	1.75		38.5		6.5	4.5	2.5	6.5	39.5		1.85	1.25	3.8	55.7
45	1.75		41.5	+0.39 −0.90	6.7	4.7	2.5	7.5	42.5		1.85	1.25	3.8	59.1
48	1.75		44.5		6.9	5.0	2.5	7.9	45.5		1.85	1.25	3.8	62.5
50	2.00		45.8		6.9	5.1	2.5	10.2	47.0		2.15	1.50	4.5	64.5
52	2.00		47.8		7.0	5.2	2.5	11.1	49.0		2.15	1.50	4.5	66.7
55	2.00	0 −0.07	50.8		7.2	5.4	2.5	11.4	52.0		2.15	1.50	4.5	70.2
56	2.00		51.8	+0.46 −1.10	7.3	5.5	2.5	11.8	53.0	0 −0.30	2.15	1.50	4.5	71.6
58	2.00		53.8		7.3	5.6	2.5	12.6	55.0		2.15	1.50	4.5	73.6

第四节 联 接

(续)

公称规格 d_1	挡圈								沟槽				最小外孔 d_4
	s		d_3		a max	b ≈	d_5 min	千件质量 ≈ kg	d_2		m H13	t	n min	
	基本尺寸	极限偏差	基本尺寸	极限偏差					基本尺寸	极限偏差				
60	2.00	0 -0.07	55.8	+0.46 -1.10	7.4	5.8	2.5	12.9	57.0	0 -0.30	2.15	1.50	4.5	75.6
62	2.00		57.8		7.5	6.0	2.5	14.3	59.0		2.15	1.50	4.5	77.8
63	2.00		58.8		7.6	6.2	2.5	15.9	60.0		2.15	1.50	4.5	79.0
65	2.50		60.8		7.8	6.3	3.0	18.2	62.0		2.65	1.50	4.5	81.4
68	2.50		63.5		8.0	6.5	3.0	21.8	65.0		2.65	1.50	4.5	84.8
70	2.50		65.5		8.1	6.6	3.0	22.0	67.0		2.65	1.50	4.5	87.0
72	2.50		67.5		8.2	6.8	3.0	22.5	69.0		2.65	1.50	4.5	89.2
75	2.50		70.5		8.4	7.0	3.0	24.6	72.0		2.65	1.50	4.5	92.7
78	2.50		73.5		8.6	7.3	3.0	26.2	75.0		2.65	1.50	4.5	96.1
80	2.50		74.5		8.6	7.4	3.0	27.3	76.5		2.65	1.75	5.3	98.1
82	2.50		76.5		8.7	7.6	3.0	31.2	78.5		2.65	1.75	5.3	100.3
85	3.00	0 -0.08	79.5	+0.54 -1.30	8.7	7.8	3.5	36.4	81.5	0 -0.35	3.15	1.75	5.3	103.3
88	3.00		82.5		8.8	8.0	3.5	41.2	84.5		3.15	1.75	5.3	106.5
90	3.00		84.5		8.8	8.2	3.5	44.5	86.5		3.15	1.75	5.3	108.5
95	3.00		89.5		9.4	8.6	3.5	49.0	91.5		3.15	1.75	5.3	114.8
100	3.00		94.5		9.6	9.0	3.5	53.7	96.5		3.15	1.75	5.3	120.2

表 9-50 平键联结键槽的剖面和尺寸（摘自 GB/T 1095—2003）、
普通平键的形式和尺寸（摘自 GB/T 1096—2003） （单位：mm）

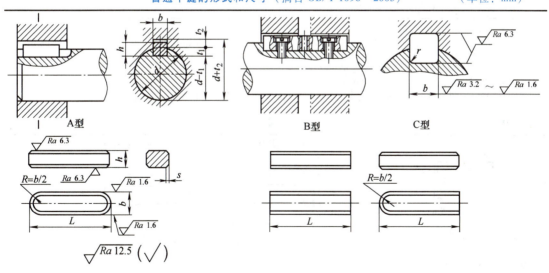

标记示例：
GB/T 1096 键 16×10×100[圆头普通平键（A 型）、$b=16$、$h=10$、$L=100$]
GB/T 1096 键 B16×10×100[平头普通平键（B 型）、$b=16$、$h=10$、$L=100$]
GB/T 1096 键 C16×10×100[单圆头普通平键（C 型）、$b=16$、$h=10$、$L=100$]

(续)

轴	键	键槽										
		宽度 b						深度				半径 r
轴直径 d^*	键尺寸 $b \times h$	键尺寸 b	极限偏差					轴 t_1		毂 t_2		
			松联结		正常联结		紧密联结	公称尺寸	极限偏差	公称尺寸	极限偏差	最小	最大
			轴 H9	毂 D10	轴 N9	毂 JS9	轴和毂 P9						
6~8	2×2	2	+0.025 0	+0.060 +0.020	−0.004 −0.029	±0.0125	−0.006 −0.031	1.2	+0.1 0	1	+0.1 0	0.08	0.16
>8~10	3×3	3						1.8		1.4			
>10~12	4×4	4	+0.030 0	+0.078 +0.030	0 −0.030	±0.015	−0.012 −0.042	2.5		1.8			
>12~17	5×5	5						3.0		2.3			
>17~22	6×6	6						3.5		2.8		0.16	0.25
>22~30	8×7	8	+0.036 0	+0.098 +0.040	0 −0.036	±0.018	−0.015 −0.051	4.0		3.3			
>30~38	10×8	10						5.0		3.3			
>38~44	12×8	12	+0.043 0	+0.120 +0.050	0 −0.043	±0.0215	−0.018 −0.061	5.0	+0.2 0	3.3	+0.2 0	0.25	0.40
>44~50	14×9	14						5.5		3.8			
>50~58	16×10	16						6.0		4.3			
>58~65	18×11	18						7.0		4.4			
>65~75	20×12	20	+0.052 0	+0.149 +0.065	0 −0.052	±0.026	−0.022 −0.074	7.5		4.9		0.40	0.60
>75~85	22×14	22						9.0		5.4			
>85~95	25×14	25						9.0		5.4			
>95~110	28×16	28						10.0		6.4			
键的长度系列	6,8,10,12,14,16,18,20,22,25,28,32,36,40,45,50,56,63,70,80,90,100,110,125,140,160,180,200,220,250,280,320,360												

注:1. 在工作图中,轴槽深用 t_1 或 ($d-t_1$) 标注,轮毂槽深用 ($d+t_2$) 标注。
2. ($d-t_1$) 和 ($d+t_2$) 两组组合尺寸的极限偏差按相应的 t_1 和 t_2 极限偏差选取,但 ($d-t_1$) 的极限偏差值应取负号 (−)。
3. 键尺寸的极限偏差 b 为 h8, h 为 h11, L 为 h14。
4. 键材料的抗拉强度应不小于 590MPa。

* GB/T 1095—2003 没有给出相应轴的直径,此栏数据取自旧国家标准,供选键时参考。

表 9-51 圆柱销 (摘自 GB/T 119.1—2000)、圆锥销 (摘自 GB/T 117—2000)　　(单位: mm)

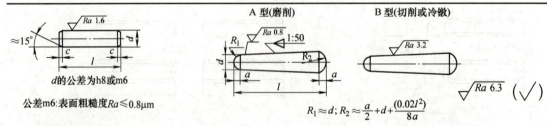

$R_1 \approx d; R_2 \approx \dfrac{a}{2} + d + \dfrac{(0.02l)^2}{8a}$

公差 h8: 表面粗糙度 $Ra \leqslant 1.6\mu m$
标记示例:
公称直径 $d=6$、公差为 m6、公称长度 $l=30$、材料为钢、不经淬火、不经表面处理的圆柱销的标记为
　　销 GB/T 119.1　6×30
公称直径 $d=6$、长度 $l=30$、材料为 35 钢、热处理硬度 28~38HRC、表面氧化处理的 A 型圆锥销的标记为
　　销 GB/T 117　6×30

(续)

公称直径 d		3	4	5	6	8	10	12	16	20	25
圆柱销	dh8 或 m6	3	4	5	6	8	10	12	16	20	25
	c≈	0.5	0.63	0.8	1.2	1.6	2.0	2.5	3.0	3.5	4.0
	l(公称)	8~30	8~40	10~50	12~60	14~80	18~95	22~140	26~180	35~200	50~200
圆锥销	dh10 min	2.96	3.95	4.95	5.95	7.94	9.94	11.93	15.93	19.92	24.92
	dh10 max	3	4	5	6	8	10	12	16	20	25
	a≈	0.4	0.5	0.63	0.8	1.0	1.2	1.6	2.0	2.5	3.0
	l(公称)	12~45	14~55	18~60	22~90	22~120	26~160	32~180	40~200	45~200	50~200
l(公称)的系列		12~32(2进位),35~100(5进位),100~200(20进位)									

表 9-52　滑块联轴器（摘自 JB/ZQ 4384—2006）　　　　　（单位：mm）

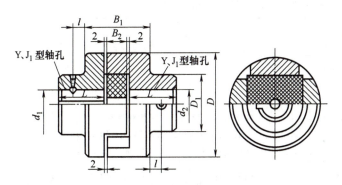

标记示例：

KL6 联轴器 $\dfrac{35\times82}{J_1 38\times60}$ JB/ZQ 4384—2006

主动端：Y 型轴孔，A 型键槽，
　　　　$d_1=35\,\text{mm}, L=82\,\text{mm}$

从动端：J_1 型轴孔，A 型键槽，
　　　　$d_2=38\,\text{mm}, L=60\,\text{mm}$

半联轴器：材料为 HT200、35 钢等

型号	额定转矩 T_n /(N·m)	许用转速 [n] /(r/min)	轴孔直径 d_1、d_2	轴孔长度 L Y型	轴孔长度 L J_1型	D	D_1	B_1	B_2	l	转动惯量 J/(kg·m²)	质量 m/kg
WH2	31.5	8200	12、14	32	27	50	32	56	18	5	0.0038	1.5
WH3	63	7000	16、(17)、18	42	30	70	40	60	18	5	0.0063	1.8
			(17)、18、19									
			20、22	52	38							
WH4	160	5700	20、22、24			80	50	64	18	8	0.013	2.5
			25、28	62	44							
WH5	280	4700	25、28			100	70	75	23	10	0.045	5.8
			30、32、35	82	60							
WH6	500	3800	30、32、35、38			120	80	90	33	15	0.12	9.5
			40、42、45									
WH7	900	3200	40、42、45、48	112	84	150	100	120	38	25	0.43	25
			50、55									
WH8	1800	2400	50、55			190	120	150	48	25	1.98	55
			60、63、65、70	142	107							

（续）

型号	额定转矩 T_n/(N·m)	许用转速 [n]/(r/min)	轴孔直径 d_1、d_2	轴孔长度 L Y型	轴孔长度 L J_1型	D	D_1	B_1	B_2	l	转动惯量 J/(kg·m²)	质量 m/kg
WH9	3550	1800	65、70、75	142	107	250	150	180	58	25	4.9	85
			80、85	172	132							
WH10	5000	1500	80、85、90、95	172	132	330	190	180	58	40	7.5	120
			100	212	167							

注：1. 装配时两轴的许用补偿量：轴向 $\Delta x=1\sim2$mm，径向 $\Delta y\leq0.2$mm，角向 $\Delta\alpha\leq0°40'$。
2. 本联轴器传动效率较低，尼龙受力不大，故适用于中、小功率，转速较高、转矩较小的轴系传动，如控制器、液压泵装置等。工作温度为 $-20\sim+70$℃。
3. 括号内的数值尽量不用。

表 9-53　弹性柱销联轴器（摘自 GB/T 4323—2017）　　　　　　（单位：mm）

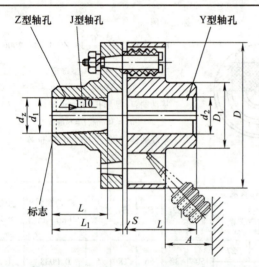

标记示例：LT3 弹性套柱销联轴器
主动端：Z 型轴孔，C 型键槽，$d_2=16$，$L=30$
从动端：J 型轴孔，B 型键槽，$d_2=18$，$L=42$
LT3 联轴器 $\frac{ZC16\times30}{JB18\times42}$ GB/T 4323—2017

型号	公称转矩 T_n/(N·m)	许用转速 [n]/(r/min)	轴孔直径 d_1、d_2、d_z	轴孔长度 Y型 L	轴孔长度 J、Z型 L_1	轴孔长度 J、Z型 L	D	D_1	S	A	转动惯量 J/(kg·m²)	质量 m/kg
LT1	16	8800	10、11	22	25	22	71	22	3	18	0.0004	0.7
			12、14	27	32	27						
LT2	25	7600	12、14	27	32	27	80	30	3	18	0.001	1.0
			16、18、19	30	42	30						
LT3	63	6300	16、18、19	30	42	30	95	35	4	35	0.002	2.2
			20、22	38	52	38						
LT4	100	5700	20、22、24	38	52	38	106	42	4	35	0.004	3.2
			25、28	44	62	44						
LT5	224	4600	25、28	44	62	44	130	56	5	45	0.011	5.5
			30、32、35	60	82	60						

(续)

型号	公称转矩 T_n/(N·m)	许用转速 $[n]$ /(r/min)	轴孔直径 d_1、d_2、d_z	轴孔长度 Y型 L	轴孔长度 J、Z型 L_1	轴孔长度 J、Z型 L	D	D_1	S	A	转动惯量 J/(kg·m²)	质量 m/kg
LT6	355	3800	32、35、38	60	82	60	160	71	5	45	0.026	9.6
			40、42	84	112	84						
LT7	560	3600	40、42、45、48	84	112	84	190	80	5	45	0.06	15.7
LT8	1120	3000	40、42、45、48、50、55	84	112	84	224	95	6	65	0.13	24.0
			60、63、65	107	142	107						
LT9	1600	2850	50、55	84	112	84	250	110	6	65	0.20	31.0
			60、63、65、70	107	142	107						
LT10	3150	2300	63、65、70、75	107	142	107	315	150	8	80	0.64	60.2
			80、85、90、95	132	172	132						
LT11	6300	1800	80、85、90、95	132	172	132	400	190	10	100	2.06	114
			100、110	167	212	167						
LT12	12500	1450	100、110、120、125	167	212	167	475	220	12	130	5.00	212
			130	202	252	202						
LT13	22400	1150	120、125	167	212	167	600	280	14	180	16.0	416
			130、140、150	202	252	202						
			160、170	242	302	242						

注：1. 转动惯量和质量是按 Y 型最大轴孔长度、最小轴孔直径计算的数值。
  2. 轴孔型式组合为：Y/Y、J/Y、Z/Y。

表 9-54　弹性柱销联轴器（摘自 GB/T 5014—2017）　　　（单位：mm）

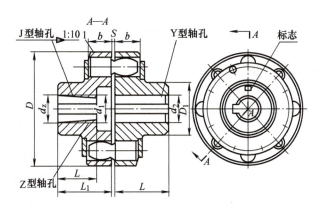

标记示例：LX7 弹性柱销联轴器
  主动端：Z 型轴孔，C 型键槽，$d_z=75$，$L=107$
  从动端：J 型轴孔，B 型键槽，$d_2=70$，$L=107$
  记为 LX7 联轴器 $\dfrac{ZC75\times107}{JB70\times107}$ GB/T 5014—2003

（续）

型号	公称转矩 T_n/(N·m)	许用转速 $[n]$/(r/min)	轴孔直径 d_1、d_2、d_z	轴孔长度 Y型 L	轴孔长度 J、Z型 L	轴孔长度 J、Z型 L_1	D	D_1	b	S	转动惯量 J/(kg·m²)	质量 m/kg
LX1	250	8500	12、14	32	27	—	90	40	20	2.5	0.002	2
			16、18、19	42	30	42						
			20、22、24	52	38	52						
LX2	560	6300	20、22、24	52	38	52	120	55	28	2.5	0.009	5
			25、28	62	44	62						
			30、32、35	82	60	82						
LX3	1250	4750	30、32、35、38	82	60	82	160	75	36	2.5	0.026	8
			40、42、45、48	112	84	112						
LX4	2500	3850	40、42、45、48、50、55、58	112	84	112	195	100	45	3	0.109	22
			60、63	142	107	142						
LX5	3150	3450	50、55、56	112	84	112	220	120	45	3	0.191	30
			60、63、65、70、71、75	142	107	142						
LX6	6300	2720	60、63、65、70、71、75	142	107	142	280	140	56	4	0.543	53
			80、85	172	132	172						
LX7	11200	2360	70、71、75	142	107	142	320	170	56	4	1.314	98
			80、82、90、95	172	132	172						
			100、110	212	167	212						

注：1. 联轴器质量和转动惯量按钢半联轴器最小轴孔直径，最大轴孔长度计算的近似值。
  2. 表中 L 是与轴伸配合的轴孔长度，L_1 是半联轴器长度。对 Y 型和 J_1 型（无沉孔、短圆柱孔），$L=L_1$；对 J 型（有沉孔、短圆柱孔）、Z 型（有沉孔、圆锥型孔），$L_1>L$。

第五节 轴 承

轴承标准见表 9-55～表 9-59。

表 9-55 深沟球轴承（GB/T 276—2013）

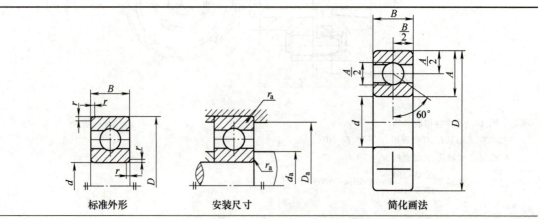

标准外形　　安装尺寸　　简化画法

第五节 轴 承

（续）

轴承代号	外形尺寸/mm				安装尺寸/mm			基本额定动载荷 C/kN	基本额定静载荷 C_0/kN
	d	D	B	r min	d_a min	D_a max	r_a max		
6004	20	42	12	0.6	25	37	0.6	9.38	5.02
6204		47	14	1.0	26	41	1.0	12.80	6.65
6304		52	15	1.1	27	45	1.0	15.80	7.88
6404		72	19	1.1	27	65	1.0	31.00	15.20
6005	25	47	12	0.6	30	42	0.6	10.00	5.85
6205		52	15	1.0	31	46	1.0	14.00	7.88
6305		62	17	1.1	32	55	1.0	22.20	11.50
6405		80	21	1.5	34	71	1.5	38.20	19.20
6006	30	55	13	1.0	36	49	1.0	13.20	8.30
6206		62	16	1.0	36	56	1.0	19.50	11.50
6306		72	19	1.1	37	65	1.0	27.00	15.20
6406		90	23	1.5	39	81	1.5	47.50	24.5
6007	35	62	14	1.0	41	56	1.0	16.20	10.50
6207		72	17	1.1	42	65	1.0	25.50	15.20
6307		80	21	1.5	44	71	1.5	33.20	19.20
6407		100	25	1.5	44	91	1.5	56.80	29.50
6008	40	68	15	1.0	46	62	1.0	17.00	11.80
6208		80	18	1.1	47	73	1.0	29.50	18.00
6308		90	23	1.5	49	81	1.5	40.80	24.00
6408		110	27	2.0	50	100	2.0	65.50	37.50
6009	45	75	16	1.0	51	69	1.0	21.10	14.80
6209		85	19	1.1	52	78	1.0	31.50	20.50
6309		100	25	1.5	54	91	1.5	52.80	31.80
6409		120	29	2.0	55	110	2.0	77.50	45.50
6010	50	80	16	1.0	56	74	1.0	22.00	16.20
6210		90	20	1.1	57	83	1.0	35.00	23.20
6310		110	27	2.0	60	100	2.0	61.80	38.00
6410		130	31	2.1	62	118	2.1	92.20	55.20
6011	55	90	18	1.1	62	83	1.0	30.20	21.80
6211		100	21	1.5	64	91	1.5	43.20	29.20
6311		120	29	2.0	65	110	2.0	71.50	44.80
6411		140	33	2.1	67	128	2.1	100.00	62.50
6012	60	95	18	1.1	67	88	1.0	31.50	24.20
6212		110	22	1.5	69	101	1.5	47.80	32.80
6312		130	31	2.1	72	118	2.1	81.80	51.80
6412		150	35	2.1	72	138	2.1	108.00	70.00

(续)

轴承代号	外形尺寸/mm				安装尺寸/mm			基本额定动载荷 C/kN	基本额定静载荷 C_0/kN
	d	D	B	r min	d_a min	D_a max	r_a max		
6013	65	100	18	1.1	72	93	1	32	24.8
6213		120	23	1.5	74	111	1.5	57.2	40
6313		140	33	2.1	77	128	2.1	93.8	60.5
6413		160	37	2.1	77	148	2.1	118	78.5
6014	70	110	20	1.1	77	103	1.0	38.5	30.5
6214		125	24	1.5	79	116	1.5	60.8	45
6314		150	35	2.1	82	138	2.1	105	68
6414		180	42	3	84	166	2.5	140	99.5
6015	75	115	20	1	82	108	1	40.2	33.2
6215		130	25	1.5	84	121	1.5	66	49.5
6315		160	37	2.1	87	148	2.1	112	76.8
6415		190	45	3	89	176	2.5	155	115
6016	80	125	22	1.1	87	118	1.2	47.5	39.8
6216		140	26	2	90	130	2	71.5	54.2
6316		170	39	2.1	92	158	2	122	86.5
6416		200	48	3	94	186	2.5	162	125
6017	85	130	22	1.1	92	123	1.2	50.8	42.8
6217		150	28	2	95	140	2	83.2	63.8
6317		180	41	3	99	166	2.5	132	96.5
6417		210	52	4	103	192	3	175	138
6018	90	140	24	1.5	99	131	1.5	58	49.8
6218		160	30	2	100	150	2	95.8	71.5
6318		190	43	3	104	176	2.5	145	108
6418		225	54	4	108	207	3	192	158
6019	95	145	24	1.5	104	136	1.5	57.8	50
6219		170	32	2.1	107	158	2	110	82.8
6319		200	45	3	109	186	2.5	155	122
6020	100	150	24	1.5	109	141	1.5	64.5	56.2
6220		180	34	2.1	112	168	2	122	92.8
6320		215	47	3	114	201	2.5	172	140
6420		250	58	4	118	232	3	222	195

注：1. 标准摘自 GB276 滚动轴承、深沟球轴承外形尺寸。
    2. 表中 r_{min} 为 r 的单向最小倒角尺寸，$r_{a max}$ 为 r_a 的单向最大倒角尺寸。

第五节 轴 承

表 9-56 角接触球轴承（GB/T 292—2007）

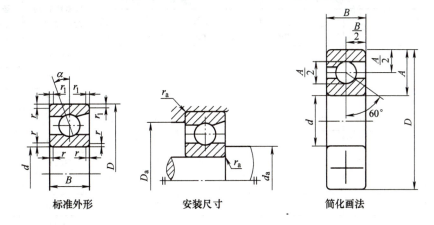

标准外形　　　安装尺寸　　　简化画法

轴承代号	外形尺寸/mm					安装尺寸/mm			基本额定动载荷 C/kN	基本额定静载荷 C_0/kN
	d	D	B	r min	r_1 min	d_a min	D_a max	r_a max		
7204C	20	47	14	1.0	0.3	26	41	1.0	14.50	8.22
7204AC									14.00	7.82
7204B									14.00	7.85
7205C	25	52	15	1.0	0.3	31	46	1.0	16.50	10.50
7205AC									15.80	9.88
7205B									15.80	9.45
7305B		62	17	1.1	0.6	32	55	1.0	26.20	15.20
7206C	30	62	16	1.0	0.3	36	56	1.0	23.00	15.00
7206AC									22.00	14.20
7206B									20.50	13.80
7306B		72	19	1.1	0.6	37	65	1.0	31.00	19.20
7207C	35	72	17	1.1	0.3	42	65	1.0	30.50	20.00
7207AC									29.00	19.20
7207B									27.00	18.80
7307B		80	21	1.5	0.6	44	71	1.5	38.20	24.50
7208C	40	80	18	1.1	0.6	47	73	1.0	36.80	25.80
7208AC									35.20	24.50
7208B									32.50	23.50
7308B		90	23	1.5	0.6	49	81	1.5	46.20	30.50
7209C	45	85	19	1.1	0.6	52	78	1.0	38.50	28.50
7209AC									36.80	27.20
7209B									36.00	26.20
7309B		100	25	1.5	0.6	54	91	1.5	59.50	39.80

（续）

轴承代号	外形尺寸/mm					安装尺寸/mm			基本额定动载荷 C/kN	基本额定静载荷 C_0/kN
	d	D	B	r min	r_1 min	d_a min	D_a max	r_a max		
7210C	50	90	20	1.1	0.6	57	83	1.0	42.80	32.00
7210AC									40.80	30.50
7210B									37.50	29.00
7310B		110	27	2.0	1.0	60	100	2.0	68.20	48.00
7211C	55	100	21	1.5	0.6	64	91	1.5	52.80	40.50
7211AC									50.50	38.50
7211B									46.20	36.00
7311B		120	29	2.0	1.0	65	110	2.0	78.80	56.50
7212C	60	110	22	1.5	0.6	69	101	1.5	61.00	48.50
7212AC									58.20	46.20
7212B									56.00	44.50
7312B		130	31	2.1	1.1	72	118	2.1	90.00	66.30
7213C	65	120	23	1.5	0.6	74	111	1.5	69.80	55.20
7213AC									66.50	52.50
7213B									62.50	50.20
7313B		140	33	2.1	1.1	77	128	2.1	102.00	77.80
7214C	70	125	24	1.5	0.6	79	116	1.5	70.20	60.00
7214AC									69.20	57.50
7214B									70.20	57.20
7314B		150	35	2.1	1.1	82	138	2.1	115.00	87.20
7215C	75	130	25	1.5	0.6	84	121	1.5	79.20	65.80
7215AC									75.20	63.00
7215B									72.80	62.00
7315B		160	37	2.1	1.1	87	148	2.1	125.00	98.50
7016C	80	125	22	1.1	0.6	89	116	1.0	58.50	55.80
7016AC									55.50	53.20
7216C		140	26	2.0	1.0	90	130	2	89.50	78.20
7216AC									85.00	74.50
7017C	85	130	22	1.1	0.6	94	121	1.0	62.50	60.20
7017AC									59.20	57.20
7217C		150	28	2.0	1.0	95	140	2.0	99.80	85.00
7217AC									94.80	81.50
7018C	90	140	24	1.5	0.6	99	131	1.5	71.50	69.80
7018AC									67.50	66.50
7218C		160	30	2.0	1.0	100	150	2	122.00	105.00
7218AC									118.00	100.00

第五节 轴　　承

（续）

轴承代号	外形尺寸/mm					安装尺寸/mm			基本额定动载荷 C/kN	基本额定静载荷 C_0/kN
	d	D	B	r min	r_1 min	d_a min	D_a max	r_a max		
7019C	95	145	24	1.5	0.6	104	136	1.5	73.50	73.20
7019AC									69.50	69.80
7219C		170	32	2.1	1.1	107	158	2.1	135.00	115.00
7219AC									128.00	108.00
7020C	100	150	24	1.5	0.6	109	141	1.5	79.20	78.50
7020AC									75.00	74.80
7220C		180	34	2.1	1.1	112	168	2.1	148.00	128.00
7220AC									142.00	122.00

注：1. 标准摘自 GB 292 滚动轴承、角接触球轴承（单列）外形尺寸。
　　2. 表中 r_{min}、r_{1min} 分别为 r、r_1 的单向最小倒角尺寸。r_{amax} 为 r_a 的单向最大倒角尺寸。
　　3. 轴承代号中的 C、AC、B 分别代表轴承接触角 $\alpha=15°、25°、40°$。

表 9-57　圆锥滚子轴承（摘自 GB/T 297—2015）

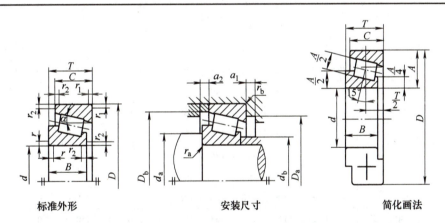

标准外形　　　　安装尺寸　　　　简化画法

轴承代号	外形尺寸/mm					安装尺寸/mm				基本额定动载荷 C/kN	基本额定静载荷 C_0/kN	计算系数		
	d	D	T	B	C	d_a	d_b	D_a	D_b			e	Y	Y_0
30204	20	47	15.25	14	12	26	27	41	43	28.2	30.5	0.35	1.7	1.0
30304		52	16.25	15	13	27	28	45	48	33.0	33.2	0.3	2.0	1.1
30205	25	52	16.25	15	13	31	31	46	48	32.2	37.0	0.37	1.6	0.9
30305		62	18.25	17	15	32	34	55	58	46.8	48.0	0.3	2.0	1.1
30206	30	62	17.25	16	14	36	37	56	58	43.2	50.5	0.37	1.6	0.9
30306		72	20.75	19	16	37	40	65	66	59.0	63.0	0.31	1.9	1.0
30207	35	72	18.25	17	15	42	44	65	67	54.2	63.5	0.37	1.6	0.9
30307		80	22.75	21	18	44	45	71	74	75.2	82.5	0.31	1.9	1.0
30208	40	80	19.75	18	16	47	49	73	75	63.0	74.0	0.37	1.6	0.9
30308		90	25.25	23	20	49	52	81	84	90.8	108.0	0.35	1.7	1.0

(续)

轴承代号	外形尺寸/mm					安装尺寸/mm				基本额定动载荷 C/kN	基本额定静载荷 C_0/kN	计算系数		
	d	D	T	B	C	d_a	d_b	D_a	D_b			e	Y	Y_0
30209	45	85	20.75	19	16	52	53	78	80	67.8	83.5	0.4	1.5	0.8
30309		100	27.75	25	22	54	59	91	94	108.0	130.0	0.35	1.7	1.0
30210	50	90	21.75	20	17	57	58	83	86	73.2	92.0	0.42	1.4	0.8
30310		110	29.25	27	23	60	65	100	103	130.0	158.0	0.35	1.7	1.0
30211	55	100	22.75	21	18	64	64	91	95	90.8	115.0	0.4	1.5	0.8
30311		120	31.50	29	25	65	70	110	112	152.0	188.0	0.35	1.7	1.0
30212	60	110	23.75	22	19	69	69	101	103	102.0	130.0	0.4	1.5	0.8
30312		130	33.50	31	26	72	76	118	121	170.0	210.0	0.35	1.7	1.0
30213	65	120	24.75	23	20	74	77	111	114	120.0	152.0	0.4	1.5	0.8
30313		140	36.0	33	28	77	83	118	131	195.0	242.0	0.35	1.7	1.0
30214	70	12	26.25	24	21	79	81	116	119	132.0	175.0	0.42	1.4	0.8
30314		150	38.0	35	30	82	89	138	141	218.0	272.0	0.35	1.7	1.0
30215	75	130	27.25	25	22	84	85	121	125	138.0	185.0	0.44	1.4	0.8
30315		160	40.0	37	31	87	95	148	150	252.0	318.0	0.35	1.7	1.0
30216	80	140	28.25	26	22	90	90	130	133	160.0	212.0	0.42	1.4	0.8
30316		170	42.5	39	33	92	102	158	160	278.0	352.0	0.35	1.7	0.9
30217	85	150	30.5	28	24	95	96	140	142	178.0	238.0	0.42	1.4	0.8
30317		180	44.5	41	34	99	107	166	168	305.0	388.0	0.35	1.7	0.9
30218	90	160	32.5	30	26	100	102	150	151	200.0	270.0	0.42	1.4	0.8
30318		190	46.5	43	36	104	113	176	178	342.0	440.0	0.35	1.7	0.9
30219	95	170	34.5	32	27	107	108	158	160	228.0	308.0	0.42	1.4	0.8
30319		200	49.5	45	38	109	118	186	185	370.0	478.0	0.35	1.7	0.9
30220	100	180	37	34	29	112	114	168	169	255.0	350.0	0.42	1.4	0.8
30320		215	51.5	47	39	114	127	201	199	405.0	525.0	0.35	1.7	0.9

注：标准摘自 GB/T 297 滚动轴承、圆锥滚子轴承（单列）外形尺寸。

表 9-58 轴和轴承座孔的几何公差（摘自 GB/T 275—2015）

公称尺寸/mm		圆柱度 t/μm				端面跳动 t_1/μm			
		轴颈		轴承座孔		轴肩		轴承座孔肩	
		轴承公差等级							
>	≤	0	6(6X)	0	6(6X)	0	6(6X)	0	6(6X)
—	6	2.5	1.5	4	2.5	5	3	8	5
6	10	2.5	1.5	4	2.5	6	4	10	6
10	18	3.0	2.0	5	3.0	8	5	12	8
18	30	4.0	2.5	6	4.0	10	6	15	10
30	50	4.0	2.5	7	4.0	12	8	20	12

(续)

公称尺寸/mm		圆柱度 t/μm				端面跳动 t_1/μm			
		轴颈		轴承座孔		轴肩		轴承座孔肩	
		轴承公差等级							
>	≤	0	6(6X)	0	6(6X)	0	6(6X)	0	6(6X)
50	80	5.0	3.0	8	5.0	15	10	25	15
80	120	6.0	4.0	10	6.0	15	10	25	15
120	180	8.0	5.0	12	8.0	20	12	30	20
180	250	10.0	7.0	14	10.0	20	12	30	20

表 9-59 滚动轴承配合表面的表面粗糙度（摘自 GB/T 275—2015）

轴或轴承座直径/mm		轴或外壳配合表面直径公差等级					
		IT7		IT6		IT5	
		表面粗糙度 Ra/μm					
>	≤	磨	车	磨	车	磨	车
—	80	1.6	3.2	0.8	1.6	0.4	0.8
80	500	1.6	3.2	1.6	3.2	0.8	1.6
端面		3.2	6.3	6.3	6.3	6.3	3.2

第六节　渐开线圆柱齿轮精度

渐开线圆柱齿轮精度标准见表 9-60 ~ 表 9-62。

表 9-60　偏差、公差值（摘自 GB/T 10095.1—2008，GB/T 10095.2—2008）

（单位：μm）

分度圆直径 d/mm	模数 m_n/mm	单个齿距偏差 ±f_{pt}			齿距累积总公差 F_p			齿廓总公差 F_α			径向跳动公差 F_r		
		6级	7级	8级	6级	7级	8级	6级	7级	8级	6级	7级	8级
>20~50	0.5~2	7.0	10	14	20	29	41	7.5	10	15	16	23	32
	>2~3.5	7.5	11	15	21	30	42	10	14	20	17	24	34
	>3.5~6	8.5	12	17	22	31	44	12	18	25	17	25	35
>50~125	0.5~2	7.5	11	15	26	37	52	8.5	12	17	21	29	42
	>2~3.5	8.5	12	17	27	38	53	11	16	22	21	30	43
	>3.5~6	9.0	13	18	28	39	55	13	19	27	22	31	44
>125~280	0.5~2	8.5	12	17	35	49	69	10	14	20	28	39	55
	>2~3.5	9.0	13	18	35	50	70	13	18	25	28	40	56
	>3.5~6	10	14	20	36	51	72	15	21	30	29	41	58
>280~560	0.5~2	9.5	13	19	46	64	91	12	17	23	36	51	73
	>2~3.5	10	14	20	46	65	92	15	21	29	37	52	74
	>3.5~6	11	16	22	47	66	94	17	24	34	38	53	75

表 9-61 F_β 公差值（摘自 GB/T 10095.1—2008）　　　　　　　　　（单位：μm）

分度圆直径 d/mm	齿宽 b/mm	螺旋线总公差 F_β			
		5级	6级	7级	8级
>20~50	>4~10	6.5	9.0	13	18
	>10~20	7.0	10	14	20
	>20~40	8.0	11	16	23
>50~125	>10~20	7.5	11	15	21
	>20~40	8.5	12	17	24
	>40~80	10	14	20	28
	>80~160	11	16	23	32
>125~280	>10~20	8.0	11	16	22
	>20~40	9.0	13	18	25
	>40~80	10	15	21	29
	>80~160	12	17	25	35
	>160~250	14	20	29	41
>280~560	>10~20	8.5	12	17	24
	>20~40	9.5	13	19	27
	>40~80	11	15	22	31
	>80~160	13	18	26	36
	>160~250	15	21	30	43

表 9-62 公差值（摘自 GB/T 10095.2—2008）　　　　　　　　　（单位：μm）

分度圆直径 d/mm	模数 m_n/mm	径向综合总公差 F_i''				一齿径向综合公差 f_i''			
		5级	6级	7级	8级	5级	6级	7级	8级
>20~50	>1.0~1.5	16	23	32	45	4.5	6.5	9.0	13
	>1.5~2.5	18	26	37	52	6.5	9.5	13	19
>50~125	>1.0~1.5	19	27	39	55	4.5	6.5	9.0	13
	>1.5~2.5	22	31	43	61	6.5	9.5	13	19
	>2.5~4.0	25	36	51	72	10	14	20	29
	>4.0~6.0	31	44	62	88	15	22	31	44
>125~280	>1.0~1.5	24	34	48	68	4.5	6.5	9.0	13
	>1.5~2.5	26	37	53	75	6.5	9.5	13	19
	>2.5~4.0	30	43	61	86	10	15	21	29
	>4.0~6.0	36	51	72	102	15	22	31	44
>280~560	>1.0~1.5	30	43	61	86	4.5	6.5	9.0	13
	>1.5~2.5	33	46	65	92	6.5	9.5	13	19
	>2.5~4.0	37	52	73	104	10	15	21	29
	>4.0~6.0	42	60	84	119	15	22	31	44

参 考 文 献

［1］陈秀宁，施高义．机械设计课程设计［M］．3 版．杭州：浙江大学出版社，2009．
［2］骆素君．机械设计课程设计实例与禁忌［M］．北京：化学工业出版社，2009．
［3］李育锡．机械设计课程设计［M］．北京：高等教育出版社，2008．
［4］胡家秀．简明机械零件设计实用手册［M］．2 版．北京：机械工业出版社，2012．
［5］陈长生．机械基础［M］．3 版．北京：机械工业出版社，2021．
［6］胡家秀．机械设计基础［M］．4 版．北京：机械工业出版社，2021．
［7］范顺成，等．机械设计基础［M］．4 版．北京：机械工业出版社，2007．
［8］王宇平．公差配合与几何精度测量［M］．北京：人民邮电出版社，2007．
［9］陈铁鸣．新编机械设计课程设计图册［M］．北京：高等教育出版社，2009．